21 世纪高职高专教学做一体化规划教材

计算机应用基础

（第三版）

主　编　刘丽军　邹燕南

副主编　刘香丽　王思义　王珂达　龚　芳

主　审　肖智清

参　编　谢艳梅　唐　彧　黄志超

　　　　刘　刚　王　武　王　渊

 中国水利水电出版社

www.waterpub.com.cn

内 容 提 要

本书基于 Windows 7 和 Office 2010，注重实践技能的培养，使教材内容更切合国家对高职高专培养高级应用型、技能型人才的知识结构要求，全书内容丰富、知识前沿、理念先进、注重实用、层次清晰、图文并茂、通俗易懂。强调了理论与实践相结合，突出了对学生基本技能、实际操作能力及职业能力的培养。全书共分为 7 章，主要内容包括：计算机基础知识、Windows 7 操作系统、文字处理软件 Word 2010、电子表格处理软件 Excel 2010、演示文稿制作软件 PowerPoint 2010、计算机网络基础与 Internet 应用、计算机安全与职业道德。

本书可作为高职高专院校计算机公共基础课程的教材，也可作为各类培训班及计算机等级考试的培训用书，同时还可作为广大计算机爱好者的入门参考书。

为配合教学需要，本书提供电子教案及相关的习题解答，读者可在中国水利水电出版社 网 站 和 万 水 书 苑 免 费 下 载（ http://www.waterpub.com.cn/softdown/ 或 http://www.wsbookshow.com），也可直接与 aoron@126.com 联系。

图书在版编目（CIP）数据

计算机应用基础 / 刘丽军，邹燕南主编. -- 3版
. -- 北京：中国水利水电出版社，2014.8
21世纪高职高专教学做一体化规划教材
ISBN 978-7-5170-2237-4

Ⅰ. ①计… Ⅱ. ①刘… ②邹… Ⅲ. ①电子计算机－高等职业教育－教材 Ⅳ. ①TP3

中国版本图书馆CIP数据核字(2014)第147759号

策划编辑：周益丹　　　责任编辑：周益丹　　　封面设计：李　佳

书　　名	21世纪高职高专教学做一体化规划教材 计算机应用基础（第三版）
作　　者	主　编　刘丽军　邹燕南 副主编　刘香丽　王思义　王珂达　龚　芳 主　审　肖智清
出版发行	中国水利水电出版社 （北京市海淀区玉渊潭南路 1 号 D 座　　100038） 网址：www.waterpub.com.cn E-mail: mchannel@263.net（万水） 　　　　sales@waterpub.com.cn 电话：（010）68367658（发行部）、82562819（万水）
经　　售	北京科水图书销售中心（零售） 电话：（010）88383994、63202643、68545874 全国各地新华书店和相关出版物销售网点
排　　版	北京万水电子信息有限公司
印　　刷	三河市铭浩彩色印装有限公司
规　　格	184mm×260mm　　16 开本　　22.5 印张　　555 千字
版　　次	2010 年 8 月第 1 版　　2010 年 8 月第 1 次印刷 2014 年 8 月第 3 版　　2014 年 8 月第 1 次印刷
印　　数	0001—2000 册
定　　价	45.00 元

前　　言

　　计算机应用基础课程是职业院校各专业学生必修的基础课，通过对该课程的学习，学生可了解和掌握计算机相关的基本知识和技能，为今后的学生、生活和工作打下坚实的基础。本书基于 Windows 7 和 Office 2010，将理论知识尽量简化，坚持理论为实践所用，增加实践教学比例。章后有单元训练，小节后有同步训练，鼓励学生实际操作，为学生可持续发展打下良好基础；在形式上，以项目案例式进行任务驱动，由浅入深，力求提高学生的实际动手能力，培养学生具备熟练使用计算机对日常办公事务进行处理的基本能力。同时，参考了教育部关于职业院校计算机公共基础课的教学基本要求，并参照教育部 2013 最新版的全国计算机等级考试大纲和办公软件应用国家职业标准。

　　本书内容充实，任务明确，操作步骤详细，提出需要解决的问题和达到的效果，力求在实训项目的引导下，使学生通过实践掌握所学内容，有利于提高学习者综合应用学习过程中所学方法和技巧的能力。

　　本书共 7 章，由计算机基础知识、Windows 7 操作系统、文字处理软件 Word 2010、电子表格处理软件 Excel 2010、演示文稿制作软件 PowerPoint 2010、计算机网络基础与 Internet 应用、计算机安全与职业道德组成。本书由刘丽军、邹燕南担任主编，由肖智清担任主审，在编写过程中得到了本校任课教师的关心、支持和帮助，部分老师也参与了本书的编写工作并提出了宝贵的意见。第 1、2 章由刘丽军、邹燕南编写，第 3 章由刘香丽、谢艳梅编写，第 4 章由王思义、刘丽军编写，第 5 章由王珂达、刘刚编写，第 6 章由龚芳、黄志超编写，第 7 章由刘丽军、唐彧编写，全书最后由刘丽军老师统稿。其他参与本书编写并提出了宝贵意见的老师还有潘果、米志强、王武、王渊、刘建红等，在此对各位老师表示衷心的感谢。

　　由于本书编写人员水平有限，不足之处在所难免，恳请广大读者批评指正，我将非常感激。

　　为配合教学需要，本书提供电子教案及相关的习题解答，读者可在中国水利水电出版社网站和万水书苑免费下载（http://www.waterpub.com.cn/softdown/或 http://www.wsbookshow.com），也可直接与 aoron@126.com 联系。

编　者

2014 年 6 月

目　　录

第1章 计算机基础知识

计算机的产生是 20 世纪最伟大的科技发明之一。自从 1946 年世界上第一台通用电子数字计算机问世以来，它已被广泛地应用于科学计算、工程设计、数据处理及人们日常生活的广大领域，已成为人们日常工作、生活中必不可少的工具，它大大减轻了人们的体力与脑力劳动，并帮助人们完成一些人类难以完成的任务。

本章主要介绍计算机的基本知识，包括计算机的组成、运算基础和输入法，以增强读者对微型计算机的感性认识，为能有效利用计算机工具打下良好的基础。本章有较多理论知识和专业术语，在学习过程中应注重理解。

1.1 计算机概述

1.1.1 计算机的概念和分类

计算机（Computer），又称电脑，是一种利用电子学原理，根据一系列指令来对数据进行处理的工具，是一种用于高速计算的电子计算机器，可以进行数值计算，又可以进行逻辑计算，还具有存储记忆功能，是能够按照程序运行，自动、高速处理海量数据的现代化智能电子设备。人们通常所说的计算机，是指电子数字计算机。

计算机具有以下特点：

（1）运算速度快

计算机的运算速度（也称处理速度）是计算机的一个重要性能指标，通常用每秒钟执行定点加法的次数或平均每秒钟执行指令的条数来衡量，其单位是 MIPS（Million Instructions Per Second），即每秒钟百万条指令。目前，计算机的运算速度已由早期的几千次/秒发展到现代的计算机运算速度在几十个 MIPS，巨型计算机可达到千万个 MIPS。计算机如此高的运算速度是其他任何计算工具都无法比拟的，这极大地提高了人们的工作效率，使许多复杂的工程计算能在很短的时间内完成。尤其在时间响应速度要求很高的实时控制系统中，计算机运算速度快的特点更能够得到很好的发挥。

（2）计算精度高

精度高是计算机又一显著的特点。在计算机内部数据采用二进制表示，二进制位数越多，表示数的精度就越高。目前计算机的计算精度已经能达到几十位有效数字。从理论上说随着计算机技术的不断发展，计算精度可以提高到任意精度。

（3）记忆功能强

计算机的记忆功能是由计算机的存储器完成的。存储器能够将输入的原始数据，计算的中间结果及程序保存起来，提供给计算机系统在需要的时候反复调用。记忆功能是计算机区别于传统计算工具最重要的特征。随着计算机技术的发展，计算机的内存容量已经可以达到几百甚至几千兆字节。而计算机的外存储容量更是越来越大，目前一台微型计算机的硬盘容量可以达到几百 GB 其至 TB。计算机所能存储的信息也由早期的文字、数据、程序发展到如今的图形、图像、声音、影像、动画、视频等。

（4）逻辑判断能力强

计算机的运算器除了能够进行算术运算，还能够对数据信息进行比较、判断等逻辑运算。这种逻辑判断能力是计算机处理逻辑推理问题的前提，也是计算机能实现信息处理高度智能化的重要因素。

（5）自动化程度高

计算机的工作原理是"存储程序控制"，就是将程序和数据通过输入设备输入并保存在存储器中，计算机执行程序时按照程序中指令的逻辑顺序自动地、连续地把指令依次取出来并执行，这样执行程序的过程无须人为干预，完全由计算机自动控制执行。

计算机种类很多，可以从不同的角度对计算机进行分类，主要有：

1. 按照计算机原理分类

按照计算机原理分类，可分为数字式电子计算机、模拟式电子计算机和混合式电子计算机。

1）数字式电子计算机：又称"电子数字计算机"。以数字形式的量值在机器内部进行运算和存储的电子计算机。数的表示法常采用二进制。

2）模拟式电子计算机：又称"电子模拟计算机"，简称"模拟计算机"。以连续变化的电流或电压来表示被运算量的电子计算机。模拟计算机的特点是由连续量表示，运算过程也是连续的。而数字计算机的主要特点是按位运算，并且不连续地跳动运算。

3）混合式电子计算机：利用模拟技术和数字技术进行数据处理的电子计算机。兼有电子模拟计算机和电子数字计算机的特点。有两种类型：

① 混合式模拟计算机：以模拟技术为主，附加一些数字设备；

② 组合式混合计算机：由数字式和模拟式两种计算机加上相应的接口装置组成。

2. 按照计算机用途分类

按照计算机用途分类，可分为通用计算机和专用计算机。

1）通用计算机：是指各行业、各种工作环境都能使用的计算机，学校、家庭、工厂、医院、公司等用户都能使用的就是通用计算机；平时我们购买的品牌机、兼容机都是通用计算机。通用计算机功能齐全，具有较高的运算速度，较大的存储容量，配备较齐全的外部设备及软件。但与专用计算机相比，其结构复杂、价格昂贵。通用计算机适应性很强，应用面很广，但其运行效率、速度和经济性依据不同的应用对象会受到不同程度的影响。

2）专用计算机：专为解决某一特定问题而设计制造的电子计算机。一般拥有固定的存储程序。如控制轧钢过程的轧钢控制计算机，计算导弹弹道的专用计算机等，解决特定问题的速度快，可靠性高，且结构简单，价格便宜。专用计算机完成单一功能，在特定用途下它最有效、最经济、最快速。

3. 按照计算机性能分类

按照计算机性能分类，可分为巨型机、小巨型机、大型机、小型机、工作站和个人计算机六大类。

1）巨型机（Super Computer）。巨型机，又称超级计算机，指能够执行一般个人计算机无法处理的大资料量与高速运算的计算机，其基本组成组件与个人计算机的概念无太大差异，但规格与性能则强大许多，是一种超大型电子计算机。具有很强的计算和处理数据的能力，主要特点表现为高速度和大容量，配有多种外部和外围设备及丰富的、高功能的软件系统。现有的超级计算机运算速度大都可以达到每秒一太（Trillion，万亿）次以上。

超级计算机是计算机中功能最强、运算速度最快、存储容量最大的一类计算机，多用于国家高科技领域和尖端技术研究，是一个国家科研实力的体现，它对国家安全，经济和社会发展具有举足轻重的意义，是国家科技发展水平和综合国力的重要标志。

2）小巨型机（Mini Super Computer）。小巨型机，又称次超级计算机、小型超级计算机，性能一般介于小型机与巨型机之间，其特点是浮点运算速度快，主要用于科学计算与工程应用领域，售价较为便宜，其价格目标是超级计算机的十分之一。

3）大型机（Mainframe Computer）。又称大型计算机、大型主机、主机等，是从 IBM System/360 开始的一系列计算机及与其兼容或同等级的计算机，主要用于大量数据和关键项目的计算，例如银行金融交易及数据处理、人口普查、企业资源规划等。

现代大型机并非主要通过每秒运算次数 MIPS 来衡量性能，而是可靠性、安全性、向后兼容性和极其高效的 I/O 性能。大型机通常强调大规模的数据输入与输出，着重强调数据的吞吐量。大型机可以同时运行多操作系统，因此不像是一台计算机而更像是多台虚拟机，一台大型机可以替代多台普通的服务器，是虚拟化的先驱。同时大型机还拥有强大的容错能力。由于大型机的平台与操作系统并不开放，因而很难被攻破，安全性极强。

4）小型机（Mini Computer）。小型机，又称迷你计算机，是 20 世纪 70 年代由数字设备公司 DEC（迪吉多）公司首先开发的一种高性能计算产品，曾经风行一时。小型机曾用来表示一种多用户，采用终端/主机模式的计算机，它的规模介于大型计算机和个人计算机之间。有的厂商可能会用其他名称代替。我国常常以小型机来称呼 UNIX 服务器，其实这种说法不够准确。

小型机规模小，结构简单，设计试制周期短，便于及时采用先进工艺。这类机器由于可靠性高，对运行环境要求低，易于操作且便于维护，用户使用机器不必经过长期的专门训练。因此小型机对广大用户具有吸引力，加速了计算机的推广普及。小型机应用范围广泛，如用在工业自动控制、大型分析仪器、测量仪器、医疗设备中的数据采集、分析计算等，也用作大型、巨型计算机系统的辅助机，并广泛运用于企业管理及大学和研究所的科学计算等。

5）工作站（Workstation）。工作站是一种高端的通用微型计算机。它是为了单用户使用并提供比个人计算机更强大的性能，尤其是图形处理能力，任务并行方面的能力。工作站既具有大型机的多任务、多用户功能，又兼具微型机的操作便利和良好的人机界面的优点。它可连接多种输入、输出设备，其最突出的特点是图形性能优越，具有很强的图形交互处理能力，因此在工程领域，特别是在计算机辅助设计（CAD）领域得到了广泛运用。

人们通常认为工作站是专为工程师设计的机型。由于工作站出现较晚，一般都带有网络接口，采用开放式系统结构，即将机器的软、硬件接口公开，并尽量遵守国际工业界流行标准，以鼓励其他厂商、用户围绕工作站开发软、硬件产品。目前，多媒体等各种新技术已普遍集成到工作站中，使其更具特色。它的应用领域也已从最初的计算机辅助设计扩展到商业、金融、办公领域，并频频充当网络服务器的角色。

另外，连接到服务器的终端机也可称为工作站。

6）个人计算机（Personal Computer）。又称微型计算机，简称微机，普遍称为计算机，俗称电脑，是在大小、性能以及价位等多个方面适合于个人使用，并由最终用户直接操控的计算机的统称。从台式机（或称台式计算机、桌面计算机）、笔记本电脑到上网本和平板电脑以及超级本等都属于个人计算机的范畴。

一般来说个人计算机分为两大机型与两大系统，在机型上分为常见的台式机与笔记本电脑，在系统上分别是国际商用机器公司（IBM）集成制定的 IBM PC/AT 系统标准，以及苹果计算机所开发的麦金塔（Macintosh）系统。IBM PC/AT 标准由于采用 x86 开放式架构而获得大部分厂商所支持，成为市场上主流，因此一般所说的个人计算机意指 IBM PC 兼容机，此架构中的中央处理器采用英特尔（Intel）或超微（AMD）等厂商所生产的中央处理器。而台式机因采用开放式硬件架构，所以除了品牌外，自行组装的无品牌计算机也极度盛行。

1.1.2　计算机的诞生和发展

计算机的产生是 20 世纪最重要的科学技术大事件之一。自从 1946 年世界上第一台通用电子数字计算机问世以来，它已被广泛地应用于科学计算、工程设计、数据处理及人们日常生活的广大领域，成为减轻人们体力与脑力劳动，帮助人们完成一些人类难以完成的任务的有效工具。

1. 计算机的诞生

计算是人类同自然作斗争的一项重要活动。我们的祖先早在史前时期就已经知道了用石块和贝壳计数，后来发明的算盘更是人类古代最伟大的发明之一，并沿用至今。随着文化的发展，人类创造了简单的计算工具。20 世纪初电子管的诞生，开通了电子技术与计算技术相结合的道路。ENIAC 奠定了电子计算机的发展基础，在计算机发展史上具有划时代的意义，它的问世标志着电子计算机时代的到来。

世界上第一台全自动数字式电子计算机于 1946 年由美国宾夕法尼亚大学的物理学家约翰·莫克利和工程师普雷斯泊·埃克特研制成功，称为 ENIAC（"埃尼阿克"）。尽管这台计算机共用了 18000 个电子管，1500 个继电器，占地 170 平方米，总重量为 30 吨，但它可以在一秒钟进行 5000 次加减运算，3 毫秒便可进行一次乘法运算，与手工运算相比运算速度大大加快。虽然这台计算机有许多明显的不足之处，如体积庞大，耗电量大，存储容量小等等，它的功能还不及现在一台普通计算机，但它的诞生标志着电子计算机时代的到来。

图 1-1　第一台通用电子计算机 ENIAC

2. 计算机的发展

从 1946 年第一台计算机的诞生到现在的短短的六十多年里，计算机的发展突飞猛进，经历了电子管、晶体管、集成电路和超大规模集成电路四个阶段，使计算机的体积越来越小，功能越来越强，价格越来越低，应用越来越广。目前使用的计算机是以大规模集成电路为主要部件。

（1）第一代计算机——电子管计算机

第一代（1946～1957 年）计算机，其特征是采用电子管作为逻辑元件，用阴极射线管或声汞延迟线作为主存储器，结构上以 CPU 为中心，速度慢，存储量小。

（2）第二代计算机——晶体管计算机

第二代（1958～1964 年）计算机，其特征是用晶体管代替了电子管，用磁芯作为主存储器，引入了变地址寄存器和浮点运算部件，利用 I/O （Input/Output）处理机提高输入与输出操作能力等。在软件方面使用了 FORTRAN、COBOL、ALGOL 等高级程序设计语言，以简化编程过程，建立了子程序库和批处理管理程序，应用范围扩大到数据处理和工业控制。

（3）第三代计算机——集成电路计算机

第三代（1965～1971 年）计算机，1964 年 IBM 公司推出的采用新概念设计的 IBM360 宣布了第三代计算机的诞生。这一时期的计算机使用中、小规模集成电路作为电子器件。并且，操作系统的出现，使计算机的功能越来越强，应用范围越来越广。使用中、小规模集成电路的计算机，其体积与功耗都得到了进一步的减小，可靠性和速度等指标也得到了进一步的提高。此时，计算机不仅用于科学计算，还用于文字处理、企业管理、自动控制等领域，出现了计算机技术和通信技术结合的管理信息系统，可用于生产管理、交通管理、情报检索等领域。

（4）第四代计算机——大规模集成电路计算机

第四代（1972 年开始）计算机，其特征是以大规模集成电路（LSI）和超大规模集成电路（VLSI）为计算机主要功能部件，用 16KB、64KB 或集成度更高的半导体存储器部件作为主存储器。计算速度可达每秒几百万次至上亿次。对应的软件也越来越丰富，其应用已涉及国民经济各领域，已在办公自动化、数据库管理、图像识别、语言识别等众多领域中大显身手。

到目前为止，各种类型的计算机都遵循美国数学家冯·诺依曼提出的存储程序的基本原理进行工作。随着计算机应用领域的不断扩大，冯·诺依曼型的工作方式逐渐显露出局限性，所以科学家提出了制造非冯·诺依曼式计算机。正在开发研制的第五代智能计算机，将具有自动识别自然语言、图形、图像的能力，具有理解和推理的能力，具有知识获取、知识更新的能力，可望能够突破当前计算机的结构方式。

1.1.3　计算机的应用领域与发展趋势

1. 计算机的应用领域

由于计算机具有高速、自动处理信息的能力，具有存储大量信息的能力，具有很强的推理判断能力，因此被广泛应用在各个领域。归纳起来，计算机的应用可概括为以下几个方面。

1）科学计算。科学计算也称数值运算，是指用计算机来解决科学研究和工程技术中提出的复杂数学问题，具有很高的运算速度和精度，使得过去用手工无法完成的计算成为现实可行。随着计算机技术的发展，计算机的计算能力越来越强；计算速度越来越快；计算精度也越来越高。目前，还出现了许多用于各个领域的数值计算程序包，大大方便了广大计算机工作者。利用计算机进行数值计算，可以节省大量时间、人力和物力。

例如：天气预报根据所采集来的大量数据，利用计算机对其进行庞大而复杂的计算和处理，可以准确地判断天气情况。

2）过程控制。计算机在工业控制方面的应用大大促进了自动化技术的提高。利用计算机进行控制，可以节省劳动力，减轻劳动强度，提高生产效率，节省生产原料，降低成本。

例如：在化工、电力、冶金等生产过程中，用计算机自动采集各种参数，监测并及时控制生产设备的工作状态；在导弹、卫星的发射中，用计算机随时精确地控制飞行轨道与姿态；特别是微机进入仪器仪表后构成的智能化仪器仪表，将工业自动化推向了一个更高的水平。

3）信息管理。信息管理是目前计算机应用最广泛的领域之一。所谓信息管理，是指利用计算机来加工、管理与操作任何形式的数据资料，如企业管理、物资管理、报表统计、账目计算、情报检索等。当今社会是一个信息化的社会，计算机用于信息管理，为办公自动化、管理自动化和社会自动化创造了最有利的条件。近年来，国内许多机构纷纷建设自己的管理信息系统（MIS）；一些生产企业开始采用制造资源规划软件（MRP）；商业流通领域则逐步使用电子信息交换系统（EDI），即"无纸化贸易"。

4）文字处理。计算机的应用和字处理软件的开发，改变了过去人们手不离笔的文字处理方式，人们可以直接在计算机中进行文字输入、格式排版，并且可以非常方便地进行修改，工作速度快，效率高，还可以长期保存。

5）办公自动化。办公自动化简称 OA（Office Automation），是建立在计算机和通信技术以及办公设备自动化技术的基础之上的高效的人－机信息处理系统，是计算机使用面最广的一种应用。现在很多公司、单位都使用计算机来处理公司的业务，统计公司的财务。

OA 技术的发展可以划分为三个时代：第一代是以数据处理为中心的传统的数据信息处理系统，典型的系统是各种关系数据库系统；第二代的特征是以网络为基础、以工作流为中心，强调协同工作，典型的系统是 Microsoft Office 套件；第三代特征是以知识管理为核心，提供丰富的学习功能与学习共享机制，利用互联网不仅可以搜寻查阅知识，还可以向专家咨询获得隐形知识，互联网的交互功能向传统的办公室"办公"概念提出了挑战。

6）娱乐休闲。使用计算机可以播放 VCD、CD 和 MP3 文件，也可以玩游戏。计算机已经成为很多家庭以娱乐休闲为主要的必备的"家用电器"。

7）上网、聊天、收发邮件。随着因特网的飞速发展，人们的生活方式也慢慢发生了改变。人们可以利用计算机上网，在网上看新闻、看网络电视和电影，获取各种各样的网络资源，例如，可以从网上查询商品价格，查询飞机和火车的运行时刻表，并从网上订票。通过网络还可以实现收发电子邮件，与远在异国他乡的亲人和朋友进行联系；通过网络 ICQ，还可以与朋友在网上聊天。总之，通过计算机网络，人们不仅可以进行更多的信息交流、娱乐和商业活动，还可以从网络上学到很多新的知识，了解更多的新东西。

8）教学。随着计算机的普及，一种新的学习方式也应运而生，这就是计算机教学。人们可以通过计算机从各种各样的多媒体教学软件中获取知识。如果计算机已经连上了 Internet，还可以进入网络学校，坐在家里听老师讲课，获得所需的知识。

9）辅助工程设计。利用计算机可以用来辅助工程的设计，可以广泛应用于建筑、机械和电子等工程设计领域。例如：AutoCAD 就是这样一个软件，通过使用该软件，可以极大地提高设计效率。

10）其他领域。计算机的应用还远不止上述几个方面，在很多大企业，如航空、铁路运输、医院和银行等，都需要使用电脑来完成记录、管理和结算等工作。

2. 计算机的发展趋势

计算机技术是当今世界发展速度最快的科学技术之一，从第一台计算机诞生至今的半个多世纪里，计算机的应用得到不断拓展，计算机类型不断分化，这就决定计算机的发展也朝不同的方向延伸。未来计算机技术正朝着巨型化、微型化、网络化和智能化方向发展。

1）巨型化。巨型化是指计算机具有极高的运算速度，大容量的存储空间，更加强大和完善的功能，主要用于航空航天、军事、气象、人工智能、生物工程等学科领域。

2）微型化。微型化是大规模和超大规模集成电路发展的必然。从第一块微处理器芯片问世以来，发展速度与日俱增。微处理器芯片连续更新换代，微型计算机连年降价，加上丰富的软件和外部设备，操作简单，使微型计算机很快普及到社会各个领域并走进了千家万户。

随着微电子技术的进一步发展，微型计算机将发展得更加迅速，其中笔记本型、掌上型等微型计算机必将以更优的性能价格比受到人们的欢迎。

3）网络化。网络化是指利用通信技术和计算机技术，把分布在不同地点的计算机互联起来，按照网络协议相互通信，以达到所有用户都可共享软件、硬件和数据资源的目的。现在，计算机网络在交通、金融、企业管理、教育、邮电、商业等各行各业中得到广泛的应用。

目前各国都在开发三网合一的系统工程，即将计算机网、电信网、有线电视网合为一体。将来通过网络能更好地传送数据、文本资料、声音、图形和图像，用户可随时随地在全世界范围拨打可视电话或收看任意国家的电视和电影。

4）智能化。智能化是让计算机能够模拟人类的智力活动，如学习、感知、理解、判断、推理等能力，具备理解自然语言、声音、文字和图像的能力，具有说话的能力，使人机能够用自然语言直接对话。它可以利用已有的和不断学习到的知识，进行思维、联想、推理，并得出结论，能解决复杂问题，具有汇集记忆、检索有关知识的能力。

1.1.4　多媒体技术

多媒体，是指由两种或两种以上的媒体组成的一种人机交互式信息交流和传播的媒体，其使用的媒体包括文字、图像、图形、音频、视频等。各种媒体表现形式各不同，但都以数字化形式存在，即计算机二进制数字文件。

多媒体技术，是指利用计算机技术把文本、声音、图形和图像等各种媒体综合一体化，使它们建立起逻辑联系，并能进行录入、压缩、存储、显示、传输等加工处理的技术。

媒体是指信息表示和传播的载体。例如，文字、声音、图片等都是媒体，可传递多种信息。在计算机领域，媒体主要分为以下几类：

①感觉媒体。感觉媒体直接作用于人的感官，使人能直接产生感觉。例如，人类的各种语言、音乐，自然界的各种声音、图形、静止或运动的图像，计算机系统中的文件、数据和文字等。

②表示媒体。表示媒体是指各种编码，如语言编码、文本编码、图像编码等。这是为了加工、处理和传输感觉媒体而人为地研究、构造出来的一类媒体。

③表现媒体。表现媒体是感觉媒体与计算机之间的界面，如键盘、摄像机、光笔、话筒、显示器、喇叭、打印机等。

④存储媒体。存储媒体用于存放表示媒体，即存放感觉媒体数字化后的代码。存放代码的存储媒体有软盘、硬盘和 **CD-ROM** 等。

⑤传输媒体。传输媒体是用来将媒体从一处传送至另一处的物理载体，如双绞线、同轴电

缆线、光纤等。

1. 多媒体计算机系统组成

一个完整的多媒体计算机系统是由多媒体硬件和多媒体软件系统两部分构成的。多媒体计算机强调图、文、声、像等多种媒体信息的处理能力，对输入、输出设备的要求比普通计算机更高。多媒体计算机根据应用领域的不同，硬件也不同。多媒体计算机一般配有声卡、显卡、音箱等硬件，有的还根据需要配有扫描仪、打印机等。

多媒体计算机软件系统包括多媒体驱动软件、多媒体操作系统、多媒体数据处理软件、多媒体创作工具软件和多媒体应用软件系统。

1）多媒体驱动软件是多媒体计算机软件中直接和硬件打交道的软件。它完成设备的初始化，完成各种设备操作以及设备的关闭等。驱动软件一般常驻内存，每种多媒体硬件需要一个相应的驱动软件。

2）多媒体操作系统简言之就是具有多媒体功能的操作系统。多媒体操作系统必须具备对多媒体数据和多媒体设备的管理和控制功能，具有综合使用各种媒体的能力，能灵活地调度多种媒体数据并能进行相应的传输和处理，且使各种媒体硬件和谐地工作。

3）多媒体数据处理软件是专业人员在多媒体操作系统之上开发的。在多媒体应用软件制作过程中，对多媒体信息进行编辑和处理是十分重要的，多媒体素材制作的好坏，直接影响到整个多媒体应用系统的质量。

4）多媒体创作工具软件是指一种高级的多媒体应用程序开发平台，它支持应用人员方便创作多媒体应用系统（或软件），也称为多媒体平台软件。

5）多媒体应用软件又称多媒体应用系统。它是由各种应用领域的专家或开发人员利用多媒体开发工具软件或计算机语言，组织编排大量的多媒体数据而成为最终多媒体产品，是直接面向用户的。多媒体应用系统所涉及的应用主要有文化教育教学软件、信息系统、电子出版、音像影视特技、动画等。

2. 多媒体技术的特点

①多样性。计算机多媒体技术的多样性是指计算机处理的信息范围从单一的数值、文字、图像扩展到声音、动画等多种信息。

②交互性。计算机多媒体技术的交互性是指与用户具有人机对话交互的作用，它是计算机多媒体技术的主要特征之一。多媒体与传统媒体最大的区别就是实现了人机对话的交互作用，用户通过这个作用能够对多媒体信息进行操纵和控制，使得获取和使用信息变被动为主动。

③集成性。集成性是指使计算机能以多种不同的信息形式对某个内容进行综合表现，从而取得更好的效果。计算机多媒体技术是建立在数字化处理的基础上，将文字、图像、声音、动画、视频等多种媒体综合处理的一种应用。计算机多媒体技术基本上包括了计算机领域内最新的硬件和软件技术。

④非线性。多媒体技术的非线性特点将改变人们传统循序性的读写模式。以往人们读写方式大都采用章、节、页的框架，循序渐进地获取知识，而多媒体技术将借助超文本链接的方法，把内容以一种更灵活、更具变化的方式呈现给读者。对于具有逻辑联系的各种信息，超媒体技术可以有效地进行管理和组织，目前已广泛应用于存储字典及百科全书中。只要用户选择内容，就会立即显示相应的信息，并且带有声、图、文，对于内容的理解和记忆非常有利。

⑤以光盘为主要的输出载体形式。在应用中，多媒体技术和传统的出版模式不同。在传统的输出模式中输出载体主要为纸张，在纸张上记录文字和图形，以便传递和保存，纸张是没有办法把动画、声音记录下来。计算机多媒体技术的出版模式的输出载体是光盘，强调的是无纸输出。这样不但有利于存储容量大增，而且保存也更加方便可靠，因此，在未来信息传递以及资料保存多媒体应用领域十分广泛，归纳起来主要有以下 5 个方面：教育培训、信息咨询、医疗诊断、商业服务和娱乐。

3.　多媒体技术的应用

1）教育培训。学校里的课程教学、工业和商业领域的职业培训、家庭教育均为多媒体的巨大应用领域。利用多媒体技术编写的教学节目，由于它生动、活泼、有趣，声音、图像、动画并存，增加了参与感，可达到一般方法难以达到的效果。

2）信息咨询。由于 CD-ROM 具有巨大的存储容量，可存储大量的信息资料，并可用音频和视频的形式表现出来，这就大大增强了信息咨询的效果。例如，它不仅可存储世界地图，把各国的地理位置、人口、面积等内容表示出来，还可以利用音频和视频表现出当地的风俗习惯、音容笑貌，因此可为机场、码头、旅游胜地的旅客和游客提供效果更佳的咨询服务。

3）医疗诊断。将多媒体技术与人工智能结合起来，可获得更高水平的医疗专家系统。

在诊断病情时，只要向多媒体系统输入有关信息，多媒体系统就可自动检索多媒体文献，判断疾病类型，开出处方，并为病人提供形象的描述，患者可通过这些形象的描述来判断是否与自己的病情吻合，从而提高了诊断的可靠性。

4）商业服务。生动、形象的多媒体为商业服务提供了广阔的天地，广告和销售服务是商业经营成功的重要条件。

利用多媒体技术不仅可以展示商品外观，还可以演示产品的性能，这就为经营的成功创造有利条件。

5）娱乐。多媒体技术的音频、视频功能可提供色彩丰富、声音悦耳的图形和动画功能，不仅增加了娱乐的趣味性，还可以寓教育于娱乐之中。

4.　多媒体关键技术

1）视频、音频等媒体数据压缩/解压缩技术。研制多媒体计算机需要解决的关键问题之一是要使计算机能实时地综合处理文、声、图 等多种媒体信息，然而，由于数字化的声音、图像等媒体数据量非常大，致使在目前流行的计算机产品，特别是个人计算机系列上开展多媒体应用难以实现，例如，未经压缩的视频图像处理时的数据量每秒约 28MB，而播放一分钟立体声音乐就需要 100MB 的存储空间。视频与音频信号不仅数据量需较大存储空间，还要求传输速度快。因此，既要对数据进行数据的压缩和解压缩的实时处理，又要进行快速传输处理。而对总线传送速率为 150kb/s 的 IBM PC 或其兼容机处理上述音频、视频信号必须将数据压缩 200倍，否则无法胜任。因此，视频、音频数字信号的编码和压缩算法是重要的研究课题。

2）多媒体存储和检索技术。从本质上说，多媒体系统是具有严格性能要求的大容量对象处理系统，因为多媒体的音频、视频、图像等信息虽经压缩处理，但仍需相当大的存储空间，即使大容量的硬盘，也存储不了太多媒体信息。只有在大容量只读光盘存储器，即 CD-ROM问世后，才真正解决了多媒体信息存储空间问题。在 CD-ROM 基础上，还开发了 CD-I 和 CD-V，即具有活动影像的全动作与全屏电视图像的交互可视光盘。

3）媒体输入/输出技术。媒体输入/输出技术包括多媒体输入/输出设备、媒体显示和编码技术、媒体变换技术、识别技术、媒体理解技术和综合技术。

①媒体变换技术指改变媒体的表现形式，如当前广泛使用的视频卡、音频卡（声卡）都属媒体变换设备。

②媒体识别技术对信息进行一对一的映像过程。例如语音识别是将语音映像为一串字、词或句子；触摸屏是根据触摸屏上的位置识别其操作要求。

③媒体理解技术对信息进行更进一步的分析处理和理解信息内容，如自然语言理解、图像语音模式识别这类技术。

④媒体综合技术把低维信息表示映像成高维的模式空间的过程，例如语音合成器就可以把语音的内部表示综合为声音输出。

1.2 计算机数制与编码

计算机在进行数的计算和处理时，内部使用的是二进制计数制，简称二进制（Binary），这是因为二进制数在电子元件中容易实现、容易运算。由于人们最熟悉的还是十进制，因此绝大多数计算机的终端都能够接受和输出十进制的数字，此外，为理解和书写方便，还常常使用八进制和十六进制，但它们最终都要转化为二进制后才能在计算机内部存储和加工。

1.2.1 常见进位计数制

（1）十进制（Decimal）

其主要特点是：

1）有十个不同的数码（或称基行）：0、1、2、3、4、5、6、7、8、9；

2）基数为 10，所以这种计数制称为十进制；

3）按"逢十进一"的规则计数。

同一个数码在不同的数位，所代表的数值大小不同。例如 666.66 这个数，小数点左边的第一位 6 代表个位，其值为 $6×10^0$；左边第二位 6 代表十位，其值为 $6×10^1$；左边第三位 6 代表百位，其值为 $6×10^2$；小数点右边第一位 6，其值为 $6×10^{-1}$；右边第二位 6，其值为 $6×10^{-2}$。因此这个十进制数可以写成：

$$666.66=6×10^2+6×10^1+6×10^0+6×10^{-1}+6×10^{-2}$$

（2）二进制（Binary）

其主要特点是：

1）有两个不同的数码，即 0 和 1；

2）基数为 2，所以这种计数制称为二进制；

3）按"逢二进一"的规则计数。如对十进制数来说，1+1=2；而对二进制数，则 $1+1=(10)_2$，这里逢二进一，结果为 $(10)_2$。

不同的数位，数码所表示的值不同，把二进制数 $(1111.11)_2$ 化成十进制数时，可写成：

$$(1111.11)_2=1×2^3+1×2^2+1×2^1+1×2^0+1×2^{-1}+1×2^{-2}=(15.75)_{10}$$

（3）八进制（Octal）

其主要特点是：

1）有 8 个不同的数码：0、1、2、3、4、5、6、7；

2）基数是 8，所以称为八进制；

3）按"逢八进一"的规则计数。不同的数位，数码所表示的值是不同的。例如，八进制数$(474)_8$化成二进制数为：

$$(474)_8=4\times 8^2+7\times 8^1+4\times 8^0=256+56+4=(316)_{10}$$

（4）十六进制（Hexadecimal）

其主要特点是：

1）有十六个不同的数码：0、1、2、...、9、A、B、C、D、E、F。

2）基数为 16，所以这种计数制称为十六进制；

3）按"逢十六进一"的规则计数。

不同的数位、数码表示的值不同，例如，十六进制数$(9B4.4)_{16}$化成十进制数为：

$$(9B4.4)_{16}=9\times 16^2+11\times 16^1+4\times 16^0+4\times 16^{-1}=(2484.25)_{10}$$

1.2.2　不同进制间的转换

（1）二进制转换为十进制

按权展开相加法：二、八、十六进制的数字，只要将各位数字与它的权相乘，其积相加，和即为该进制数的十进制数。例：

$$(110.11)_2=0\times 2^0+1\times 2^1+1\times 2^2+1\times 2^{-1}+1\times 2^{-2}=(6.75)_{10}$$

例：

$$(3506.2)_8=6\times 8^0+0\times 8^1+5\times 8^2+3\times 8^3+2\times 8^{-1}=(1862.25)_{10}$$

例：

$$(0.2A)_{16}=2\times 16^{-1}+10\times 16^{-2}=(0.1640625)_{10}$$

（2）十进制转换为二进制

将十进制转换为二进制时，可将此数分为整数和小数部分分别转换，然后再合并即可实现。

①十进制整数转换为二进制。采用"除 2 取余，逆序排列"法，用十进制整数连续地除以 2，直到商为 1 时止，然后将先得到的余数作为二进制数的低位有效位，后得到的余数作为二进制数的高位有效位，依次排列起来。

例：将十进制数$(57)_2$转换为二进制数：

			余数	最低位
2	5	7		↑
2	2	8	1	
2	1	4	0	
2		7	0	
2		3	1	
2		1	1	
		0	1	

最高位

所以$(57)_{10}=(111001)_2$

②十进制小数转换为二进制。采用"乘2取整，顺序排列"法。用十进制小数乘以2，可以得到积，将积的整数部分取出，再用2乘以余下的小数部分，又得到一个积，再将积的整数部分取出，如此进行，直到小数部分为0或达到所要求的精度为止（小数部分可能永不为0），然后把取出的整数部分按顺序排列起来，先取的整数作为二进制小数的高位有效位，后取的整数作为二进制小数的低位有效位。

例：将$(0.3125)_{10}$转换成二进制数：

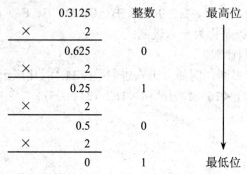

所以 $(0.3125)_{10}=(0.0101)_2$

（3）二、八、十六进制的互相转换

①二进制转换为八进制或十六进制。

转换方法：以小数点为界，整数部分从右向左每三（四）位为一组，最后不足三（四）位时，左边添零补足；小数部分从左向右每三（四）位为一组，最后不足三（四）位，右边添零补足，然后每一组分别用一位八（十六）进制数表示。

例：将$(1011010.10)_2$转换成八进制和十六进制。

$$\underline{0\,0\,1}\quad\underline{0\,1\,1}\quad\underline{0\,1\,0}\quad.\quad\underline{1\,0\,0}$$
$$1\qquad\quad 3\qquad\quad 2\qquad\quad.\qquad 4$$

所以 $(1011010.10)_2=(132.4)_8$

$$\underline{0\,1\,0\,1}\quad\underline{1\,0\,1\,0}\quad.\quad\underline{1\,0\,0\,0}$$
$$5\qquad\qquad A\qquad\quad.\qquad 8$$

所以 $(1011010.10)_2=(5A.8)_{16}$

②八进制或十六进制转换为二进制。

转换方法：将每位八（十六）进制数用三（四）位二进制数表示。

例：将$(F7.28)_{16}$转换为二进制数。

$$F\qquad 7\qquad.\qquad 2\qquad\quad 8$$
$$1111\quad 0111\quad.\quad 0010\quad 1000$$

所以$(F7.28)_{16}=(11110111.00101)_2$

例：将$(25.63)_8$转换为二进制数。

$$2\qquad 5\qquad.\qquad 6\qquad\quad 3$$
$$010\quad 101\quad.\quad 110\quad 011$$

所以$(25.63)_8=(10101.110011)_2$

3．二进制数的简单运算

1）二进制数的算术运算。二进制数的加、减、乘、除运算方法与十进制数的运算方法类似。

①加法。二进制数加法的特点是"逢二进一"，与十进制数的"逢十进一"类似。加法规则为：0+0=0；0+1=1+0=1；1+1=10（逢二进一）。

例：求 1101.1 与 1001.11 的和。

　　　1101.1+1001.11=10111.01

②减法。二进制数减法的特点是"借一当二"，与十进制数的"借一当十"相当。减法规则为：0-0=0；1-0=1；1-1=0；10-1=1（借一当二）。

例：求 1101.1 与 1001.11 的差。

　　　1101.1-1001.11=11.11

③乘法。二进制数的乘法规则是：$0\times0=0$；$1\times0=0\times1=0$；$1\times1=1$。

在计算的每一步只包括乘以 1 或者 0，这比十进制数的"九九乘法表"简单多了。

例：求二进制数 11.101 与 101 的乘积。

所以 $11.101\times101=10010.001$。

④除法。二进制数的除法规则与十进制数的类似。

例：求二进制数 1101.001 与 101 的商。

所以 $1101.001\div101=10.101$。

```
                 1 0 . 1 0 1      (商)
      1 0 1 /  1 1 0 1 . 0 0 1     (被除数)
             - 1 0 1
               0 1 1
             - 0 0 0
                 1 1   0
               - 1 0   1
                 0 1   0
                 - 0   0 0
                     1 0 1
                   - 1 0 1
                       0          (余数)
```

2）二进制数的逻辑运算。计算机不仅能进行算术运算，而且还能进行逻辑运算。逻辑变量有两个值："假"与"真"，在计算机内部表示为两种状态：0 和 1。对逻辑变量实行的运算称为逻辑运算，基本的逻辑运算有"与"、"或"、"非"三种。

①"与"（AND）运算，产生两个逻辑变量的逻辑积。

例：待修改字　　1010
　　屏蔽字　　　1101
　　　　　　　　1000

②"或"（OR）运算。产生两个逻辑变量的逻辑和。

例：待修改字　　1010

屏蔽字 $\quad\dfrac{0100}{1110}$

③"非"（NOT）运算，是对单一的逻辑变量进行求反运算，当逻辑变量为 1(0)时，"非"运算的结果是 0(1)。

例：$\overline{1110}=0001$

④异或运算，除了"与"、"或"、"非"三种基本运算之外，计算机还能进行一种逻辑"异或"（XOR）运算。它执行两个逻辑变量之间"不相等"的逻辑测试。相同为 0，不同为 1。

例：$\quad\dfrac{\begin{array}{r}1010\\0100\end{array}}{1110}$

1.2.3　计算机编码

1. 字符编码

（1）ASCII

美国信息交换标准代码（ASCII，American Standard Code for Information Interchange）是基于拉丁字母的一套电脑编码系统。它主要用于显示现代英语，而其扩展版本 EASCII 则可以部分支持其他西欧语言，并等同于国际标准 ISO/IEC 646。由于万维网使得 ASCII 广为通用，直到 2007 年 12 月，逐渐被 Unicode 取代。1968 年版 ASCII 编码速查表如表 1-1 所示。

表 1-1　1968 年版 ASCII 编码速查表

b_4	b_3	b_2	b_1	Row ↓ \ Column →	0	1	2	3	4	5	6	7
0	0	0	0	0	NUL	DLE	SP	0	@	P	`	p
0	0	0	1	1	SOH	DC1	!	1	A	Q	a	q
0	0	1	0	2	STX	DC2	"	2	B	R	b	r
0	0	1	1	3	ETX	DC3	#	3	C	S	c	s
0	1	0	0	4	EOT	DC4	$	4	D	T	d	t
0	1	0	1	5	ENQ	NAK	%	5	E	U	e	u
0	1	1	0	6	ACK	SYN	&	6	F	V	f	v
0	1	1	1	7	BEL	ETB	'	7	G	W	g	w
1	0	0	0	8	BS	CAN	(	8	H	X	h	x
1	0	0	1	9	HT	EM	)	9	I	Y	i	y
1	0	1	0	10	LF	SUB	*	:	J	Z	j	z
1	0	1	1	11	VT	ESC	+	;	K	[	k	{
1	1	0	0	12	FF	FC	,	<	L	\	l	|
1	1	0	1	13	CR	GS	-	=	M	]	m	}
1	1	1	0	14	SO	RS	.	>	N	^	n	~
1	1	1	1	15	SI	US	/	?	O	_	o	DEL

表头上方：b_7、b_6、b_5 各列取值为：
列 0：0 0 0；列 1：0 0 1；列 2：0 1 0；列 3：0 1 1；列 4：1 0 0；列 5：1 0 1；列 6：1 1 0；列 7：1 1 1

　　ASCII 第一次以规范标准发表是在 1967 年，最后一次更新则是在 1986 年，至今为止共定义了 128 个字符；其中 33 个字符无法显示（这是以现今操作系统为依归，但在 DOS 模式下可显示出一些诸如笑脸、扑克牌花式等 8-bit 符号），且这 33 个字符多数都已陈废。控制字符（如表 1-2 所示）主要是用来操控已经处理过的文字。在 33 个字符之外的是 95 个可显示的字符，包含空白键产生的空白字符。

表 1-2　控制字符

二进制	十进制	缩写	名称/意义	二进制	十进制	缩写	名称/意义
0000 0000	0	NUL	空字符	0001 0001	17	DC1	设备控制一
0000 0001	1	SOH	标题开始	0001 0010	18	DC2	设备控制二
0000 0010	2	STX	本文开始	0001 0011	19	DC3	设备控制三
0000 0011	3	ETX	本文结束	0001 0100	20	DC4	设备控制四
0000 0100	4	EOT	传输结束	0001 0101	21	NAK	确认失败回应
0000 0101	5	ENQ	请求	0001 0110	22	SYN	同步用暂停
0000 0110	6	ACK	确认回应	0001 0111	23	ETB	区块传输结束
0000 0111	7	BEL	响铃	0001 1000	24	CAN	取消
0000 1000	8	BS	退格	0001 1001	25	EM	连接介质中断
0000 1001	9	HT	水平定位符号	0001 1010	26	SUB	替换
0000 1010	10	LF	换行键	0001 1011	27	ESC	退出键
0000 1011	11	VT	垂直定位符号	0001 1100	28	FS	文件分区符
0000 1100	12	FF	换页键	0001 1101	29	GS	组群分隔符
0000 1101	13	CR	Enter 键	0001 1110	30	RS	记录分隔符
0000 1110	14	SO	取消变换	0001 1111	31	US	单元分隔符
0000 1111	15	SI	启用变换	0111 1111	127	DEL	删除
0001 0000	16	DLE	跳出数据通信				

　　ASCII 的局限在于只能显示 26 个基本拉丁字母、阿拉伯数目字和英式标点符号，因此只能用于显示现代美国英语。而 EASCII 虽然解决了部分西欧语言的显示问题，但对更多其他语言依然无能为力。因此现在的软件系统大多采用 Unicode。

　　（2）Unicode

　　Unicode（万国码、国际码、统一码）是计算机科学领域里的一项业界标准。它对世界上大部分的文字系统进行了整理、编码，使得计算机可以用更为简单的方式来呈现和处理文字。

　　Unicode 伴随着通用字符集的标准而发展，同时也以书本的形式对外发表。Unicode 至今仍在不断增修，每个新版本都加入更多新的字符。目前最新的版本为第六版，已收入了超过十万个字符。Unicode 涵盖的数据除了视觉上的字形、编码方法、标准的字符编码外，还包含了字符特性，如大小写字母。

　　Unicode 发展由非营利机构统一码联盟负责，该机构致力于让 Unicode 方案取代既有的字符编码方案。因为既有的方案往往空间非常有限，亦不适用于多语环境。

　　Unicode 备受认可，并广泛地应用于计算机软件的国际化与本地化过程。有很多新科技，如可扩展置标语言、Java 编程语言以及现代的操作系统，都采用 Unicode 编码。

　　大概来说，Unicode 编码系统可分为编码方式和实现方式两个层次。

1）编码方式。统一码的编码方式与 ISO 10646 的通用字符集概念相对应。目前实际应用的统一码版本对应于 UCS-2，使用 16 位的编码空间。也就是每个字符占用 2 个字节，理论上一共最多可以表示 $2^{16}=65536$ 个字符，基本满足各种语言的使用。实际上当前版本的统一码并未完全使用，而是保留了大量空间以作为特殊使用或将来扩展。

2）实现方式。Unicode 的实现方式不同于编码方式。一个字符的 Unicode 编码是确定的。但是在实际传输过程中，由于不同系统平台的设计不一定一致，以及出于节省空间的目的，对 Unicode 编码的实现方式有所不同。Unicode 的实现方式称为 Unicode 转换格式（Unicode Transformation Format，UTF）。

统一码这种为数万汉字逐一编码的方式很浪费资源，且要把汉字增加到标准中也并不容易，因此去研究以汉字部件产生汉字的方法，期望取代为汉字逐一编码的方法。对此，Unicode 委员会在关于中文和日语的常用问题列表里进行了回答。主要问题是汉字中各个组件的相对大小不是固定的。比如"员"字，由"口"和"贝"组成，而"呗"也是由"口"和"贝"组成，但其相对位置和大小并不一致。还有一些其他原因，比如字符比较和排序时需要先对编码流进行分析后才能得到各个字符，增加处理程序复杂性等。

另一个问题是：由于中国历代字书有收录讹字（即错别字）的习惯，因此 Unicode 编码中收入大量讹字，占据大量空间，引发批评。电脑文件中若使用错别字，在用正确字做检索时，用错别字写出的同一个词语无法检出。

2. 汉字编码

国家标准代码，简称国标码，是我国的中文常用汉字编码集，亦为新加坡采用。目前官方强制使用 GB 18030-2005 标准，但 GB 2312-80 仍然在部分领域被使用。强制标准冠以 GB。推荐标准冠以 GB/T。

常见国家标准代码列表：

GB 2312-80《信息交换用汉字编码字符集 基本集》（又称 GB 或 GBO）

GB 13000.1-93《信息技术通用多八位编码字符集（UCS）第一部分》

GB 18030-2000《信息技术信息交换用汉字编码字符集－基本集的扩充》

GB 18030-2005《信息技术中文编码字符集》

其他我国发布有关汉字标准代码列表：

GB/T 12345-90《信息交换用汉字编码字符集－第一辅助集》（又称 GB1）

GB/T 7589-87《信息交换用汉字编码字符集－第二辅助集》（又称 GB2）

GB 13131-91《信息交换用汉字编码字符集－第三辅助集》（又称 GB3）

GB/T 7590-87《信息交换用汉字编码字符集－第四辅助集》（又称 GB4）

GB 13132-91《信息交换用汉字编码字符集－第五辅助集》（又称 GB5）

GB/T 16500-1998《信息交换用汉字编码字符集－第七辅助集》

虽然 GB 2312-80 收录了 6763 个汉字，其中一级常用汉字 3755 个，汉字的排列顺序为拼音字母序；二级常用汉字 3008 个，排列顺序为偏旁部首序，还收集了 682 个图形符号，共 7445 个汉字及符号，一般情况下，该编码集中的两级汉字及符号已足够使用。但未能覆盖繁体中文字、部分人名、方言、古汉语等方面出现的罕用字，所以发布了以上的辅助集。

其中，GB/T 12345-90 辅助集是 GB 2312-80 基本集的繁体字版本；GB 13131-91 是 GB/T 7589-87 的繁体字版本；GB 13132-91 是 GB/T 7590-87 的繁体字版本。而 GB/T 16500-1998 是

繁体字版本，并无对应的简体字版本。

鉴于第二辅助集及第四辅助集，有不少汉字均是"类推简化汉字"，实用性不高，因而较少人采用，而且没有收入通用字符集 ISO/IEC 10646 标准。

国家标准总局于 2000 年推出强制性的 GB 18030-2000 标准。于 2001 年 8 月 31 日后发布或出厂的产品，必须符合 GB18030-2000 的相关要求。这个标准的最新版本是 GB 18030-2005，它的单字节编码部分、双字节编码部分和四字节编码部分的 CJK 统一汉字扩充 0x8139EE39－0x82358738 部分为强制性。

3. BCD 编码

二－十进制编码（Binary-Coded Decimal，BCD）是一种十进制的数字编码形式。这种编码下的每个十进制数字用一串单独的二进制比特来存储表示。常见的有 4 位表示 1 个十进制数字，称为压缩的 BCD 码（compressed or packed）；或者 8 位表示 1 个十进制数字，称为未压缩的 BCD 码（uncompressed or zoned）。

这种编码技术，最常用于会计系统的设计里，因为会计制度经常需要对很长的数字符串作准确的计算。相对于一般的浮点式记数法，采用 BCD 码，既可保存数值的精确度，又可免却使计算机作浮点运算时所耗费的时间。此外，对于其他需要高精确度的计算，BCD 编码亦很常用。

BCD 码的主要优点是在机器格式与人可读的格式之间转换容易，用十进制数值的高精度表示。BCD 码的主要缺点是增加了实现算术运算的电路的复杂度，存储效率低。

最常用的 BCD 编码，就是使用 0 至 9 这十个数值的二进码来表示。这种编码方式，称为8421BCD，除此以外，对应不同需求，各人亦开发了不同的编码方法，以适应不同的需求。这些编码，大致可以分成有权码和无权码两种：

有权码，如 8421 码、2421 码、5421 码等。

无权码，如余 3 码、格雷码等。

十进制数和常见 BCD 编码如表 1-3 所示。

表 1-3　十进制数和常见 BCD 编码

十进制数	8421 码	余 3 码	2421 码
0	0000	0011	0000
1	0001	0100	0001
2	0010	0101	0010
3	0011	0110	0011
4	0100	0111	0100
5	0101	1000	0101
6	0110	1001	0110
7	0111	1010	0111
8	1000	1011	1110
9	1001	1100	1111

例如：将 973 转换为 8421BCD 码。973=(1001 0111 0011)$_{BCD}$（注意：BCD 码在书写时，每一个代码之间一定要留有空隙，以避免 BCD 码与纯二进制码混淆。）

1.3　微型计算机系统组成

微型计算机（Micro Computer，简称微机），又称个人电脑（Personal Computer，简称PC），诞生于20世纪70世纪年代。其特点是：体积小，功耗低，结构简单，集成度高，使用方便，价格便宜，对环境无特殊要求，适合办公和一般家庭使用。图1-2所示为一台常见微型计算机的基本组成。

图1-2　计算机的基本组成

从外观上看，一台微型计算机由主机、显示器、键盘、鼠标、音箱5个部分组成。其基本功能如下。

主机：计算机最重要的部分，也是初学者觉得最神秘的部分，计算机的核心部件如CPU、内存、主板等都安装在内。

显示器：又称监视器，主要用于显示各种数据或画面，是人与计算机之间交换信息的窗口。是微型计算机系统中不可缺少的输出设备。

键盘：键盘是微机必备的标准输入设备，是用户向计算机输入数据和控制计算机的工具。

鼠标：由于操作灵活和方便，目前已成为微型计算机的必备输入设备。

音箱：用于将接收到的信号转变成声音。是多媒体计算机的必备设备。

提示：按照计算机的运算速度、字长、存储容量、软件配置等多方面的综合性能指标可将计算机分为微型计算机、小型计算机、大型计算机和巨型计算机。微型计算机因其小、巧、轻、使用方便、价格便宜，其应用范围极广，从太空中的航天器到家庭生活，从工厂的自动化控制到办公自动化，以及商业、服务业、农业等，遍及社会各个领域。PC的出现使得计算机真正面向每个人，真正成为大众化的信息处理工具。本文所讲的仅指微型计算机。在实际应用中，微型计算机又可分为台式机、笔记本计算机和掌中宝计算机。笔记本计算机的性能和组成结构同台式机几乎完全一致，但它比台式机更小、更轻，并可以随身携带，对于实现移动办公必不可少，如图1-3所示。掌中宝计算机是一种可以放进口袋的计算机，也称掌上微机。它相对来说功能比较简单，可用于收发电子邮件和进行一般的公文处理。如图1-4所示。

图1-3　笔记本计算机

图1-4　掌中宝计算机

1.3.1　微型计算机的硬件系统

计算机的硬件系统是由各种电子线路、器件，以及机械装置所组成，是看得见、摸得着的实实在在的实物部分，它是计算机进行工作的物质基础。微机的基本硬件设备包括主机部件、输入设备和输出设备三大部分。

主机部件包括主机板、CPU、内存条、硬盘、声卡、显卡、网卡、光驱、软驱等。输入设备是指将数据输入给微机的设备，常用的输入设备有键盘、鼠标、扫描仪等。输出设备是指将微机的处理结果以适当的形式输出的设备，常用的输出设备有显示器和打印机。

1.　主机内部部件

微机主机的核心部件安装在主机箱内，主要包括 CPU、主板、内存条、硬盘、光驱及各种板卡等。这些部件是组成微型计算机所必须的硬件设备。

1）CPU。CPU（Central Processing Unit）即中央处理单元，也称中央处理器，是整个微机系统的核心，计算机所产生的每一个动作都受 CPU 控制。CPU 由运算器和控制器组成。运算器主要完成各种算术运算和逻辑运算。控制器不具有运算功能，它是微机运行的指挥中心。它按照程序指令的要求，有序地向各个部件发出控制信号，使微机有条不紊地运行。通常，在 CPU 中还包含若干个寄存器，它们可直接参与运算并存放中间结果。

CPU 品质的高低直接决定了一个计算机系统的档次。衡量 CPU 品质的一个重要标志是主频。主频是指 CPU 在一个时钟周期内完成的指令条数，以赫兹（Hz）为单位。主频越高，表示 CPU 的处理速度越快。CPU 外如图 1-5 所示。

图 1-5　Intel Core i5 处理器

提示：目前，市场上微型机主流 CPU 主要是 Intel 公司 Core（酷睿）系列、Pentium（奔腾）系列和 AMD 公司的 Phenom（羿龙）系列、Athlon（速龙）系列 CPU。按 CPU 核心数量不同，又可分为单核、双核、三核、四核、六核处理器。

2）主板。主板安装在主机箱内，是长方形的印刷电路板。主机板主要由 CPU 插座、内存插槽、总线扩展槽、电源转换器件、芯片组、外设接口等组成。在主板上可以安装和连接 CPU、内存、声卡、网卡、显卡、硬盘、软驱和光驱等设备。主板的作用是通过系统总线插槽和各种外设接口等将微机中的各部件紧密地联系在一起。如图 1-6 所示。

3）内存。存储器是计算机的记忆部件，主要功能是存放程序和数据。存储器又分为内存（主存）和外存（辅存）。内存多由半导体存储器组成，它的存取速度比较快，随着计算机档次的提高，内存可以逐步扩充。内存按其工作方式可以分为随机存储器和只读存储器。如图 1-7 所示。

图 1-6　主板

随机存储器（RAM）：用于存储当前正在运行的程序、各种数据及其运行的中间结果。其数据可以随时地读入和输出。由于信息是通过电信号写入这种存储器的，因此，这些数据不能永久保存。在计算机断电后，RAM 中的信息就会丢失。如计算机的主存储器，即通常所讲的内存条。

只读存储器（ROM）：这种存储器中的信息只能读出而不能随意写入。ROM 中的信息是厂家在制造时用特殊方法写入的，用户不能修改，断电后信息不会丢失。ROM 中存储的一般都是比较重要的数据或程序，如微机的 BIOS 程序等。

4）声卡。声卡提供了录制、编辑和回放数字音频，以及进行 MIDI 音乐合成的功能，无论是玩游戏，播放音乐或视频，都需要声卡的支持。声卡插入到微机主机板的总线扩展插槽上。如图 1-8 所示。

图 1-7　内存条

图 1-8　声卡

5）显示卡。卡又称显示适配器，其主要作用是控制计算机图形输出，它工作在 CPU 和显示器之间，是主机与显示器连接的桥梁，显示器只有在显示卡及其驱动程序的支持下，才能显示出色彩艳丽的图形。通常显示卡是安插到主板的总线扩展插槽上。如图 1-9 所示。

6）硬盘。在微机的配置中，内存只作为临时存储设备，而大量的数据、程序都是存在外存上的。外存储器主要包括硬盘驱动器和光盘驱动器。

硬盘驱动器简称硬盘，是微机中最重要的外部存储设备。硬盘一般固定在计算机的主机箱内。台式机一般使用 3.5 英寸硬盘。目前的硬盘容量一般有 160GB、320GB 等。

使用硬盘时，应保持良好的工作环境，适宜的温度和湿度，注意防尘、防震，并且不要随意拆卸。如图 1-10 所示。

图 1-9　显示卡

图 1-10　硬盘

提示： 存储器的基本存储单位为字节（Byte），约定 8 位（bit）二进制数为一个字节，用 B 表示，还有千字节（KB）、兆字节（MB）、千兆字节（GB）等，它们之间的换算公式如下：

1BB=1024YB

1YB=1024ZB

1ZB=1024EB

1EB=1024PB

1PB=1024TB

1TB=1024GB

1GB=1024MB

1MB=1024KB

1KB=1024B

1B=8bit

7）光盘驱动器。光盘驱动器简称光驱，随着计算机技术的发展，光盘作为外存储器的应用已越来越广泛。其特点是容量大，抗干扰性强，存储的信息不易丢失。它除了可以读取音乐和数据之外，还可以读取声音、图像和文本文件等交互格式的多种信息，光盘需放入相应的光盘驱动器中才能被正确读取。

光盘驱动器可分为普通光驱（CD-ROM）、DVD 光驱、DVD 刻录机、BD-ROM（蓝光）、HD-ROM 和 COMBO 驱动器，光驱是多媒体计算机的基本配置。如图 1-11 所示。

2.　外部设备

1）显示器。显示器是计算机系统的基本输出设备。显示器按显像管的工作原理分类，主要分为 CRT 显示器和液晶显示器两大类。目前微机系统一般配置液晶显示器。

显示器的分辨率是判断显示器性能优劣的指标之一。通常把它分解成水平分辨率和垂直分辨率。表示的是在屏幕上从左到右扫描一行共有多少个点和从上到下共有多少行扫描线，即每帧屏幕上每行每列的像素数。显示器的分辨率越高，图像就越清晰，屏幕上的信息量也随着增加。通常的有 800×600 像素、1024×768 像素、1280×960 像素等。

显示器的屏幕尺寸有 15 英寸、17 英寸和 19 英寸等。屏幕尺寸指的是显示器屏幕对角线的长度。目前 17 英寸、19 英寸的显示器在市场上占据主导地位。如图 1-12 所示。

图 1-11　光盘驱动器　　　　　　　　　　图 1-12　液晶显示器

显示器与显示适配器构成了微型计算机的显示系统，用于屏幕上字符与图形的输出。

2）键盘。键盘是微机系统的必备输入设备，也是人机交互的一个主要媒介。使用计算机工作时，一刻也离不开键盘，如果系统不安装键盘，加电自检程序都不能通过。用户键入命令、输入文字等，更是离不开键盘。目前常用的是 104 键盘，如图 1-13 所示。

图 1-13　键盘

3）鼠标。鼠标通过一条电缆线连接到计算机的 PS/2 鼠标口或 USB 接口上。鼠标可以方便、准确地移动光标进行定位，是 Windows 系统界面中必不可少的一个输入设备。使用鼠标的明显优点就是简单、直观，移动速度快。

目前使用最多的是光电鼠标。光电鼠标具有精度高、寿命长等优点。此外还有无线鼠标和轨迹球鼠标等。无线鼠标如图 1-14 所示。

4）扫描仪。扫描仪是一种捕获图像并将其转换为微机可以显示、编辑、存储和输出的数字化输入设备。这里所说的图像是指照片、文本页面和图画等，甚至如硬币或纺织品等也可以作为图像扫描。扫描仪在计算机领域中具有广泛的用途。如图 1-15 所示。

图 1-14　无线鼠标

图 1-15　扫描仪

5）打印机。打印机也是计算机系统最常用的输出设备。无论是在计算机上编辑的文档还是存储的图像等信息，如果要打印到纸上保存，就离不开打印机。

打印机与计算机的连接很简单。它通过一根数据线与电脑主机的 USB 接口连接，并且通过一根电源线连接电源插座。

按打印原理不同，打印机可分为点阵式打印机、喷墨式打印机和激光打印机。目前被广泛应用的是激光打印机。

激光打印机属于非击打式打印机，其主要部件是感光鼓，感光鼓中装有碳粉。打印时，感光鼓接受激光束，产生电子，以吸引碳粉，再印到打印纸上。

激光打印机的优点是打印时噪声小，速度快，可以打印高质量的文字和图形。目前被广泛应用。如图 1-16 所示。

提示：2007 年，富士施乐发布了首款彩色喷蜡打印机 Phaser 8560DN，这是有别于喷墨打印、激光打印的一种全新的打印模式，能够有效降低彩色打印成本，提高彩色输出品质，更加节能环保。

6）音箱。音箱是多媒体计算机不可缺少的部件。通过声卡与音箱的连接，可以播放出声音。一对音质优良的音箱，能够保证输出优美动听的声音。如图 1-17 所示。音箱连接在声卡的音频输出接口上。

图 1-16　激光打印机

图 1-17　音箱

硬件系统是计算机工作的物质基础，计算机的性能，如运行速度、精度、存储容量，以及可靠性等在很大程度上取决于硬件配置。

1.3.2　微型计算机的软件系统

再好的硬件也必须有软件支持才能发挥其作用。没有配置任何软件的计算机称为"裸机"，裸机不能完成任何功能，计算机之所以能够发挥其强大的功能，除了硬件系统外，还与软件系统密切相关。计算机软件系统层次关系如图 1-18 所示。按照功能不同，软件系统可分为系统软件和应用软件两大类。

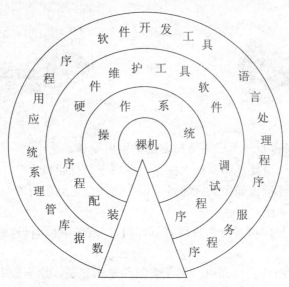

图 1-18　计算机软件系统层次关系

1. **系统软件**

系统软件负责管理、控制、维护、开发计算机的软硬件资源，提供用户一个便利的操作界面和提供编制应用软件的资源环境。常见的系统软件主要包括：

1）操作系统。操作系统是最底层的系统软件，是每台计算机必配的系统软件。操作系统为用户提供了一个使用计算机的基础平台。

操作系统实际上是一组程序，它能对计算机系统中的软硬件资源进行有效的管理和控制，合理地组织计算机的工作流程，为用户提供一个使用计算机的工作环境，是用户和计算机之间的接口。

常见的操作系统有 Windows、Linux、UNIX 操作系统。目前，被广泛使用的操作系统是 Windows 操作系统。

Windows 操作系统是微软公司为 PC 开发的一种窗口操作系统，它为用户提供了最友好的界面，通过鼠标的操作就可以指挥计算机工作。目前 Windows 的最新操作系统是 Windows 8。

2）程序设计语言。人们利用计算机解决实际问题，首先要编写程序。程序设计语言就是用户用来编写程序的语言，程序设计语言是人与计算机之间交换信息的工具。程序设计语言一般分为机器语言、汇编语言和高级语言。

机器语言：是最底层的语言，是计算机能够直接识别和执行的语言。每一条机器指令都是由 0、1 两种代码组成。由于机器语言是直接针对硬件的，它的执行效率比较高。但是机器语言编写难度比较大，容易出错，而且程序的直观性比较差，不容易移植。

汇编语言：为了便于识别与记忆，人们利用助记符（帮助记忆的英文缩写符号）代替机器语言中的指令代码。汇编语言和机器语言是一一对应的。由于汇编语言采用了助记符，它比机器语言更直观，并且容易理解和记忆。用汇编语言编写的程序要依靠计算机的翻译程序（汇编程序）翻译成机器语言后方可执行。汇编语言和机器语言都是面向机器的语言，一般称之为低级语言。

高级语言：起始于 20 世纪 50 年代中期，它与人们日常熟悉的自然语言和数学语言更相近，可读性强，编程方便。高级语言的显著特点是独立于具体的计算机硬件，通用性和可移植性好。目前广泛应用的高级语言有十几种，常用的有 C++、Visual Basic、Delphi、Java 等，几乎每一种高级语言都有其最适用的领域。必须指出，用任何一种高级语言编写的程序都要通过编译程序翻译成机器语言程序后才能被计算机所识别和执行。

2. 应用软件

应用软件是为各种特定的应用目的而编制的程序，用来解决各种实际问题。由于计算机应用的日益普及，各个领域的应用软件也非常多。也正是应用软件的不断开发和推广，显示出计算机无比强大的威力。常见的应用软件有以下几种：

1）办公自动化软件。最常用、最典型的是微软公司的 Microsoft Office 软件包，因其功能强大，使用方便，已成为人们日常工作和生活不可缺少的帮手。Microsoft Office 套件有以下重要组件：

Word：文字处理软件，用于编制文字、表格，以及图文混排的文档。

Excel：电子表格软件，用于制作各种数字报表和进行数据分析。

PowerPoint：文稿演示软件，用于制作多媒体幻灯片和演示文稿。

Outlook：信息管理软件，可管理电子邮件，安排工作日程，建立通信簿等。

Access：数据库管理软件，用于创建和维护数据管理系统。

FrontPage：用于创建、编辑和发布网页的应用程序。

2）管理类软件。如一个单位的账目管理软件、图书管理软件、商业管理软件等。

3）辅助软件。如 AutoCAD、Photoshop、3ds Max 等。

提示：计算机中硬件和软件是相辅相成的，从而构成一个不可分割的整体计算机系统。如果把硬件比作计算机系统的躯体，那么软件就是计算机系统的灵魂。只有两者有机地结合，才具有强大的生命力。因此，计算机软硬件之间的关系可以总结如下：

①硬件是软件的基础；

②软件是硬件功能的扩充与完善；

③硬件和软件相互渗透、相互促进。

同步训练 1.3　微型计算机的选购

【训练目的】

● 掌握微型计算机的硬件组成。

● 能正确识别各硬件设备。

【训练任务和步骤】

结合所学知识，通过对当地电脑市场的调查，写出组装一台学习用计算机的基本配件及品牌型号与价格。完成表 1-4。

表 1-4　微型计算机配置清单

配件名称	品牌与型号	参考价格
中央处理器（CPU）		
内存		
主板		

续表

配件名称	品牌与型号	参考价格
硬盘		
光驱		
声卡		
显卡		
键盘		
鼠标		
显示器		
音箱		
合计		

1.4　键盘与输入法

1.4.1　键盘与录入要领

1. 认识键盘

如图 1-19 所示，键盘可分为 4 个区域，各区域功能如下：

功能键区　　面板指示灯　　数字键区　　编辑键区　　主键盘区

图 1-19　键盘

（1）主键盘区

该区是键盘的主要部分，包括字符键和专用控制键。

字符键包括数字键 0~9、26 个英文字母键和一些常用的标点符号键。

控制键主要包括 Shift（换档键）、Tab（制表键）、Backspace（退格键）、Enter（回车键），以及上、下、左、右光标控制键等。这些控制键一般要与字符键配合使用。

Shift 键为上档控制键，当要输入双字符键上的上档字符时，需要同时按下此键。

Caps Lock 键为字母大小字切换键，按一次该键，键盘右上角的 Caps Lock 指示灯亮，此时输入的英文字母均呈大写形式。再按一次该键，指示等灭，返回小写字母输入状态。

Ctrl 键与其他键配合使用，单独使用无意义。例如：在文件与文件夹的操作时，Ctrl+X 组合键的功能为"剪切"，Ctrl+V 组合键的功能为"粘贴"。

Alt 键的用法和 Ctrl 键类似。这两个键的功能有时需要由软件定义。

Enter 键称为回车键，表示确认所要执行的命令。在编辑文档时，表示一个输入行的结束。

Backspace 键为退格键，用来删除光标左边的一个字符。

Tab 键称为跳格键，每按一次，光标向右跳过若干字符的位置，默认为 2 个字符位置。

（2）功能键区

对于标准键盘，功能键是 F1～F12 和 Esc 共 13 个键，F1～F12 各个功能键的具体功能，由不同软件定义。

Esc 键称为释放键或取消键，在不同应用软件中有不同的含义，一般为取消当前操作。

（3）编辑键区

光标控制键区包括以下按键：

光标移动键：包括←、→、↑、↓等 4 个键。在全屏编辑中，每按一次，光标按箭头方向移动一个字符或一行。

Insert 键：为"插入"与"改写"状态转换键，按一次该键，进入"改写"状态，所键入的字符将替换光标后面位置的字符。再按一次该键，则返回"插入"状态，此时键入的字符将插入当前光标所在位置。系统开机时，默认状态是"插入"状态。

Delete 键：删除键，按下该键，删除当前光标所在位置前面的字符。

Home 键和 End 键：又称光标快速移动键。在编辑 Word 文档时，按下 Home 键，将光标移动到行首；按下 End 键，将光标移动到行尾；按下 Ctrl+Home 组合键，将光标移动到整个文档的开头位置；按下 Ctrl+End 组合键，将光标移动到文档的末尾。

PageUp、PageDown 键：页面光标移动键，PageUp 向前翻一页，PageDown 向后翻一页。

（4）数字小键盘区

当输入大量的数字时，数字小键盘的作用十分明显，尤其对于财会人员非常有用。数字小键盘上的双字符键具有数字键和光标控制的双重功能。开机后系统默认状态是由 BIOS 设置的。按下数字锁定键 Num Lock，则右上角的 Num Lock 灯点亮，即可锁定上档数字键，然后输入数字。

（5）面板指示灯

键盘的右上角设置了 3 个指示灯，分别是：Num Lock（数字锁定）、Caps Lock（字母锁定）和 Scroll Lock（屏幕锁定）。当按下键盘的相应键时，相应的指示灯就会点亮，便于用户操作。

2. 键盘录入的基本要领

键盘操作是一项技巧性很强的工作，科学合理的打字技术是触觉打字，又称盲打法。即打字时眼睛不看键盘，视线专注于文稿，做到眼到、心到、手到，因此可以获得很高的工作效率。初学者只要严格按照指法训练，就会掌握盲打技术，大大提高数据的录入效率。

（1）正确使用键盘

①身体坐正，手腕要平直，打字的全部动作都在五个手指上，上身其他部位不得接触工作台或键盘。座椅高度适度。

②手指要保持弯曲，手要形成勺状，两食指总保持在左手 F 键、右手 J 键处。

③击键时以手指尖垂直向键位使用冲击力，力量要在瞬间爆发出来，并立即反弹回去。

④敲击键盘要有节奏，击上排键时手指伸出，击下排键时手指缩回，击完后手指立即回至原始标准位置。

⑤击键的力度要适中，过轻则无法保证速度，过重则容易疲劳。

⑥各个手指分工明确，各守岗位，决不能越到别的区域去敲键。

（2）击键指法

①手指定位。将左手小指、无名指、中指、食指依次放在 A、S、D、F 四个基准键上；右手食指、中指、无名指、小指依次放在 J、K、L、；四个基准键上。左、右手大拇指轻放于空格键上。如图 1-20 所示。

注：F 键与 J 键各有一个小凸出的标识，便于手指正确定位。

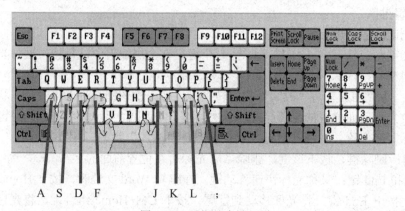

图 1-20　手指基本键位置

②指法分工。键盘上"A、S、D、F、J、K、L、；"称为基准键。基准键是键盘的中心位，是击键时各手指移动、找键定位的基准位置。

在键盘操作中，各手指必须各司其职，明确分工，各守岗位。任何手指去"助人为乐"或"互相帮助"都必然会造成指法混乱，严重影响速度和准确性。切忌双手交叉击键。只有严格按照指法分工进行训练，才能逐步提高打字速度，实现盲打。如图 1-21 所示。

图 1-21　手指分工图

（3）初学者常见的几种错误击键方法

①坐姿不正确，身体过分向键盘倾斜或向后倾斜；

②双手放在键盘上的高度不合适，手腕压在键盘上或抬得过高；

③不按照手指分工随意击键，或用力过大或过小；

④双眼紧盯键盘；

⑤一只手敲打键盘。

（4）指法训练

指法训练要循序渐进，切不可操之过急。先进行基准键输入训练，再依次进行基准键上方、下方字母键输入训练，最后是数字键与符号键输入训练。在指法训练中，要仔细体会手指击键的方向、距离，以便准确地回位。

可进行如下顺序的训练：

①基准键 A、S、D、F 和 J、K、L、：训练。

②上排键 Q、W、E、R 和 U、I、O、P 训练。

③中间键 T、G、B 和 Y、H、N 训练。

④下排键 Z、X、C、V 和 M、，、。、/训练。

最后，选择一篇英文文章，进行英语的综合录入练习。

1.4.2　五笔输入法

目前汉字编码方案已有数百种，已经在计算机上使用较多的也有十几种。根据编码原理的不同大至可分为音码、形码、音形结合码、数字编码等 4 种。音码是使用汉字的拼音字母作为汉字的代码，如全拼、双拼、智能拼音等，这种编码只要会拼音的都会打字。形码是将汉字看成由若干个基本字根组成，如五笔字型等，这类编码效率较高，但初次学时需要记的东西较多，这也是造成部分人不愿学五笔的原因。音形结合码是按照汉语拼音和汉字的形状进行编码，如自然码等。数字编码是使用数字作为汉字的编码。如区位码等。在众多的汉字编码输入法中，只要了解几个常用的输入法，熟练掌握其中的一种即可。此任务中将重点介绍五笔字形输入法。

五笔字形输入法是一种形码输入方案，形码输入就如同小孩搭积木一样，它先分析汉字结构，找出可以组字的所有字根，并将它们合理地分布在键盘上。当需要输入汉字时，就按相应的字根编码来组合。五笔字形选取了组字能力强、出现次数多的 130 个部件作为基本字根。形码的特点是重码少、输入速度快，但需要有一定的记忆，只有在熟记字根的基础上，掌握一定的拆字和输入方法，才能输入汉字。所以它特别适合经常在键盘上输入汉字信息的人员使用。当然，由于五笔字型的字根记忆比较有规律，也适合一般计算机使用者。

1. 汉字的笔画结构

汉字笔画就是指书写时不间断地一次连续写成的一个线条。五笔字型码中，以国家标准的楷书简化汉字为对象，根据编码要求，按书写笔顺，只考虑笔画的运笔方向，不计其长短粗细，将汉字笔画归结为横、竖、撇、捺、折五种，依次用 1、2、3、4、5 作为这五种笔画的代号，如表 1-5 所示。

表 1-5　汉字的五种笔画

代号	笔画名称	笔画走向	笔画及其变形
1	横	左→右	一　包括提笔
2	竖	上→下	∣　包括竖左钩
3	撇	右上→左下	丿
4	捺	左上→右下	㇏　包括点、
5	折	带转折	乙　包括乚乛 ㄴㄥㄋ等

2．汉字的部位结构

基本字根按一定方式组成汉字时，这些字根之间的位置关系就是汉字的部位结构。因为汉字是方块字，所以确定汉字的部位结构时，以方块为原则。

五笔字型输入法为获取汉字的字型信息，把汉字的字型结构分成三类：左右型、上下型、杂合型，如表 1-6 所示。左右型包括左右结构，上下型包括上中下结构。其他字型统称为杂合型，包括单体字、连体字、交叉字、半包围字、内外结构字等。

表 1-6　汉字的三种字型结构

代号	字型	字例
1	左右型	汉 村 树 湘 结 给 代 到 封
2	上下型	吕 字 空 意 党 花 茄 型 坚
3	杂合型	因 凶 同 匠 这 司 库 本 乘

用五笔字型码输入汉字时，为尽量降低重码率，充分利用汉字的字型特征来识别、区分汉字。例如"只"和"叭"，都由基本字根"口"和"八"组成，若输入字根编码后再增加字型信息，就能明确地区分，基本上做到无重码输入，快速盲打。

3．五笔字型输入法中的字根键盘布局及助记词

五笔字型输入法的 130 个基本字根，按照其起笔笔画，分成 5 个区，以横起笔的为第一区，以竖起笔的为第二区，以撇起笔的为第三区，以捺（点）起笔的为第四区，以折起笔的为第五区。

第一区内的基本字根又分成 5 个位置，也以 1、2、3、4、5 表示。这样 130 个基本字根就被分成了 25 类，每类平均 5～6 个基本字根。这 25 类基本字根安排在除 Z 键以外的 25 个英文字母键上。五笔字型字根及助记词如图 1-22 所示。

在同一个键位上的几个基本字根中，选择一个具有代表性的字根，称为键名字根，图中每个键位左上角的第 1 个字根就是键名字根。

4．汉字的字根结构

五笔字型码优选了 130 个字根作为拼形组字的基本单元，称之为基本字根，众多汉字全部由它们拼合而成。由基本笔画构成字根，由基本字根构成汉字，这是汉字字形码的基本出发点。笔画构成字根的方式，一般可分为：单、散、连、交四种方式。

单：指该字根就是由一个基本笔画组成，如一、∣、丿、、、乙等。

散：指构成字根的笔画之间有一定距离，如二、刂、彡、氵、八、巛、小、灬等。

连：指构成字根的笔画之间是相互连接，如厂、卜、斤、人、刀、凵、弓等。

交：指构成字根的笔画之间是相互交叉，如十、力、车、廿、又、七、也等。

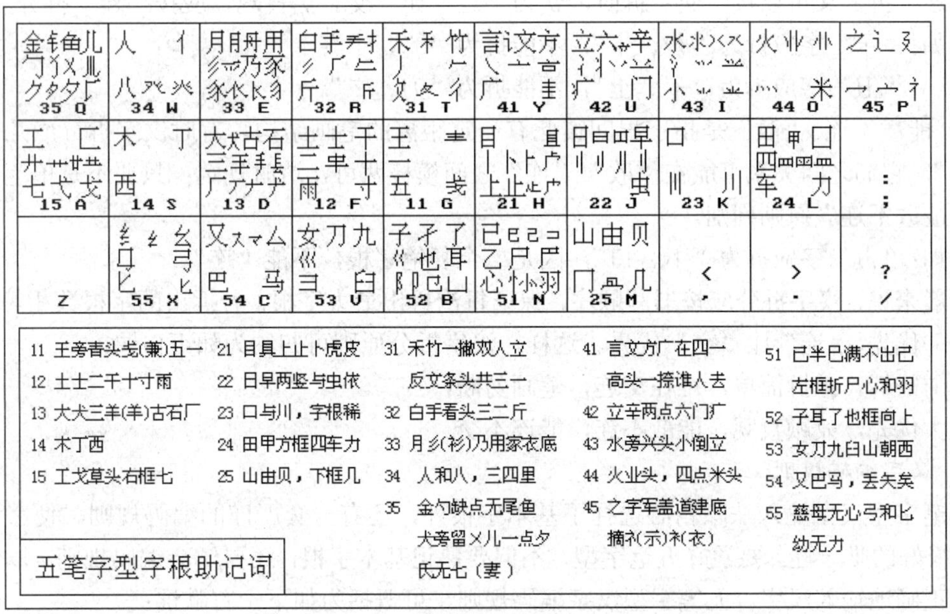

图 1-22　五笔字型键盘字根图

5．汉字拆分原则

字根表中没有的汉字称为"表外字"或"键外字"，必须用基本字根拼组，故称为合体字。输入汉字实际上是输入拼组汉字的字根编码，因此，汉字输入，字根拆分是关键。要把笔画繁多、字形各异的汉字，拆分成唯一的字序列，必须遵循一定的规则。五笔字型输入法中，汉字的拆分规则如下：

1）按书写顺序。汉字拆分为字根，必须按正确的书写顺序，先写的先拆，后写的后拆。

例如："新"字应拆为"立、木、斤"，不能拆为"立、斤、木"；

"中"字应拆为"口、｜"，不能拆为"｜、口"；

"夷"字应拆为"一、弓、人"，不能拆成"大、弓"。

2）取大优先。取大优先包含两层含义：

①拆分的字根数应最少；

②多种拆分中，尽可能选取大字根（即笔画多的字根）。

这说明按书写顺序拆分时，应当以"再添加一个笔画便不能成其为字根"为限，每次都折取一个"尽可能大"的字根。

例如："世"字应拆为"廿、乙"，不能拆为"一、凵、乙"；

"尺"字应拆为"尸、丶"，不能拆为"コ人"。

3）兼顾直观。为了保持字根的完整性，有时不按"书写顺序"和"取大优先"原则，形成少数例外的拆分情况。

例如："国"字按直观拆分为"囗、王、丶"，不按顺序拆为"冂、王、丶、一"；

"自"字按直观拆分为"丿、目"，不按顺序拆为"亻、コ、三"。

4）能连不交。"连"结构是指一个单笔画与一个字连在一起，或一个孤立"点"处在一个字根附近的笔画结构；"交"结构是指字根互相交叉套叠在一起的笔画结构。当一个字既可以按"连"拆，又可以按"交"拆时，认为"连"比"交"更直观，应按"连"拆分。

例如："于"字应拆为"一、十"，不能拆为"二、丨"；

"丑"字应拆为"乛、土"，不能拆为"刀、二"。

5）能散不连。"散"是指字根间彼此有一定距离的笔画结构。有时汉字拆分成几个"复笔字根"，它们之间关系可能在"散"、"连"之间模棱两可，这时规定：只要不是单笔画，一律按"能散不连"原则判别。

例如："占"字应拆为"卜、口"，因是二个复笔字根，不能"连"。

一般来说，汉字拆分应按书写顺序，保证每次拆出最大字根，若拆出的字根数相等，"散"比"连"优先，"连"比"交"优先。这样，汉字拆分原则可归纳为如下口诀：

单勿需拆，散拆简单，难在交连，笔画勿断；

取大优先，兼顾直观，能散不连，能连不交。

6. 汉字编码规则

五笔字型汉字输入法除精心选择了基本字根外，还有一套严谨的编码规则，使字和码对应，有很好的唯一性。要学好五笔字型，不但要熟记基本字根，还要学会编码规则，以便按编码规则正确地输入汉字。五笔字型汉字编码规则，可概括为如下一首歌谣：

五笔字型均直观，依照笔顺把码编；键名汉字打四下，基本字根请照搬；

一二三末取四码，顺序拆分大优先；不足四码要注意，交叉识别补后边。

这首编码歌谣，概括了五笔字型对汉字拆分取码的 5 项原则，即

①按书写顺序，从左到右、从上到下、从外到内取码的原则；

②以基本字根为单位取码的原则；

③按一二三末字根，最多只取四码的原则；

④单体结构拆分取大优先的原则；

⑤末笔与字型交叉识别的原则。

将上述规则画成一张编码规则图，就形成了如图 1-23 所示的编码流程图。

应当指出，并不是所有汉字都要加识别码。能拆出 4 个或更多字根的汉字，不加识别码；成字根编码即使不足四码，也一律不加识别码。

7. 高效输入法

五笔字型一般按 4 键就能输入一个汉字，为了提高速度，设计了简码输入和词组输入方法。

1）简码输入。对一些常用的高频字，敲一键后再敲一空格键即能输入一个汉字，这种高频字一共有 25 个，称为一级简码。

二级简码字由单字全码的前两个字根代码和一个空格键组成，最多能输入 625 个汉字。三级简码由单字前三个字根和一个空格键组成，一共约 4400 个，虽然按键次数未减少，但省去了最后一码的拆分工作，仍有助于提高输入速度。图 1-24 给出了五笔字型全部一、二级简码汉字。

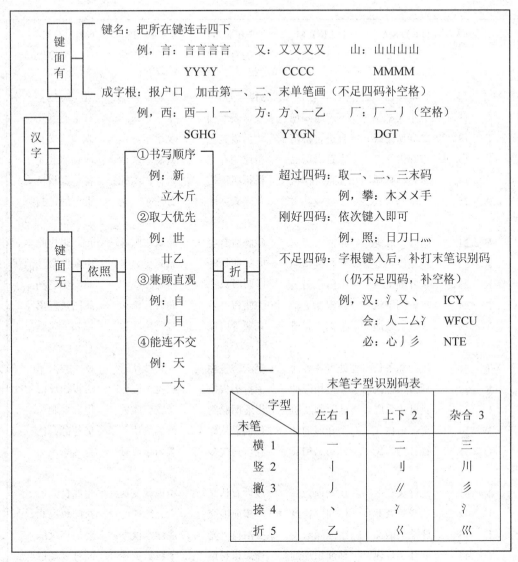

图 1-23　五笔字型汉字编码流程图

2）词组输入。为了提高输入速度，五笔字型系统首创了词语按字形编码输入的方法，无论多长的词语，一律取四码，字词可以混合输入，见字打字，见词打词，不用任何转换或其他附加操作。

①二字词编码输入。二字词在汉语中占相当大的比重，取码规则为：分别取各字的前两码，共四码。

例如：汉字：氵又宀子　机器：木几口口　经济：纟又氵文　建设：彐二讠几
　　　　ICPB　　　　　　SMKK　　　　　　XCIY　　　　　　VFYM

②三字词编码输入。三字词在汉语中也占有较大的比重，取码规则为：前两字各取一码，后一字取前两码，共四码。

例如：计算机：讠竹木几　操作员：扌亻口贝　生产率：丿立一幺　解放军：𠂉方宀车
　　　　YTSM　　　　　　RWKM　　　　　　TUYX　　　　　　QYPL

一级码	G F D S A	H J K L M	T R E W Q	Y U I O P	N B V C X Z
	一地在要工	上是中国同	和的有人我	主产不为这	民了发以经

二级码		11------15	21------25	31------35	41------45	51------55
G	11	五于天末开	下理事画现	玫珠表珍列	玉平不来	与屯妻到互
F	12	二寺城霜载	直进吉协南	才垢圾夫无	坟增示赤过	志地雪支 zz
D	13	三夯大厅左	丰百右历面	帮原胡春克	太磁砂灰达	成顾肆友龙
S	14	本村枯林械	相查可楞机	格析极检构	术样档杰棕	杨李要权楷
A	15	七革基苛式	牙划或功贡	攻匠菜共区	芳燕东　芝	世节切芭药
H	21	睛睦　盯虎	止旧占卤贞	睡睥肯具餐	眩瞳步眯瞎	卢　眼皮此
J	22	量是晨果虹	早昌蝇曙遇	昨蝗明蛤晚	景暗晃显晕	电最归紧昆
K	23	呈叶顺呆呀	中虽吕另员	呼听吸只史	嘛啼吵噗喧	叫啊哪吧哟
L	24	车轩因困轼	四辑加男轴	力斩胃办罗	罚较 辚边	思团轨轻累
M	25	同财央朵曲	由则　崭册	几贩骨内风	凡赠峭赆迪	岂邮　凤嶷
T	31	生行知条长	处得各务向	笔物秀答称	入科秒秋管	秘季委么第
R	32	后持拓打找	年提扣押抽	手折扔失换	扩拉朱搂近	所报扫反批
E	33	且肝须采肛	胖胆肿肋肌	用遥朋脸胸	及胶腔膦爱	甩服妥肥脂
W	34	全会估休代	个介保佃仙	作伯仍从你	信们偿伙	亿他分公化
Q	35	钱针然钉氏	外旬名甸负	儿铁角欠多	久勺乐炙锭	包凶争色 zz
Y	41	主计庆订度	让刘训为高	放诉衣认义	主说就变这	记离良充率
U	42	闰半关亲并	站间部曾商	产瓣前闪交	六立冰普帝	决闻妆冯北
I	43	汪法尖洒江	小浊澡渐没	少泊肖兴光	注洋水淡学	沁池当汉涨
O	44	业灶类灯煤	粘烛炽烟灿	烽煌粗粉炮	米料炒炎迷	断籽娄烃糨
P	45	定守害宁宽	寂审宫军宙	客宾家空宛	社实宵灾之	官字安　它
N	51	怀导居　民	收慢避惭届	必怕　愉懈	心习悄屡忧	忆敢恨怪尼
B	52	卫际承阿陈	耻阳职阵出	降孤阴队隐	防联孙耿辽	也子限取陛
V	53	姨寻姑杂毁	叟旭如舅妞	九　奶　婚	妨嫌录灵巡	刀好妇妈姆
C	54	骊对参骠戏	骒台劝观	矣牟能难允	驻骈　驼	马邓艰双 xx
X	55	线结顷　红	引旨强细纲	张绵级给约	纺弱纱继综	纪弛绿经比

图 1-24　五笔字型汉字编码一、二级简码表

③四字词编码输入。四字取码规则为：每个字各取首码，共四码。

例如：中国人民：口口人尸　　　科学技术：禾氵 才 木　　　艰苦奋斗：又 艹 大 氵

　　　　　KLWN　　　　　　　　　　TIRS　　　　　　　　　　CADU

④多字词取码规则为：分别取第一、二、三及最末汉字的首码，共四码。

例如：四个现代化：四人王亻（LWGW）

　　　中华人民共和国：口亻 人口（KWWL）

　　　全国人民代表大会：人口人人（WLWW）

　　　五笔字型计算机汉字输入技术：五竹宀木（GTPS）

采用五笔字型输入时，由于可做到字词兼容，应尽可能利用词组输入方式，提高整体输入速度。五笔字型系统一般都配置了几千条词语，足够一般应用。还可以建立专用词组库，进一步扩大词组的范围。

提示： 选择哪一种中文输入法完全依据自己的习惯。但不管哪一种中文输入法，学起来都有一个过程，但只要坚持，总能很快掌握的。

同步训练 1.4　输入法的选择与切换

【训练目的】

● 能正确选择和切换不同输入法。

● 能利用软键盘输入特殊符号。

【训练任务和步骤】

为了满足不同用户的汉字输入习惯，一台计算机上通常会安装多种输入法。通常默认的是英文输入法状态，如要使用某一种中文输入法，则需要进行选择。

（1）输入法的选择

方法 1：用鼠标选择输入法

操作步骤：

①启动"写字板"应用程序。

②单击语言指示器（如图 1-25 所示），在输入法选择菜单中选择"中文（简体）-微软拼音 ABC 输入风格"，这时出现了"微软拼音 ABC 输入法"状态条。这样就选择了"拼音 ABC 输入法"。

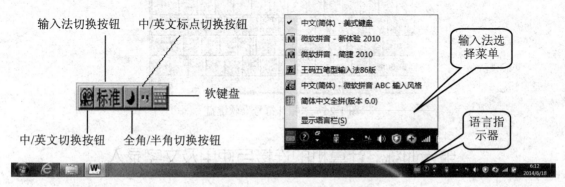

图 1-25　输入法状态条和输入法菜单

方法 2：用键盘组合键选择输入法

操作步骤：按 Ctrl+Shift 组合键进行输入法的切换，语言指示器变成，表示选择了英文。

（2）汉字输入与英文输入之间的切换

对于某一个人来说，在输入中文的时候，可能有其固定选择的中文输入法，但在输入字符时，可能经常需要在输入汉字与输入英文字符之间切换，这时涉及特定的一种中文输入法与英文输入法之间的切换。

方法1：用鼠标切换。

操作步骤：

单击输入法状态条中的中/英文切换按钮，可以看到该按钮的图案由 A 转变成了 ABC，即从英文切换成中文。再单击切换成英文输入法。

方法2：用键盘切换。

操作步骤：

按 Ctrl+Space 组合键，语言指示器的图案在 ABC 和 EN 间变换，实现中英文输入法切换。

（3）标点符号的使用

标点符号有两种：英文标点符号和中文标点符号。两种符号是有区别的，如英文的逗号是"，"，中文的逗号是"，"，英文的句号是"．"，中文的句号是"。"。

当输入英文的时候，系统自动切换成英文的标点符号；当输入中文的时候，系统一般自动切换成中文的标点符号。但有时候在中文输入法状态下，可能要输入英文标点符号。可使用图 1-26 的中/英文标点切换按钮实现中英文标点符号切换。

（4）软键盘的使用

在输入过程中，经常会遇到各种特殊符号，如"〝"，"※"，"Ⅱ"等。这些符号直接从键盘输入比较困难，这时，可以通过软键盘（即在屏幕上显示的模拟键盘）输入这些符号。

操作步骤：

①右击输入法状态条的软键盘按钮，在弹出的快捷菜单中选择某类软键盘。

②选择"特殊符号"项，则出现"特殊符号"的软键盘（如图 1-26 所示）。

③单击★符号（或按 R 键），则输入了★符号。单击※符号（或按 F 键），则输入了※符号。

④单击软键盘按钮，则软键盘消失。

图 1-26　"特殊符号"软键盘

单元训练　计算机的连接与使用及文字录入

任务1　计算机的连接与使用

【训练目的】

- 熟悉计算机的外部线路连接。
- 熟练掌握计算机开、关机的方法。

【训练任务和步骤】

开启一台计算机，观察计算机的运行过程，分析计算机系统的构成；观察一台完整的计算机的主机和外部设备，了解计算机各部件的名称、作用、外观及特点。

1. 外部线路的连接

1）电源的连接。将主机箱的电源接口通过电源线与外部电源插座相连接。电源接口负责给整个主机电源供电，有的电源提供了开关。

2）显示器的连接。将显示器信号电缆与主机 VGA 端口相连接。

①连接显示器的电源线：将显示器电源连接线的另外一端连接到电源插座上。

②连接显示器的信号线：把显示器后部的信号线与机箱后面的 VGA 接口相连接，VGA 的输出端是一个 15 孔的三排插座，只要将显示器信号线的插头插到上面就行了。插的时候要注意方向，厂商在设计插头的时候为了防止插反，将插头的外框设计为梯形，因此一般情况下是不容易插反的。

3）键盘、鼠标的连接。键盘和鼠标的安装只需将其插头对准缺口方向插入主板上的键盘及鼠标插口即可。现在比较常见的是 PS/2 接口的键盘和鼠标，这两种接口的插头是一样的，很容易弄混淆，所以在连接的时候要看清楚。一般紫色为键盘接口，绿色为鼠标接口。如果是 USB 接口的键盘或鼠标，将只要插入主机箱的任何一个 USB 接口即可使用。

4）其他接口说明。

①USB 接口。USB 是一种高速通用串行总线标准，速度快，支持热插拔，是微型计算机必备的外部接口，可用来连接所有 USB 接口标准的设备，如 USB 键盘、鼠标、打印机、DV、DV 等。

②串口。也称 COM 口，主要用来连接 COM 接口标准的设备，如早期的 COM 口鼠标和打印机，目前应用并不多，已趋于淘汰。

③并口。也称 LPT 口，主要用来连接 LPT 接口标准的设备，如 LPT 口的打印机，已淘汰。

④音频接口。声音的输入和输出，用来连接话筒或音箱。为多媒体计算机的必备配置之一。

⑤网卡接口。组建网络的必备设备，一般为 RJ-45 接口，也有 USB 接口的。

主机各接口标识如图 1-27 所示。

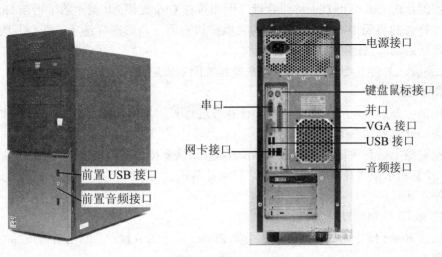

图 1-27　计算机主机箱的正反面

2. 计算机的启动和关闭

1）冷启动。打开主机电源开关启动计算机的方法，叫冷启动。

操作步骤：

依据原则：开机顺序是先开外设，再开主机；关机顺序是先关主机，再关外设。

①先打开外设。如显示器、打印机、扫描仪等外设的电源开关。

②打开主机的电源开关。按下主机箱上的 Power 或 ON/OFF 按钮，这是主机箱面板上的 Power 灯会亮。

③计算机加电后，首先进行自检，若自检正常，主机扬声器会发出"嘟"的一声长响，接着由引导程序开始引导操作系统，直到计算机屏幕上出现 Windows XP 登录画面。

2）复位。复位是冷启动的一种方式。计算机在使用过程中，在任何时候按下复位键都能强行启动计算机。复位不能随便使用，如果文件没有存盘，使用复位将会丢失数据。按主机箱正面的 Reset 按钮，即可进行复位操作。

3）热启动。热启动是当计算机工作不正常时，在不关闭电源的情况下，重新启动计算机的一种方法。有以下两种方法：

方法 1：

①单击"开始"按钮，单击"关机"右侧的三角形图标，如图 1-28 所示。

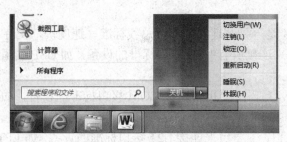

图 1-28　"关机"选项

②在出现的选项中，选择"重新启动"按钮，计算机将重新启动。

方法 2：

①按键盘的 Ctrl+Alt+Delete 组合键（即先按住 Ctrl 键和 Alt 键不放，再按 Delete 键）。

②在打开的界面中，单击右下角的关机按钮右侧三角形图标选项，在打开的菜单选项中选择"重新启动"，计算机将重新启动。

4）关机。关机主要包括关闭操作系统和关闭主机电源开关。

操作步骤：

①单击"开始"→"关闭"选项，计算机进行关闭 Windows 的工作。

②关闭显示器的开关。

有些键盘上带有关机键（通常为 Power 键），只要按该关机键也可关机。

5）计算机出现"死机"的情况后，启动计算机的方法。

操作步骤：

①按 Reset 按钮启动计算机。

②如按 Reset 按钮无效，则可按住主机 Power 按钮约五秒钟，断电后再按照冷启动的方法启动计算机。

任务 2　文字录入练习

【训练目的】

- 熟练掌握手指分工。
- 熟练掌握字根总表及字根在键盘上的分布。
- 熟练应用五笔字型输入法。

【训练任务和步骤】

1. 基本指法练习

基本指法练习，应按从易到难、从单指到多指、从单个字母到字母组合的顺序进行，达到一定的熟练程度之后，再进行连续文本输入练习，使训练效果跨上一个台阶。学习时应认真做好每个练习，以不出差错和熟练为度。要循序渐进，切忌好高骛远，

打开"记事本"，或使用一些免费输入法练习软件，练习输入以下内容，每组字符重复练习，务求指法熟练，要求能够无差错地达到每分钟击键 40 次，达到这个标准后，再进行下一步练习。

asdfg asdfg asdfg asdfg asdfg asdfg asdfg asdfg

;lkjh ;lkjh ;lkjh ;lkjh ;lkjh ;lkjh ;lkjh ;lkjh ;lkjh

qwert qwert qwert qwert qwert qwert qwert qwert qwert

poiuy poiuy poiuy poiuy poiuy poiuy poiuy poiuy poiuy

zxcvb zxcvb zxcvb zxcvb zxcvb zxcvb zxcvb zxcvb

/.,mn /.,mn /.,mn /.,mn /.,mn /.,mn /.,mn /.,mn /.,mn

abcdefghijklmnopqrstuvwxyz abcdefghijklmnopqrstuvwxyz

One one one one one one one one one one 1

Two two two two two two two two two two 2

Three three three three three three three three three three 3

Four four four four four four four four four four 4

Five five five five five five five five five five 5

Six six six six six six six six six six 6

Seven seven seven seven seven seven seven seven seven seven 7

Eight eight eight eight eight eight eight eight eight eight 8

Nine nine nine nine nine nine nine nine nine nine 9

Ten ten ten ten ten ten ten ten ten ten 10

Eleven eleven eleven eleven eleven eleven eleven eleven eleven eleven 11

Twelve twelve twelve twelve twelve twelve twelve twelve twelve twelve 12

Thirteen thirteen thirteen thirteen thirteen thirteen thirteen thirteen thirteen thirteen 13

Twenty twenty twenty twenty twenty twenty twenty twenty twenty twenty 20

Thirty thirty thirty thirty thirty thirty thirty thirty thirty thirty 30

Forty forty forty forty forty forty forty forty forty forty 40

Fifty fifty fifty fifty fifty fifty fifty fifty fifty fifty 50

Sixty sixty sixty sixty sixty sixty sixty sixty sixty sixty 60

Seventy seventy seventy seventy seventy seventy seventy seventy seventy seventy 70

Eighty eighty eighty eighty eighty eighty eighty eighty eighty eighty 80

Ninety ninety ninety ninety ninety ninety ninety ninety ninety ninety 90

Hundred hundred hundred hundred hundred hundred hundred hundred hundred 100

Thousand thousand thousand thousand thousand 1000

Million million million million million million million million million million 1000000

Billion billion billion billion billion billion billion billion billion billion 1000000000

This is the first line.

This is the second sentence.

Put one space between two words.

Put two spaces afterthe full-stop mark.

An ordinary typist can type 50 words per minute.

How many words can you type in one minute?

Each human being is born as something new, something that never existed before. Each is born with the capacity to win at life. Each can be a significant, thinking, aware, and creative being - a productive person, a winner.

在文档中输入了一些内容之后，通常要将输入的这些信息保存起来。

操作步骤：

①执行"文件"→"保存"命令，打开"另存为"对话框，如图1-29所示。

②在对话框中进行如下操作：

- 在"保存在"下拉列表框中选择文件需保存的位置
- 在"文件名"编辑框中输入文件名。
- 单击"保存"按钮。

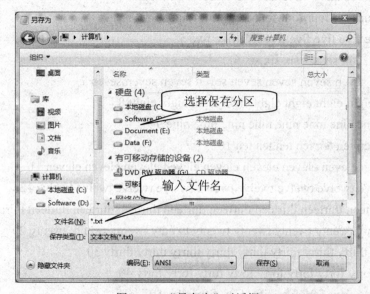

图1-29 "另存为"对话框

2．汉字输入练习

利用五笔字型输入法，通过一些文本编辑工具（如记事本、Word 等）或使用专用输入法软件练习输入以下汉字。

（1）键名字

键名字：把所在键连续按四次。

例如：王：GGGG　　土：FFFF　　禾：TTTT　　火：OOOO

键名字共有 25 个，练习输入 25 个键名字：

王土大木工	目日口田山	禾白月人金	言立水火之	已子女又纟
GFDSA	HJKLM	TREWQ	YUIOP	NBVCX

（2）成字根字

成字根字：报户口+首笔+次笔+末笔，按字根所在键即报户口，然后按该字根首、次、末三个单笔画字根键，不足四键加空格。

例如：文：文丶一丶　　十：十一丨　　西：西一丨一　　丁：丁一丨

　　　　YYGY　　　　　　FGH　　　　　　SGHG　　　　　　SGH

练习输入如下成字根字。

五　戈　士　二　干　十　寸　雨　犬　三　古　石　厂　丁　西　戈　小

七　卜　上　止　曰　早　虫　川　甲　口　四　皿　车　力　由　贝　米

几　竹　手　斤　乃　用　豕　八　儿　夕　文　方　广　辛　六　门　巳

己　尸　心　羽　子　耳　了　也　刀　九　巴　马　弓　匕　幺

（3）键外字

键外字取码原则规定为：超过 4 码的就截；不足 4 码的就补，即"截长补短"。

1）超过四码：取一、二、三和最末一个字根码。

例如：攀：木乂乂手　　麇：广コ刂寸　　鼍：丿目田一　　戆：立早夂心

　　　　SQQR　　　　　　YNJF　　　　　　THLG　　　　　　UJTN

2）刚好四码：依次取该字的四个字根码。

例如：到：一厶土刂　　都：土丿日阝　　照：日刀口灬　　书：乙乙丨丶

　　　　GCFJ　　　　　　FTJB　　　　　　JVKO　　　　　　NNHY

3）不足四码：依次取码，末尾加"末笔字型识别码"，仍不够则加空格键结束。

例如：汉：氵又　　字：宀子　　华：亻七十　　府：广亻寸

　　　　ICY　　　　PBF　　　　WXFJ　　　　YWFI

练习输入如下汉字。

第一组字：瑟斑表晴语亘于钱残玫封都示动什南杆舍鞍衬得夺天然伏闫邦韭晨善
　　　　　羚磊宁歌洒棵楞酝采镖权杨机东式七茸苦其匣革世贡越基或五开无体

第二组字：相处四小具事叔让虎虚玻晶暮临进归界刊章朝蚕浊品喊训带思协恩回
　　　　　鸭轨曼温曾加保风禹骨册盎崩没英刚肮帆提林者等定着起理政战串踔

第三组字：积航季丢息炸行笺简微改碧缺物后派汽合抛挚看惭朋甩助豺爱家谊畏
　　　　　眼良仍儒输夷份雁谷苏段察针构跑久软你多残然印渔各月毛然展及解

第四组字：信拆认高州孩庆俯刘激叭暗冲习半关商旁滓决闻疗沁淡检测学系末少
　　　　　砂秋来杰庶赤显粉播严农罕补被爱建幂平问米头使农深水现年亦主普

第五组字：记缺皑挖官启翻书决亿媚孱孙熟画屈齿龄蒸陈报好媳案委尽可能旭寻
食冤坚轻令通么肥把冯纺蕴幻每张批累比那它最没治系群意前争所限

第六组字：相世下东江晴民盯军入作大们个用时动到他会来分生对于学级义就成
部右阶出能方进行面说过各度革种合击而自社机也力线电量长党得实

第七组字：性斗图路把结第之里正新论物从当些两还天资事队批应形想制心样都
向变关点育重其思与间内去因件日利如相由压员气业代全组数期果导

（4）末笔字型识别码练习

为减少重码，五笔字型提供了识别码。如 S 键上有"木、丁、西"三个字根，当它们左边都加三点水"氵"时，可分别组成编码（IS）相同的"沐、汀、洒"三字，显然重码而无法区分。但注意到这些字的末笔画不同，"木"的末笔是捺（笔画代码4），"丁"是竖（2），"西"是横（1），若加一个末笔的笔画代码输入，就可解决重码问题。

练习输入如下汉字。

享 元 足 眉 美 由 就 中 乡 厌 匣

勺 封 单 刃 圆 植 驯 看 无 母 求

尺 尺 匹 冉 皂 孕 向 忙

并不是所有汉字都要加识别码。能拆出 4 个或更多字根的汉字，不加识别码；成字根编码即使不足四码，也一律不加识别码。

（5）高效输入法

1）简码。简码分一级简码、二级简码、三级简码，分别按二、三、四次键。

①一级简码。一级简码又称高频字码，一共 25 个。输入一级简码字，只要按一级简码键加空格即可。

例如：一：G+空格键　　地：F+空格键　　在：D+空格键　　要：S+空格键

用一级简码将下面汉字输入三遍：

民 主 经 和 同 一 中 国 有 产 人

不 要 以 为 我 是 在 这 工 地 上

发 了 的

②二级简码。二级简码输入其前两个字根码，再加空格键就可输入该汉字。二级简码有 625 个。

例如：中：口丨　　　化：亻匕　　　张：弓丿　　　称：禾勹　　　餐：卜夕
　　　KH　　　　　　WX　　　　　　XT　　　　　　TQ　　　　　　HQ

用二级简码将下面汉字输入三遍：

册 避 商 妇 强 春 克 菜 具 极 事

不 分 术 半 平 来 参 导 百 虽 划

进 得 则 慢 劝 夫 原 析 匠 物 遥

换 瓣 粗 孤 难 增 磁 燕 较 赠 说

料 妻 雪 顾 节 忆

③三级简码。三级简码输入其前三码，再加空格就可以输入该汉字。三级简码有 4400 个。

例如：华：亻匕十　　原：厂白小　　排：扌三刂　　第：竹弓丨　　输：车人一

WXF　　　　DRI　　　　RDJ　　　　TXH　　　　LEG

用二级简码将下面汉字输入三遍：

案　撤　海　独　珠　龚　愤　茏　丽　莫　灸
省　除　浮　练　陈　薄　病　蔡　乘　曹　辆
桃　盈　凸　凹　设　爽　片　趣　斌

2）词组输入法。词组一律等长四码，按取码原则将词组分为二字词、三字词、四字词与多字词。

①二字词编码输入。二字词在汉语中占相当大的比重，取码规则为：分别取各字的前两码，共四码。

例如：汉字：氵又宀子　机器：木几口口　经济：纟又氵文　建设：彐二讠几
　　　　ICPB　　　　　　SMKK　　　　　　XCIY　　　　　VFYM

练习输入以下词组：

我们　你们　他们　它们　大家　人民　群众　一定　一样　这样　那样　什么
因为　所以　不但　而且　如果　可以　已经　条件　研究　科学　原理　报告
工作　学习　知识　技能　技术　时间　今天　明天　过去　现在　将来　未来
民族　文化　语言　文学　文字　中文　信息　电视　体育　教育　起来　注意
学习　问题　生活　历史　认真　特点　学校　学院　大学　医院　银行　商店
劳动　职业　指导　天然　用户　能力　中国　传统　现代　电话　生产　汽车

②三字词编码输入。三字词在汉语中也占有较大的比重，取码规则为：前两字各取一码，后一字取前两码，共四码。

例如：计算机：讠竹木几　操作员：扌亻口贝　生产率：丿立宀幺　解放军：勹方宀车
　　　YTSM　　　　　　RWKM　　　　　　TUYX　　　　　QYPL

练习输入以下词组：

办公室　北京市　编辑部　辩证法　标准化　参考书　操作员　工程师　大规模
大学生　代表团　电视机　计算机　打印机　自动化　系列化　积极性　国庆节
科学院　可能性　年轻化　普通话　数据库　专业化　研究所　文化部　现代化

③四字词编码输入。四字取码规则为：每个字各取首码，共四码。

例如：中国人民：口囗人尸　科学技术：禾氵扌木　艰苦奋斗：又卄大氵
　　　　KLWN　　　　　　　TIRS　　　　　　　CADU

练习输入以下词组：

操作系统　程序设计　调查研究　工作人员　专业人员　科技人员　国民经济
基本原则　基础理论　经济基础　经济特区　经济效益　精神文明　科学分析
科学管理　科学研究　培训中心　联系实际　五笔字型　中文电脑　生产关系
社会实践　实际情况　信息处理　指导思想　应用技术　文化教育　信息社会

④多字词取码规则为：分别取第一、二、三及最末汉字的首码，共四码。

例如：中华人民共和国：口亻人口（KWWL）
　　　　全国人民代表大会：人口人人（WLWW）

练习输入以下词组：

中国科学院　　中央政治局　　新技术革命　　人民代表大会　　中华人民共和国

四个现代化　　中央电视台　　中国共产党　　中国人民银行　　中国人民解放军

五笔字型计算机汉字输入技术

3）文稿输入练习。用五笔字型编码输入下面的文章，反复几遍，注意运用简码和词组输入法。然后自己另选文章段，先进行简码与词组标记，再进行反复输入练习。

　　长期以来，由于没有使用方便的汉字打字机，我们中国人民错过了一个打字机时代。

　　一百多年来，外国人用打字机写文章，效率高，赢得了时间。而我们必须一笔一划地写，还要"爬格子"，一个字一个字地填入到稿纸的方格中，写作过程的缓慢和艰辛，是可想而知的。后来产生了各种机械式的汉字打字机，也只不过是手写手抄的改进，并没有什么本质的飞跃。近年来，由于微电子技术的迅速发展和各种汉字输入方案的推出，有了各种各样的汉字电脑打字机并得到了迅速的推广，不少人开始使用电脑打字写文章了，在实践中充分显示了它的优越性。用电脑打字机写作，具有速度快、成品质量高的优点，可以完全摆脱手工写作的各种苦恼。对于经常与文字打交道的人来说，电脑打字实在是太有用了。它把我们从机械的抄抄写写的重复劳动中解脱出来，是我们的脑和手的增加和延长。

第 2 章　Windows 7 操作系统

Windows 7 是微软公司于 2009 年 10 月 22 日正式发布的新一代操作系统，是当前主流的微机操作系统之一。它在继承了 Windows XP 实用性和 Windows Vista 华丽的同时，也进行了很大改进，在性能、易用性、安全性、可靠性等方面有了非常明显的提高。本章将主要介绍操作系统的基础知识、Windows 7 的基本功能与操作。

2.1　Windows 7 基础

2.1.1　操作系统基本知识

1. 什么是操作系统

操作系统（Operating System，OS）实际上是一组程序，用于管理计算机硬件、软件资源，合理地组织计算机的工作流程，协调计算机系统各部分之间、系统与用户之间、用户与用户之间的关系。从用户的角度来看，当计算机安装了操作系统以后，用户不再直接操作计算机硬件，而是利用操作系统所提供各种命令及菜单命令来操作和使用计算机。

操作系统主要有以下功能：

1）处理器管理。处理器管理功能是实施调度策略，给出适当的调度算法，具体进行 CPU 的分配。

2）存储器管理。存储器管理的主要任务包括存储分配、存储保护和存储扩充。

3）输入输出设备管理。输入输出设备管理是操作系统中用户与外围设备的接口，是最庞杂、琐碎的部分。

4）文件管理。操作系统统一管理文件存储空间（即外存），实施存储空间的分配与回收。即在用户创建新文件时为其分配空闲区，而在用户删除或修改某个文件时，回收和调整存储区。

2. 几种典型操作系统

1）Windows 操作系统。Windows 操作系统是美国微软公司开发的窗口化操作系统，采用了图形化操作模式，是目前世界上使用最广泛的操作系统。其中比较典型的操作系统版本有 Windows 95、Windows XP、Windows 7，Windows 95 是第一个独立的 32 位操作系统，并实现真正意义上的图形用户界面，使操作变得更加友好，使基于 Windows 的图形用户界面应用软件得到极大的丰富，个人计算机走入了普及化的进程。2001 年 10 月，微软发布了 Windows XP，大幅度增强了系统的易用性，成为最成功的操作系统之一，其市场占有率一直处于前列。2009 年 10 月微软推出了 Windows 7，重新获得成功，这是一款具有革命性变化的操作系统。目前最新款的操作为 2013 年 6 月推出的 Windows 8.1 预览版操作系统，为 Windows 8 的改进版本。

2）UNIX 操作系统。1970 年，在美国电报电话公司（AT&T）的贝尔（Bell）实验室里研制出了一种新的计算机操作系统，这就是 UNIX。UNIX 是一种分时操作系统，主要用在大型机、超级小型机、RISC 计算机和高档微型机上。

它将 TCP/IP 协议运行在 UNIX 操作系统上，使之成为 UNIX 操作系统的核心，从而构成了 UNIX 网络操作系统。

UNIX 系统服务器可以与 Windows 及 DOS 工作站通过 TCP/IP 协议连接成网络。UNIX 服务器具有支持网络文件系统服务，提供数据库应用等优点。

3）Linux 操作系统。Linux 是一种类似 UNIX 操作系统的自由软件，它是由芬兰赫尔辛基大学的一位名叫 Linus 的学生发明的，Linus 在使用 Minix（一套功能简单、易学的 UNIX 操作系统）时，发现 Minix 的功能还很不完善，于是他自己写了一个保护模式下的操作系统，这就是 Linux 的原型。

1991 年 8 月，Linux 在 Internet 上公布了他开发的 Linux 的源代码。

在中国，随着 Internet 的普及应用，免费而性能优异的 Linux 操作系统必将发挥越来越大的作用。

2.1.2　Windows 7 概述

Windows 7 是由微软公司开发的操作系统，其核心版本号为 Windows NT 6.1。Windows 7 可供家庭及商业工作环境、笔记本电脑、平板电脑、多媒体中心等使用。2009 年 10 月 22 日微软于美国正式发 Windows 7，同时也发布了与其对应的服务器版本——Windows Server 2008 R2。2011 年 2 月 23 日，微软面向大众用户正式发布了 Windows 7 升级补丁——Windows 7 SP1（Build 7601.17514.101119-1850），另外还包括 Windows Server 2008 R2 SP1 升级补丁。

Windows 7 有如下多个版本：

1）Windows 7 Starter（初级版）。这是功能最少的版本，缺乏 Aero 特效功能，没有 64 位支持，没有 Windows 媒体中心和移动中心等，对更换桌面背景有限制。它主要用于类似上网本的低端计算机，通过系统集成或者 OEM 计算机上预装获得，并限于某些特定类型的硬件。

2）Windows 7 Home Basic（家庭普通版）。支持多显示器，有移动中心，没有 Windows 媒体中心，缺乏 Tablet 支持，没有远程桌面，只能加入不能创建家庭网络组等，缺少玻璃特效、实时缩略图预览等功能，不支持应用主题。

3）Windows 7 Home Premium（家庭高级版）。面向家庭用户，满足家庭娱乐需求，包含所有桌面增强和多媒体功能，如 Aero 特效、多点触控功能、媒体中心、建立家庭网络组、手写识别等，不支持 Windows 域、Windows XP 模式、多语言等。

4）Windows 7 Professional（专业版）。面向爱好者和小企业用户，满足办公开发需求，包含加强的网络功能，如活动目录和域支持、远程桌面等，另外还有网络备份、位置感知打印、加密文件系统、演示模式、Windows XP 模式等功能。

5）Windows 7 Enterprise（企业版）。面向企业市场的高级版本，满足企业数据共享、管理、安全等需求。包含多语言包、UNIX 应用支持、BitLocker 驱动器加密、分支缓存（BranchCache）等。

6）Windows 7 Ultimate（旗舰版）。与企业版基本是相同的产品，拥有所有功能，但对硬件要求也是最高的，仅仅在授权方式及其相关应用及服务上有区别，面向高端用户和软件爱好者。

在这 6 个版本中，Windows 7 家庭高级版和 Windows 7 专业版是两大主力版本，前者面向家庭用户，后者针对商业用户。Windows 7 分为 32 位版本和 64 位版本，两者没有外观或者功能上的区别，但 64 位版本支持 16GB（最高至 192GB）内存，而 32 位版本只能支持最大 4GB 内存。目前所有新的和较新的 CPU 都是 64 位兼容的，均可使用 64 位版本。

1. Windows 7 的启动

打开计算机显示器和主机电源开关后，计算机开始自检，完成后自动启动 Windows 7。根据设置的用户数目，分为单用户登录和多用户登录两种。单击要登录的用户名，如果有密码，输入正确密码，按下 Enter 键或文本框右边的按钮，稍等即可进入系统。如果没有设置用户，则以 Administrator 的身份登录。在多用户的环境下，每个用户有一个属于自己的账户。从系统的角度讲，设置账户有利于对不同用户的信息进行分别管理。

2. Windows 7 的关闭

计算机用完之后应将其正确关闭。在关闭或重新启动计算机之前，一定要退出所有正在运行的应用程序，否则可能会破坏一些没有保存的数据和正在运行的程序。Windows 7 中提供了关机、睡眠/休眠、锁定、注销和切换用户等多种操作。单击"开始"按钮，弹出"开始"菜单，然后可根据自己的需要选择。

1）关机。选择"关机"按钮，即可完成关机。

2）睡眠/休眠。当我们需要离开计算机一段时间时，不需关闭计算机，只需要进入睡眠或休眠状态。

如果需要短时间离开计算机，可以选择进入睡眠状态。电脑在睡眠状态时，将切断除内存外其他配件的电源，工作状态的数据将保存在内存中，这样在重新唤醒电脑时，就可以快速恢复睡眠前的工作状态。使用睡眠功能，一方面可以节电，另外一方面又可以快速恢复工作。需要注意的是，因为睡眠状态并没有将工作状态的数据保存到硬盘中，所以如果在睡眠状态时断电，那么未保存的信息将会丢失，因此在系统睡眠之前，最好把需要保存的文档全部保存一下，以防止丢失。

如果离开计算机的时间比较长，可以选择进入休眠状态。系统会自动将内存中的数据全部转存到硬盘上一个休眠文件中，然后切断对所有设备的供电。当恢复的时候，系统会从硬盘上将休眠文件的内容直接读入内存，并恢复到休眠之前的状态。这种模式完全不耗电，因此不怕休眠后断电，但代价是需要一块和物理内存一样大小的硬盘空间。这种模式的恢复速度较慢，取决于内存大小和硬盘速度。

需要继续使用计算机时，只需移动一下鼠标或者按下键盘上的任意键，即可使系统恢复到用户登录状态。

用户可以打开或关闭休眠功能。方法是：单击"开始"→"运行"命令，输入"powercfg -h off"，单击"确定"按钮，关闭休眠功能；输入"powercfg -h on"，单击"确定"按钮，打开休眠功能。

如果长时间不用电脑，最好是选择关机。

3）锁定。当用户暂时不使用计算机但又不希望别人查看自己的计算机时，可以使用锁定功能。当需要再次使用计算机时，输入用户密码即可进入系统，继续运行原来的程序。

4）切换用户。Windows 7 可以提供多个用户共同使用计算机，每个用户分别拥有自己的工作环境。可以在不同的用户间快速切换，切换到新的用户后，进入到新用户的界面，原用户运行的程序会继续保留，可以再次切换到原用户，继续运行原来的程序。

5）注销。注销用户会退出当前运行的所有程序，系统回到登录状态。注销后其他用户可以用自己的账户登录来使用计算机，这样可以避免用户重启计算机。

同步训练 2.1　Windows 7 的开机与关机

【训练目的】

● 掌握 Windows 7 的启动和退出。

● 熟悉 Windows 7 的桌面。

【训练任务和步骤】

1）计算机启动。按下计算机的电源开关即可启动 Windows 7。计算机机箱的电源开关上通常有开关标志⏻。计算机启动后，Windows 会要求用户输入"用户名"和"密码"，确定后，即进入 Windows 7 系统。Windows 7 进入后，首先显示的用户界面，如图 2-1 所示。

图 2-1　Windows 7 桌面

2）切换用户。单击"开始"按钮，然后单击"关机"按钮右边的箭头，打开"退出系统"菜单，如图 2-2 所示。单击"切换用户"；或按 Ctrl+Alt+Delete 组合键，然后单击"切换用户"。Windows 显示系统用户，单击用户名，输入密码，确定后，即进入 Windows 7 系统。

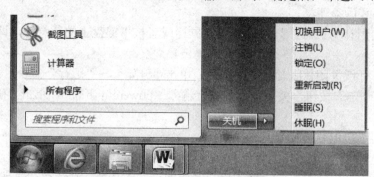

图 2-2　"退出系统"菜单

说明：如果计算机上有多个用户，另一用户要登录该计算机，不关闭当前用户打开的程序和文件，可使用"切换用户"。

注意：Windows 不会自动保存打开的文件，因此确保在切换用户之前保存所有打开的文件。如果切换到其他用户并且该用户关闭了该计算机，则之前账户上打开的文件所做的所有未保存更改都将丢失。

3）注销当前登录用户。单击"开始"按钮，然后单击"关机"按钮右边的箭头，打开"退出系统"菜单，单击"注销"。单击第 1）步登录的用户名，输入密码，再次登录。

说明：注销操作会将正在使用的所有程序都会关闭，但计算机不会关闭。如果别的用户只是短暂地使用计算机，适合选择"切换用户"；如果是第一个用户不使用计算机了，由其他用户使用，则使用"注销"。

4）重新启动计算机。单击"开始"按钮，然后单击"关机"按钮右边的箭头，打开"退出系统"菜单，单击"重新启动"。

说明：通常在计算机中安装了一些新的软件、硬件或者修改了某些系统设置后，为了使这些程序、设置或硬件生效，需要重新启动操作系统。

5）让计算机进入睡眠（或休眠）状态。单击"开始"按钮，然后单击"关机"按钮右边的箭头，打开"退出系统"菜单，单击"睡眠"（或休眠），系统进入睡眠（或休眠）状态。

说明："睡眠"是一种节能状态。当用户再次开始工作时，可使计算机快速恢复到之前的工作（通常在几秒钟之内）。

"休眠"是一种主要为笔记本电脑设计的电源节能状态。睡眠通常会将工作和设置保存在内存中并消耗少量的电量，而休眠则将打开的文档和程序保存到硬盘中，然后关闭计算机。在 Windows 使用的所有节能状态中，休眠使用的电量最少。

6）唤醒睡眠（或休眠）状态的计算机。在大多数计算机上，可以按计算机电源按钮恢复工作状态。也有的计算机是通过按键盘上的任意键或单击鼠标按钮来唤醒。

提示：有些电脑的键盘有 Sleep（休眠）键和 Wake up（唤醒）键。笔记本电脑打开便携式盖子来唤醒计算机。

7）关闭计算机。单击"开始"按钮，然后单击"关机"按钮。或按计算机的电源按钮持续几秒钟。关闭计算机后，然后关闭显示器。

提示：关机时，计算机关闭所有打开的程序以及 Windows 本身。关机不会保存用户的工作，所以确定关机前，必须首先保存文件。

2.2　Windows 7 的基本操作

Windows 7 操作系统是一个多用户、多任务的操作系统。在 Windows 系统下的每一个应用程序都对应着一个主窗口，应用程序之间的切换就是主窗口的切换，这些工作是由操作系统完成的。

2.2.1　鼠标和键盘的操作

Windows 中的各种操作主要由鼠标和键盘来完成，下面介绍鼠标和键盘的使用。

1. 鼠标的操作

鼠标是 Windows 环境下最常用的输入设备。现代鼠标一般有左右两个按键，中间有一个滚轮。一般情况下，左键为鼠标的主键，右键为次键，滚轮在有滚动条的窗口中使用。

一般情况下，单击左键往往是选中一个对象（驱动器、文件夹、文档、应用程序等）；双击左键为执行一条命令；单击右键一般会打开一个快捷菜单，该菜单中包含了对当前对象的常用操作命令，本书中把单击鼠标右键简称为右击。

鼠标的常用操作如表 2-1 所示。

表 2-1　常用的鼠标操作

操作	说明
移动/指向	把光标移动到某一对象上，一般用于激活对象或显示提示信息
单击	单击鼠标左键，一般用于选中对象或者某个选项、按钮等
右击	单击鼠标右键，弹出对象的快捷菜单
双击	连续单击鼠标左键两次，打开文件或文件夹、启动程序或者打开窗口
左键拖动	按住左键拖动鼠标，常用于所选对象的复制和移动
右键拖动	按住右键拖动鼠标，常用于所选对象的复制和移动
释放	松开鼠标按键
拖放	按着鼠标左键/右键拖动，然后释放

在 Windows 7 中，定义了 15 种鼠标指针，每一种指针形状都具有特定的含义。指针形状和含义如表 2-2 所示。注意在 Windows 7 不同的主题中，指针形状不完全相同。

表 2-2　Windows 7 中指针形状及特定含义

指针	特定含义	指针	特定含义
▷	正常选择	↕	垂直调整
▷?	帮助选择	↔	水平调整
▷⧖	后台运行	⬉	沿对角线调整 1
⧖	忙	⬈	沿对角线调整 2
＋	精确选择	✛	移动
Ｉ	文本选择	↑	候选
✎	手写	🖑	链接选择
⊘	不可用		

在 Windows 操作系统中，鼠标和键盘可以配合操作来完成不同的功能。与鼠标一起操作的键主要有 Ctrl 键、Alt 键和 Shift 键。当按下组合键时，鼠标指针会出现特殊的外观，主要是在指针的右下角出现"复制到"或"移动到"提示信息。指针右下角出现"复制到"，代表是一种复制操作。例如，用鼠标左键拖动一个文档，在松开左键以前，按下 Ctrl 键，则鼠标指针右下角出现"复制到"信息，此时松开鼠标左键，则将选择的文档在当前位置创建一个备份。

2. 键盘的操作

键盘是输入程序和数据的最重要的设备，在文档、对话框等处出现闪烁的光标时，可以直接敲击键盘输入文字。利用键盘还可以完成鼠标完成的操作，但是在 Windows 环境下，操作很麻烦。对于一些操作，利用键盘上的快捷键，可以很方便地完成。例如复制的快捷键为 Ctrl+C，粘贴的快捷键为 Ctrl+V，剪切的快捷键为 Ctrl+X。在应用程序中，按下 Alt 键的同时，再按下某个字母可以启动相应的菜单，按下↑、↓、←、→箭头来改变菜单选项，按下 Enter 键执行相应的命令。直接按下组合键可以实现相应的功能，例如在 Word 中，按下 Ctrl+P 快捷键实现文档的打印。用户要想提高操作 Windows 7 的速度，除了使用鼠标，熟练掌握键盘的使用也很重要。

2.2.2　桌面的基本操作

当计算机启动后，呈现在用户眼前的屏幕就是 Windows 7 的桌面，如图 2-3 所示。桌面是用户和计算机进行交流的窗口，上面放着应用程序、文件、文件夹等图标，位于桌面下方的是任务栏。用户可以根据自己的需要在桌面上放置文件、各种快捷图标，还可进行桌面主题、桌面背景、屏幕保护程序设置等操作。

图 2-3　Windows 7 桌面

1. 桌面图标

图标指在桌面上排列的代表文件、文件夹、程序和其他项目的小图像，它包含图形、说明文字两部分。如果鼠标指向图标，会显示出对图标所表示内容的说明或文件存放的路径，双击能够快速打开相应的程序、文件或文件夹。

在默认状态下，桌面上会有 Administrator、"计算机"、"网络"、"回收站"等图标，这是 Windows 7 系统提供的图标，我们可以在桌面上添加或删除图标。

（1）系统图标

Administrator 图标：用于管理 Administrator 下的文件和"我的文档"等文件夹，可以保存图片、音乐、下载、视频等文档，是系统默认的文档保存位置。

"计算机"图标：通过它可以实现对外存储器、文件、文件夹等的管理。

"网络"图标：浏览与本机相连的计算机上的资源，查看或更改网络连接，设置网络配置等。

"回收站"图标：回收站是硬盘上的一块存储区域，用来暂存用户删除的文件和文件夹等信息，这些被删除的文件或文件夹只是打上了删除标记，并未真正从磁盘上删除。如果误删，可以把它们还原到原位置上；如果确实要删除，可以清空回收站，这些文件或文件夹才真正被删除。

Internet Explorer 图标：用于浏览互联网上的信息。

（2）添加和删除系统图标

操作步骤如下：

①右击桌面上的空白处，在弹出的快捷菜单中选择"个性化"命令，弹出"个性化"窗口，如图 2-4 所示。

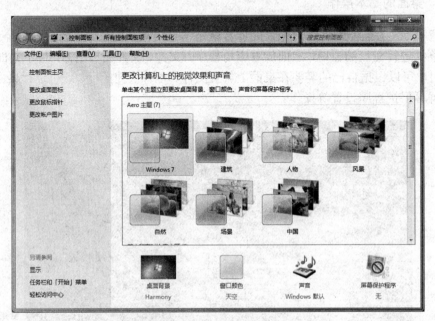

图 2-4 "个性化"窗口

②单击窗口左侧的"更改桌面图标"，打开"桌面图标设置"对话框，如图 2-5 所示。

③在"桌面图标"选项卡中，选中想要添加到桌面的图标的复选框，或清除想要从桌面上删除的图标的复选框，然后单击"确定"按钮返回"个性化"窗口。

④关闭"个性化"窗口，这时就可以在桌面上看到设置的系统图标。

（3）创建桌面图标

桌面上的图标实质上就是各种程序和文件或者它们的快捷方式。对于用户经常使用的程序或文件，可以在桌面上创建其图标，这样双击该图标就可实现快速启动。

创建桌面图标的方法为：

①找到需要创建桌面图标的对象，右击该对象，在弹出的快捷菜单中选择"发送到"→"桌面快捷方式"命令，会在桌面建立此对象的快捷方式图标。

②右击桌面空白处，在弹出的快捷菜单中选择"新建"命令，在级联菜单中，可以选择文件夹、快捷方式、文本文档等，如图 2-6 所示。当选择了所要创建的选项后，会在屏幕上出现相应的图标，用户再命名。当用户选择了"快捷方式"命令后，会出现"创建快捷方式"向导，用户可直接键入对象的位置或者通过"浏览"按钮，在打开的"浏览文件或文件夹"对话

框中找到需要创建快捷方式的对象，确定后，即可在桌面上建立此对象的快捷方式。

（4）桌面图标的排列与查看

当桌面上建立了多个图标时，为了使桌面看上去整洁有条理，需要按照一定的方式排列。操作步骤为：在桌面空白处右击，在弹出的快捷菜单中选择"排序方式"命令，在级联菜单中包含了 4 种排序方式，如图 2-7 所示。

图 2-5　"桌面图标设置"对话框

图 2-6　桌面"新建"命令组

名称：按图标名称的字母或拼音顺序排列。

大小：按图标所代表文件的大小顺序排列。

项目类型：按图标所代表文件的类型排列。

修改日期：按图标所代表文件的最后一次修改日期排列。

用户可以将图标排列在桌面左侧。操作步骤为：在桌面空白处右击，在弹出的快捷菜单中选择"查看"命令，在级联菜单中包含了多种命令，如图 2-8 所示。选中"自动排列图标"命令，即在命令前出现"√"标志，这时图标排列在桌面左侧，不能移动某个图标到桌面的任意位置，只能在固定的位置将各图标进行位置的互换。再一次选中"自动排列图标"命令，即在命令前取消"√"标志，可以实现在桌面上任意位置放置图标。

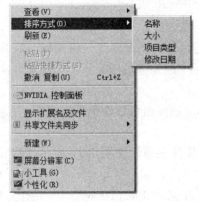

图 2-7　桌面"排序方式"菜单

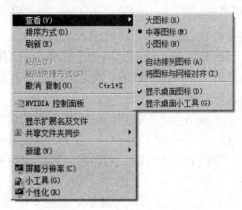

图 2-8　桌面"查看"菜单

用户还可以选择"大图标"、"中等图标"或者"小图标"以不同大小显示图标。当选择了"将图标与网格对齐"命令后，图标不能任意放置，只能成行成列地排列。当取消了"显示桌面图标"命令前的"√"标志后，桌面上将不显示任何图标，这是临时隐藏所有桌面图标，实际上并没有删除它们。当再一次选择"显示桌面图标"后，所有桌面图标会再次显示出来。

2. 任务栏

任务栏是位于屏幕底部的水平长条，它显示了系统正在运行的程序、打开的窗口、当前时间等内容。

（1）任务栏的组成

任务栏由"开始"菜单按钮、快速启动工具栏、窗口按钮栏、通知区域等几部分组成，如图 2-9 所示。

图 2-9　任务栏

①"开始"菜单按钮：用于打开"开始"菜单，用它可以打开大多数的应用程序。

②快速启动工具栏：单击可以快速启动程序，一般包括 IE 图标、文件夹图标、应用程序图标等。

③窗口按钮栏：用于表示正在运行的程序或打开的窗口。

当桌面主题为 Aero 时，将鼠标指针移向某个程序按钮，会出现此程序内容的缩略图。如果其中一个窗口正在播放视频或动画，则会在预览中看到它正在播放的效果。如图 2-10 所示为当鼠标移到 Word 按钮时显示 Word 所打开的文件。单击此区域的程序图标，可以切换不同的程序。

图 2-10　程序的缩略图

④语言栏：显示当前的输入法状态。

⑤通知区域：通知区域位于任务栏的右侧，包括时钟、扬声器等一组图标，这些图标表示计算机上某程序的状态，或提供访问特定设置的途径。通知区域所显示的图标集取决于已安装的程序或服务。

⑥"显示桌面"按钮：位于任务栏的最右侧，单击该按钮可以快速返回桌面。

（2）任务栏的操作

任务栏的设置方法：右击任务栏的空白处，弹出快捷菜单，如图 2-11 所示，然后可以选择某一项操作。

①工具栏："工具栏"菜单主要用于设置在任务栏中某个工具栏（如地址、链接、桌面等）的显示或隐藏。

②窗口的排列方式：用于设置桌面上窗口排列的方式，可以选择"层叠窗口"、"堆叠显示窗口"、"并排显示窗口"等。

③启动任务管理器：打开"任务管理器"窗口。

④锁定任务栏：任务栏锁定后，不能移动任务栏的位置或改变其大小。

⑤属性：用于打开"任务栏和「开始」菜单属性"对话框，可以设置任务栏或"开始"菜单的属性，如图 2-12 所示。

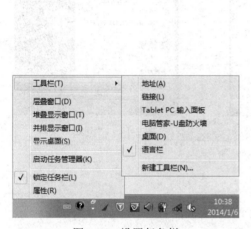

图 2-11　设置任务栏

图 2-12　"任务栏和「开始」菜单属性"对话框

自动隐藏任务栏：当用户不对任务栏操作时，它将自动消失，当用户需要使用时，可以把鼠标放在任务栏位置，它会自动出现。

任务栏按钮：选择"始终合并、隐藏标签"，相同类型的文档会合并而使用同一个按钮，这样不至于在用户打开多个窗口时，按钮变得很小而不容易辨认。使用时，只要找到相应的按钮就可以找到要操作的窗口名称。

可以拖动任务栏到屏幕的左侧、右侧、顶部、底部，但首先要取消"锁定任务栏"选项。

在通知区域，用户可以选择把最近没有点击过的图标隐藏起来以保持通知区域的简洁明了。在图 2-12 中，单击"通知区域"中的"自定义"按钮，出现"通知区域图标"窗口，如图 2-13 所示，用户可以进行隐藏或显示图标的设置。当选择了"隐藏图标和通知"后，系统不会向用户通知更改和更新，如果要随时查看隐藏的图标，可以单击任务栏上通知区域旁的箭头。

当用户打开的窗口比较多且都处于最小化状态时，在任务栏上的按钮会变得很小，观察不方便，这时可以改变任务栏的高度来显示所有窗口。在图 2-11 中，取消"锁定任务栏"选项，把鼠标放在任务栏的上沿，当出现双箭头时，拖动鼠标，使任务栏高度增加，即可显示所有的按钮。

3. "开始"菜单

"开始"菜单中包含了计算机中安装的应用程序、最近打开过的文档等。

（1）打开"开始"菜单

单击屏幕左下角的"开始"按钮，或者按键盘上的 Windows 徽标键，均可打开"开始"菜单，如图 2-14 所示。

图 2-13   "通知区域图标"窗口

图 2-14   "开始"菜单

（2）"开始"菜单可执行的任务

使用"开始"菜单可执行如下操作：

①启动程序。

②打开常用文件夹。

③搜索计算机中的文件、文件夹和程序。

④调整计算机设置。

⑤获取有关 Windows 操作系统的帮助信息。

⑥重新启动、关闭计算机，将计算机设置为锁定、睡眠或休眠状态。

⑦注销 Windows 或切换到其他用户账户。

（3）"开始"菜单的组成

"开始"菜单分为三个组成部分：

①左边窗格是计算机上安装的程序的短列表。

短列表用于快速打开这些程序。系统会检测最常用的程序，并将其置于左边窗格的短列表中。单击"所有程序"可显示程序的完整列表，这些程序按字母顺序排列显示，选择某个应用程序可将其打开。按"返回"命令可返回到图 2-14 所示程序的短列表。

②右边窗格提供对常用文件夹、曾经打开过的文件的访问以及对计算机的设置，还可以注销 Windows 7 或关闭计算机。

③左边窗格的底部是搜索框，键入搜索项可在计算机上查找程序和文件，包括 MP3、Word 文档等常见文件。

（4）自定义"开始"菜单

用户可以将常用或者喜欢的程序的图标放在"开始"菜单和任务栏中，以便于快速访问，也可以把它们从列表中移除。

①将程序图标锁定到任务栏或附到"开始"菜单。

　　对于经常使用的程序，可以将应用程序图标锁定到任务栏或附到"开始"菜单以创建程序的快捷方式，锁定的程序图标将出现在任务栏或"开始"菜单中。

　　锁定到任务栏的方法：右击需要锁定到任务栏的程序图标，在弹出的快捷菜单中选择"锁定到任务栏"命令，程序图标将锁定在任务栏上。如果想解除锁定，右击任务栏上的程序图标，在菜单中选择"将此程序从任务栏解锁"命令即可。

　　附到「开始」菜单的方法：右击需要附到"开始"菜单的程序图标，在弹出的快捷菜单中选择"附到「开始」菜单"命令，程序图标将出现在"开始"菜单上。如果想解除锁定，右击短列表中的程序图标，选择"从「开始」菜单解锁"命令即可。

　　②从「开始」菜单删除程序图标。

　　从"开始"菜单删除程序图标不会把这个程序卸载或者从所有程序列表中删除。单击"开始"按钮，在需要从"开始"菜单中删除的程序图标上右击，在快捷菜单中选择"从列表中删除"即可。

　　③清除"开始"菜单中最近使用的项目。

　　清除"开始"菜单中最近使用的项目不会实际把它们从计算机中删除，仅仅是清除列表中显示的文件或程序。在图 2-12 中，单击"「开始」菜单"选项卡，出现如图 2-15 所示的对话框。

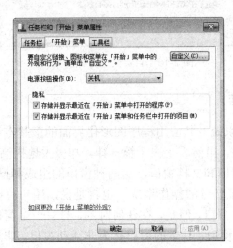

图 2-15　"「开始」菜单"选项卡

　　如果要清除最近打开的短列表中的应用程序，则清除"存储并显示最近在「开始」菜单中打开的程序"复选框；如果要清除最近打开的项目（包括各种文档、图片等），则清除"存储并显示最近在「开始」菜单和任务栏中打开的项目"复选框。最后按"确定"按钮。

　　④设置频繁使用的程序的快捷方式的数目。

　　在图 2-15 中，单击"自定义"按钮，打开如图 2-16 所示的"自定义「开始」菜单"对话框。在"要显示的最近打开过的程序的数目"框中，输入想要显示的程序数目，然后单击"确定"按钮即可。

　　⑤将"最近使用的项目"添加至"开始"菜单。

　　用户可以把最近使用过的项目（打开过的各种 Word 文档、Excel 文档、图片等）在"开始"菜单中显示出来。

　　操作步骤为：在图 2-15 的"隐私"分组框选中"存储并显示最近在「开始」菜单和任务栏中打开的项目"复选框后，单击"自定义"按钮，打开如图 2-16 所示的"自定义「开始」菜单"对话框，在列表框中找到"最近使用的项目"复选框，选中它，单击"确定"按钮，然后再次单击"确定"按钮。

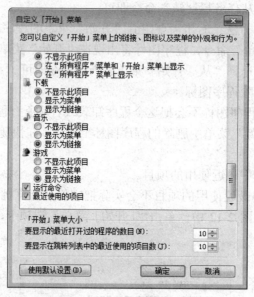

图 2-16　自定义「开始」菜单

2.2.3　窗口的基本操作

　　窗口是 Windows 操作系统及其应用程序图形化界面的最基本组成部分，它在外观、风格和操作上具有高度的统一性，虽然看上去千篇一律，却极大地提高了系统的易用性。Windows 的窗口一般分为应用程序窗口和文档窗口，这两种窗口的组成和操作基本相同。

　　Windows 操作系统是多任务的操作系统，也就是说，用户可以同时执行多个应用程序，即同时打开多个应用程序主窗口。但是，在任何时刻，只有一个窗口可以接受用户的键盘和鼠标输入，这个窗口称为活动窗口，其余的窗口称为非活动窗口。非活动窗口不接受键盘和鼠标输入，但仍在后台运行，非活动状态不是静止状态。

　　1．窗口的组成

　　如图 2-17 所示的"计算机"窗口是一个典型的窗口，它由标题栏、菜单栏、工具栏、边框、地址栏、状态栏及工作区等组成。

　　1）标题栏。标题栏位于窗口的最上端。标题栏的最左边是应用程序的程序控制菜单图标，单击图标会打开应用程序的控制菜单。控制菜单一般包含还原、移动、大小、最小化、最大化和关闭等命令。程序控制菜单图标的右边往往显示程序的名称以及当前打开的文档名。标题栏的最右边有"最小化"、"最大化/向下还原"和"关闭"按钮。

　　2）地址栏。用于输入文件的地址。用户可以通过下拉菜单选择地址或者直接输入文件的地址，访问本地或网络的文件夹。也可以直接在地址栏中输入网址，访问互联网。

　　3）菜单栏。一般位于标题栏的下方，菜单中存放着程序的运行命令，由多个命令按照类别集合在一起构成。应用程序不同，菜单栏的内容也有所不同。

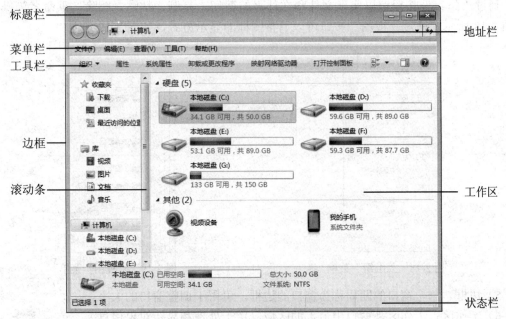

图 2-17　"计算机"窗口

　　菜单栏上列出了所有的一级菜单，在菜单名后面的括号中往往有一个带有下划线的字母，称为快捷键。当按住 Alt 键，再按下对应的字母时，会打开相应的菜单。单击某个菜单项目，会打开一个下拉菜单。在下拉菜单中包含了一系列的菜单命令，有的下拉菜单命令又可以自动弹出一个子菜单，称为级联菜单。

　　在 Windows 的菜单中，有许多特殊标记，它们都具有特定的含义。常见的标记如下：

　　① ▶ 标记：表明此菜单项目对应着一个级联菜单。

　　② … 标记：表明执行此菜单命令将打开一个对话框。

　　③ √ 标记：表明该菜单是一个复选菜单，并正处于选中状态。再选择此命令则"√"消失，表示此命令关闭。例如在图 2-17 中，"查看"菜单中的"状态栏"命令，当选中此菜单命令时，在菜单命令前出现"√"符号，窗口的下边显示状态栏，再次单击该菜单命令时，标记消失，同时状态栏被隐藏。

　　④ • 标记：表明该菜单为单选菜单，在同一组菜单项中只能选择一项。例如在图 2-17 中，"查看"菜单中的"大图标"、"小图标"、"列表"、"详细信息"菜单命令等，只能选中一项。

　　⑤ 菜单的分组线：在有些下拉菜单中，菜单项之间用线条来分隔，形成了若干个菜单选项组，这种分组是按菜单项的功能划分的。

　　⑥ 变灰的菜单项：表示当前命令执行的条件不满足，现在不可用。

　　⑦ 名称后有组合键的菜单项：组合键为选择此命令的快捷键，可以不打开菜单而直接按键盘上的快捷键来选择此命令，这样可以加快操作速度。例如，有关剪贴板的"复制"、"剪切"、"粘贴"等命令，其对应的快捷键分别为 Ctrl+C、Ctrl+X 和 Ctrl+V。

　　4）工具栏。工具栏中存放着常用的操作按钮，通过工具栏，可以实现文件的新建、打开、打印、共享，新建文件夹等操作。在 Windows 7 的"计算机"窗口中，工具栏上的按钮会根据查看的内容不同有所变化，但一般包含"组织"、"视图"等按钮。

　　通过"组织"按钮可以实现文件和文件夹的剪切、复制、粘贴、删除、重命名等操作，如图2-18所示。通过"视图"按钮可以调整图标的显示方式，如图2-19所示。

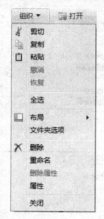

图2-18　"组织"菜单　　　　　　　　　　　图2-19　"视图"菜单

　　5）边框。一个窗口的四周称为窗口的边框，可用于调整窗口的大小。

　　6）工作区。工作区是窗口中最大的区域，用于处理和显示对象信息。

　　7）滚动条。当工作区无法显示所有信息时，在工作区的右侧或底部自动出现水平或垂直滚动条。垂直滚动条包括4个滚动箭头（向上、向下、前一页、下一页）和一个滚动块，水平滚动条包括两个滚动箭头（向左、向右）和一个滚动块。

　　如果显示的文档是文本，还可以使用键盘来操作文档的显示：将插入点定位到文档的某个位置，用↑、↓、←、→键可以使文档上下左右移动，用Page Up和Page Down键前后翻页。

　　8）状态栏。状态栏位于窗口最下方，标明了当前对象的一些基本情况。不同的对象，状态栏有很大的区别。

　　2. 窗口的基本操作

　　对窗口的操作既可以通过窗口菜单中的命令来进行，也可以通过键盘来进行。

　　1）打开窗口。可以通过两种方式打开窗口：

　　方法1：双击要打开窗口的图标。

　　方法2：右击要打开窗口的图标，在快捷菜单中选择"打开"命令。

　　2）移动窗口。可以通过两种方式移动窗口：

　　方法1：用鼠标拖动窗口的标题栏到合适的位置，松开后即可。

　　方法2：单击窗口的控制菜单图标，在下拉菜单中选择"移动"命令，再用键盘上的四个方向键进行移动，到达目的地时，按回车键或者单击即可完成移动。

　　3）缩放窗口。可以通过两种方法缩放窗口：

　　方法1：在窗口非最大化状态下，当鼠标指针移到窗口的边框上时，会变成双向箭头形状，此时用户可以按住鼠标左键通过上下或左右拖动来改变窗口的高度和宽度。如果将指针移到窗口的边角处，通过沿着对角线方向拖动来改变窗口的大小。

　　方法2：也可以通过鼠标和键盘配合来完成。在控制菜单中选择"大小"命令，利用键盘上的方向键调整窗口的高度和宽度，调整至合适大小时，按回车键或者用鼠标单击结束。

4）最小化/最大化/向下还原窗口

Windows 7 所有窗口的右上角都有"最小化"、"最大化"/"向下还原"、"关闭"三个按钮。

①单击"最大化"按钮，窗口将扩展到整个桌面，此时该按钮变为"向下还原"按钮。

②窗口最大化时，单击"向下还原"按钮，窗口恢复成原来大小。

③单击"最小化"按钮，窗口在桌面上消失，以图标按钮的形式缩小到任务栏上。

④要使所有的窗口都最小化，更常用的方法是单击任务栏右侧的"显示桌面"按钮，再次单击它可以重新回到原来的显示画面。

在控制菜单中也可以实现窗口的最小化、最大化和还原。

5）切换窗口。Windows 7 允许用户同时打开多个窗口，在多个窗口之间切换，有如下几种方法：

方法 1：单击任务栏上的窗口图标。

方法 2：所需窗口没有被完全遮住时，单击该窗口的任意位置。

方法 3：按 Alt+Tab 组合键切换。按下这个组合键时，屏幕中间的位置会出现一个矩形区域，显示所有打开的应用程序和文件夹图标。按下 Alt 键不放，反复按 Tab 键，会循环选择每个任务，如图 2-20 所示。

图 2-20　切换任务栏

方法 4：按 Alt+Esc 组合键切换。Alt+Esc 组合键的使用方法与 Alt+Tab 组合键的使用方法相同，唯一的区别是按下 Alt+Esc 组合键不会出现如图 2-20 所示的图标方块，而是直接在各个窗口之间进行切换。

方法 5：使用 Aero 三维窗口切换。窗口以三维堆栈排列，可以快速浏览这些窗口，如图 2-21 所示。在控制面板中的个性化设置中，主题设置为 Aero，才能使用本方法。

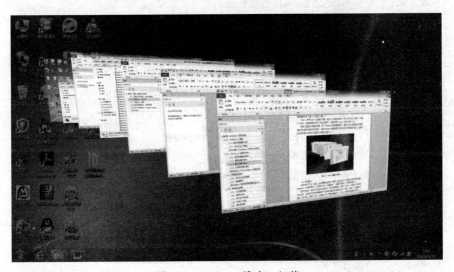

图 2-21　Aero 三维窗口切换

使用三维窗口切换的步骤：按下 Windows 徽标键的同时，重复按 Tab 键或滚动鼠标滚轮可以循环切换打开的窗口。释放 Windows 徽标键可以显示堆栈中最前面的窗口，或者单击堆栈中某个窗口的任意部分来确定该窗口。

6）排列窗口。当用户打开了多个窗口，并且需要全部处于非最小化显示状态，这就涉及排列的问题。Windows 7 为用户提供了三种排列方式：层叠窗口、堆叠显示窗口、并排显示窗口。

操作方法为：在任务栏的空白处右击，弹出快捷菜单，如图 2-11 所示。当选择了某项排列方式后，会在任务栏的快捷菜单中出现相应撤销该选项的命令，例如，选择了"堆叠显示窗口"命令后，在图 2-11 中，会增加一项"撤销堆叠显示"命令，可撤销当前窗口排列。

7）复制窗口。按 Alt+Print Screen 组合键可以将当前活动窗口的内容以图像的形式复制到剪贴板，然后在另一个文档中选择"粘贴"命令即可完成复制。若要复制整个屏幕，按 Print Screen 键即可。

8）关闭窗口。关闭窗口有如下方法：

方法 1：单击窗口右上角的"关闭"按钮。

方法 2：双击窗口左上角的控制菜单图标。

方法 3：单击窗口左上角的控制菜单图标，选择下拉菜单中的"关闭"命令。

方法 4：右击任务栏上的程序图标，在弹出的快捷菜单中选择"关闭窗口"命令。

方法 5：使用"文件"菜单中的"退出"命令。

方法 6：使用 Alt+F4 组合键。

2.2.4 对话框的基本操作

对话框是用户与计算机系统进行信息交流的界面，它可以接受用户的输入，也可以显示程序运行中的提示和警告信息。当选择带"…"的菜单项时，系统就会自动弹出一个对话框。图 2-22 是一个典型的对话框。

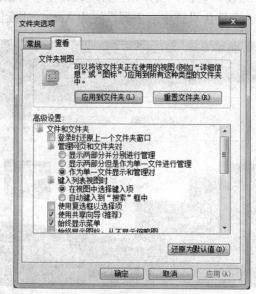

图 2-22   "文件夹选项"对话框

1．对话框的组成

对话框的组成和窗口类似，一般包含有标题栏、选项卡、文本框、列表框、命令按钮、单选按钮、复选框等。

1）标题栏。位于对话框的最上方，在左侧显示了该对话框的名称，右侧是"关闭"按钮，有的对话框还有"帮助"按钮。

2）选项卡。有些对话框包含的项目很多，把同类型的项目放在同一个选项卡中，并且在选项卡上写明了标签，以便于区分，如图 2-22 中的"常规"、"查看"选项卡，单击标签可以打开对应的选项卡。

3）列表框。列表框是在一个可滚动的矩形框内显示多行文本或图形，用户可以从中选择，但通常不能更改。图 2-23 为典型的列表框。

4）下拉列表。这种类型的组合框要求用户从下拉列表中做出选择，而不能在文本框中输入任何内容，如图 2-24 所示。当要求用户必须从有限的选项中做出选择时，下拉列表非常有用。

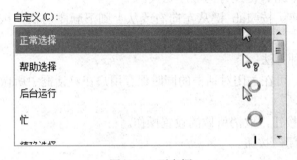

图 2-23　列表框

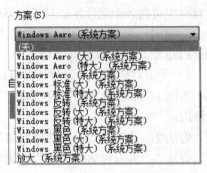

图 2-24　下拉列表

5）文本框

文本框是用来输入文本信息的矩形框，有的在其右端带有一个下拉按钮▼，这时用户既可以直接在文本框中输入文字，也可以单击下拉按钮，在展开的下拉列表中选择要输入的信息。下拉列表中保存了最近几次输入到该文本框的信息，或者预定义的信息。例如在 Word 2010"打开"对话框中的输入文件名文本框，既可以直接输入文件名，也可以用下拉按钮▼选择以前打开过的文件。

6）单选按钮。在一组选项中，只能选择一个选项。每个选项的左边显示一个圆圈，单击该选项，左边的圆圈内出现一个●，表示只选中该组中的这一个选项。

7）复选框。在一组选项中，可以选择多个选项。每个选项的左边显示一个小方框，单击该选项，左边的方框内出现一个√，表示选中此选项，再次单击取消选中。

8）命令按钮。命令按钮用于选择某种操作，常用于对话框中，如图 2-25 所示。如果按钮上有省略号"…"，表明单击该按钮将打开一个对话框。

9）微调按钮。有向上和向下两个箭头组成，如图 2-26 所示，在使用时分别单击上下箭头可以增加和减少数字。

10）滑块按钮。这种按钮主要用于鼠标、键盘属性等对话框中，用这种按钮可以改变响应速度等参数。如图 2-27 所示。

　　　　　　　等待(W)：　10　分钟　　　　　　　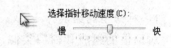

图 2-25　命令按钮　　　　图 2-26　微调按钮　　　　图 2-27　滑块按钮

2. 对话框的基本操作

1）移动对话框。可以通过两种方式移动对话框：

方法 1：用鼠标拖动对话框的标题栏到目标位置，松开后即可。

方法 2：在标题栏上右击，弹出快捷菜单，选择"移动"命令，然后利用键盘上的方向键移动对话框到目标位置，用鼠标单击或按回车键确认，即可完成移动操作。

大部分对话框不能改变其大小，例如图 2-22 所示的"文件夹选项"对话框不能改变大小；少部分可以改变，例如 Word 2010 中"打开"对话框可以改变大小。

2）对话框中不同元素的切换。有的对话框中包含多个选项卡，在每个选项卡中又有不同的选项组，可以利用鼠标或键盘来切换。

①在不同的选项卡之间切换：可以直接用鼠标单击切换，也可以按 Ctrl+Tab 组合键从左向右顺序切换各个选项卡，按 Ctrl+Shift+Tab 组合键反方向顺序切换。

②在同一选项卡的不同选项组之间切换：按 Tab 键从左向右或从上到下顺序切换，按 Shift+Tab 组合键反方向顺序切换。

3）关闭对话框。关闭对话框有以下几种方法：

方法 1：单击对话框中的"确定"按钮，可在关闭对话框的同时保存用户在对话框中所做的修改。

方法 2：单击对话框中的"取消"命令按钮，取消所做的设置操作。

方法 3：单击对话框标题栏右侧的"关闭"按钮。

方法 4：按 Esc 键。

同步训练 2.2　中文 Windows 7 的基本操作

【训练目的】

● 掌握桌面的使用。

● 掌握开始菜单和任务栏的使用。

● 掌握窗口及对话框的使用。

● 掌握菜单的使用。

【训练任务和步骤】

1）排列桌面上的图标。在桌面无图标处右击，打开快捷菜单，鼠标移至"查看"，显示下一级菜单，如图 2-28 所示。单击选择"自动排列图标"，则桌面上的图标自动排列。再在桌面右击，打开快捷菜单，单击"排序方式"下的"修改日期"，则系统对桌面图标按修改日期重新排序，观察图标顺序变化。

2）为"桌面小工具"建立桌面快捷图标。单击"开始"菜单，单击"所有程序"，在所有程序列表中找到"桌面小工具库"，右击此项，打开快捷菜单，选择"发送到"下级菜单中的"桌面快捷方式"，如图 2-29 所示。即在桌面上出现"桌面小工具"快捷图标。

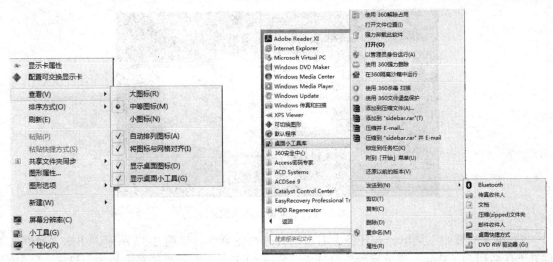

图 2-28　"查看"菜单　　　　　　　　　　　　　　　　图 2-29　快捷菜单

3）改变"计算机"窗口大小。双击桌面上"计算机"图标，打开"计算机"窗口，如图 2-30 所示。观察该窗口的组成。单击窗口标题栏上的"最大化"按钮，将窗口最大化。窗口最大化该按钮变为"还原"按钮。单击还原按钮，窗口恢复到最大化之前窗口的大小。单击"最小化"按钮，窗口缩为一个图标显示在任务栏上。单击任务栏上相应的图标，则重新显示该窗口。要调整窗口的高度，则鼠标指向窗口的上边框或下边框。当鼠标指针变为垂直的双箭头，单击边框，然后将边框向上或向下拖动。要调整窗口宽度，则鼠标指向窗口的左边框或右边框，当指针变为水平的双箭头时，单击边框，然后将边框向上或向下拖动。若要同时改变高度和宽度，则指向窗口的任何一个角。当指针变为斜向的双向箭头时，单击边框，然后向任一方向拖动边框。

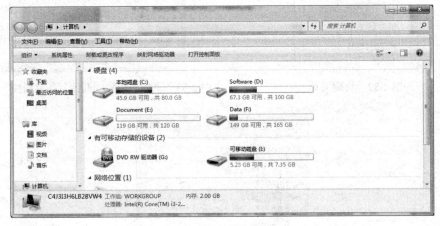

图 2-30　"计算机"窗口

4）窗口间切换。双击桌面上"网络"图标，打开"网络"窗口；双击桌面上的"回收站"图标，打开"回收站"窗口。按住按 （Windows 徽标键）+Tab，进入三维窗口切换模式，如图 2-31 所示。按 Tab 键在窗口间向前循环切换，按 Shift+Tab 组合键在窗口间向后循环切换。在某个窗口中单击即切换至该窗口。

图 2-31　三维窗口切换模式

5）设置"开始"菜单。在任务上右击，打开快捷菜单，如图 2-32 所示。单击"属性"，打开"任务栏和「开始」菜单属性"对话框，单击"「开始」菜单"选项卡标签，显示"「开始」菜单"选项卡，如图 2-33 所示。单击"自定义"按钮，打开"自定义「开始」菜单"对话框，如图 2-34 所示。在此对话框下方"开始菜单大小"处，设置"要显示最近打开过的程序数目"为 10，"要显示在跳转列表中的最近使用的项目数"为 5。

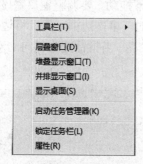

图 2-32　快捷菜单

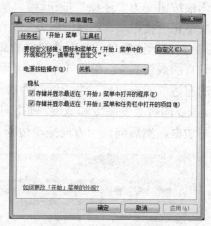

图 2-33　"任务栏和「开始」菜单属性"对话框

图 2-34　"自定义「开始」菜单"对话框

6）移动任务栏。将鼠标指针指向任务栏，然后按住左键将任务拖动到桌面的上边框处。

7）设置"桌面"图标显示在任务栏的工具栏上。在任务栏上右击，打开快捷菜单，指向"工具栏"项，显示"工具栏"下一级菜单，如图 2-35 所示。单击"桌面"，"桌面"图标即显示在任务栏的工具栏上。

图 2-35　"工具栏"子菜单

8）在任务栏的通知区域显示"音量"图标。在任务栏上右击，打开快捷菜单，如图 2-32 所示，单击"属性"项，打开"任务栏和「开始」菜单属性"对话框。在"任务栏"选项卡中，如图 2-36 所示。在"通知区域"单击"自定义"按钮，打开"通知区域图标"设置窗口。在"音量"项的"行为"下拉列表中，选择"显示图标和通知"，如图 2-37 所示（注：这时"始终在任务栏上显示所有图标和通知"复选框未勾选）。然后单击两次"确定"按钮。通知区域即显示音量图标。如图 2-38 所示。

图 2-36　"任务栏"选项卡

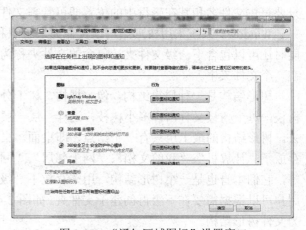

图 2-37　"通知区域图标"设置窗口

9）设置时间和日期。在任务栏右侧的时间上单击，打开时间和日期显示窗口。单击"更改日期和时间设置"文本，打开"日期和时间"对话框。单击"更改日期和日期"按钮，打开"日期和时间设置"对话框，如图 2-39 所示。在此对话框设置正确的时间和日期，单击"确定"按钮。再单击"确定"按钮，完成设置。

图 2-39　"日期和时间设置"对话框

图 2-38　通知区域

2.3　管理系统资源

在 Windows 中，用户可以使用的所有软件、硬件都称为资源，它们可以是文件、文件夹、打印机、磁盘、桌面、各种软件和硬件设备。可以通过桌面上的"计算机"图标来管理应用程序和文件。在 Windows 7 之前的版本，"计算机"称为"我的电脑"。

2.3.1　文件和文件夹管理

1. 文件和文件夹

（1）文件和文件夹的概念

文件是存储在外存上具有名字的一组相关信息的集合。它可以是用户创建的文档，也可以是可执行程序，或者图片、声音、视频等。系统对文件实行"按名存取"，用户使用文件时只要记住文件名和其在磁盘中的位置即可管理文件。

Windows 系统采用树形结构以文件夹来组织和管理文件。文件夹中包含程序、文件等，同时还可以包含下一级文件夹，包含的文件夹称为"子文件夹"。可以将相同类别的文件存放在一个文件夹中。

树形结构是一种层次结构，像一棵树，树干分出许多树枝，每个树枝又分出许多小树枝，这样一层一层地分下去。树形结构的最上层只有一个结点，即桌面。桌面下面存放了"计算机"、"我的文档"、"网上邻居"、"回收站"等，它们本身也是一个树形结构，用来存放下一级信息。用户可以根据需要在下级再创建子文件夹。如图 2-40 所示为文件树形结构。

图 2-40　文件树形结构

为了避免文件管理发生混乱，规定同一文件夹中的文件不能同名，如果两个文件名完全相同，它们必须分别放在不同的文件夹中。

（2）文件的类型

Windows 7 操作系统有多种文件类型。按照文件所包含的信息不同，分为以下几种类型。

1）程序文件：是可执行文件，扩展名为.com 和.exe。

2）支持文件：支持应用程序的运行，是程序运行所需的辅助文件，但是这些文件是不能直接执行或启动的。普通的支持文件具有.ovl、.sys 和.dll 等扩展名。

3）文本文件：是由一些文字处理软件生成的文件，其内容是可以阅读的文本，如.docx 文件、.xlsx 文件、.txt 文件等。扩展名为.docx 的文件，可以通过文字处理软件 Word 2010 生成；扩展名为.xlsx 的文件，可以通过表格处理软件 Excel 2010 生成。

4）图像文件：是由图像处理程序生成的文件，其内容包含可视的信息或图片信息，如.bmp 和.gif 文件等。扩展名为.bmp 的文件，可以通过"画图"程序生成。

5）多媒体文件：包含音频和视频信息的文件，如.mid 文件和.avi 文件等。

6）字体文件：Windows 7 中，字体文件存储在 Fonts 文件夹中，如.ttf 文件（存放 TrueType 字体信息）和.fon 文件（位图字体文件）等。

（3）文件和文件夹的命名规则

Windows 7 对文件或文件夹命名规则如下：

1）允许使用长文件名，文件或文件夹名字最多可达 255 个字符。

2）字符可以是字母、数字、空格、汉字或一些特定符号。

3）命名时不区分大小写，例如 MYFILE、myfile、myFILE 是同一个文件名。

4）不可使用的字符有？、*、\、/、|、：、"、<、>。

5）文件名允许有多个分隔符 "."，Windows 7 规定最后一个分隔符后面的字符为文件的扩展名。例如文件名 "sdfzxy.xxgcx.jsj.2014.docx" 中，扩展名为 docx。

当查找文件或文件夹时，可以使用通配符 "？" 和 "*"。"？" 表示一个任意字符，"*" 表示任意多个任意字符。

（4）库

库是 Windows 7 新增的文件管理工具。如果用户在不同硬盘分区、不同文件夹、多台计算机或设备中分别存储了一些文件，有的文件可能处于层次很深的文件夹中，寻找这些文件及对它们进行有效管理是一件非常困难的事情。Windows 7 中 "库" 的应用可以解决这一难题。库专门用来把存储在不同磁盘、不同位置的文件夹组织到一起。需要强调的是库并没有更改被包含文件和文件夹的存储位置，也不是在库中保存了一份文件和文件夹的副本，库描述的仅仅是一种新的组织形式的逻辑关系。

由于库仅仅用来描述多个文件夹的组织形式，所以库本身不属于任何磁盘，所有的库都放在桌面的下级一个称为 "库" 的文件夹中，在这个总库中用户还可以建立自己的库。

2. 文件和文件夹的基本操作

（1）"计算机" 和 "资源管理器"

Windows 7 采用 "计算机" 和 "资源管理器" 两个应用程序完成文件和文件夹的管理工作。两者在功能上一样，窗口基本一样，可以相互转换。

用户使用 "计算机" 可以显示整个计算机的文件及文件夹等信息，可以完成启动应用程序，打开、复制、删除、重命名、创建文件夹及文件的操作。用户不必打开多个窗口，而只在一个窗口中就可以浏览所有的磁盘和文件夹。

打开 "计算机" 的方法如下：

方法 1：双击桌面上 "计算机" 图标，打开 "计算机" 窗口，如图 2-41 所示。

图 2-41　"计算机" 窗口

方法 2：单击"开始"菜单，选择"计算机"命令。

方法 3：同时按下 Windows 徽标键 和 E 键。

在"计算机"窗口中，左窗格显示了所有收藏夹、库、磁盘和文件夹列表，窗口下面用于显示选定的磁盘、文件和文件夹信息，右窗格显示了选定磁盘和文件夹所包含的文件、文件夹等的详细信息。

在左窗格中，如果收藏夹、库、驱动器或文件夹前面有三角符号，表明该驱动器或文件夹有子文件夹，单击该三角符号可展开或折叠其包含的项目。

如果要查看单个文件夹或驱动器上的内容，那么"计算机"是很有用的。在"计算机"窗口中会显示各驱动器，双击某驱动器图标，在右窗格会显示该驱动器上包含的文件夹和文件，双击文件夹可以看到其中包含的子文件夹和文件。

打开资源管理器的方法：

方法 1：右击"开始"按钮，在弹出的快捷菜单中选择"打开 Windows 资源管理器"命令，可打开"Windows 资源管理器"窗口，如图 2-42 所示。

图 2-42　"Windows 资源管理器"窗口

方法 2：单击"开始"→"所有程序"→"附件"→"Windows 资源管理器"命令。

（2）设置文件或文件夹视图方式

在计算机中，有时需要显示文件和文件夹的修改日期、类型、大小等详细信息，有时需要显示其图标，可以按照不同的视图方式显示文件和文件夹。设置方法如下：

方法 1：在"计算机"窗口的右窗格空白处右击，弹出快捷菜单，选择"查看"命令的级联菜单中需要的视图方式即可，如图 2-43 所示。

方法 2：单击"计算机"窗口的工具栏上的"更改您的视图"按钮，或者按"更多选项"下拉列表按钮，选择需要的视图方式，如图 2-44 所示。

图 2-43　文件或文件夹的视图方式 1　　　　图 2-44　文件或文件夹的视图方式 2

（3）创建文件或文件夹

1）创建文件。文件的创建一般是在应用程序中完成的，如"记事本"程序可以创建 TXT 类型的文件，"画图"程序可以创建 BMP 类型的文件等。此外，对于在系统中注册的文件类型，用户还可以通过下面的方式创建。

①打开"计算机"窗口，选择需创建文件的驱动器或文件夹。

②单击"文件"→"新建"命令，如图 2-45 所示；或在右窗格的空白处右击，在快捷菜单中单击"新建"命令，如图 2-46 所示。菜单中列出了系统中注册的文件类型。

③单击需要创建的文件类型，新建文件的系统自动指定一个默认的文件名，然后输入新的文件名，按回车键即可。

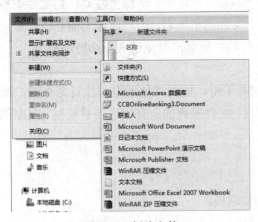

图 2-45　新建文件

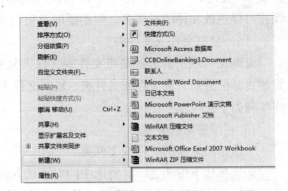

图 2-46　"新建"快捷菜单

2）新建文件夹。

①打开"计算机"，选择需创建文件夹的驱动器或文件夹。

②单击"文件"→"新建"→"文件夹"命令，如图 2-45 所示；或者在右窗格的空白处右击，在快捷菜单中单击"新建"→"文件夹"命令，如图 2-46 所示。

③为文件夹命名。

（4）选择文件或文件夹

1）选定单个文件或文件夹：单击要选定的文件或文件夹即可。

2）选定多个连续的文件或文件夹：选定第一个对象后，按住 Shift 键的同时单击最后一个对象；或者在要选择的对象外拖动鼠标，方框之内的对象将被选中。

3）选定多个不连续的文件或文件夹：按住 Ctrl 键，逐个单击其余要选择的对象。

4）选定所有文件或文件夹：选择"编辑"菜单中的"全选"命令；或者选择"组织"下拉按钮中的"全选"命令；或者按下快捷键 Ctrl+A。

5）取消选定：对选定的驱动器、文件或文件夹，只要重新选定其他对象或在空白处单击即可取消全部选定。若要取消部分选定，只要按住 Ctrl 键，单击每一个要取消的对象即可，其他已选定对象仍然保留选定状态。

（5）重命名文件或文件夹

重命名就是改名，操作步骤为：

1）选定要重命名的文件或文件夹。

2）重命名有如下方法：

方法 1：右击对象，在快捷菜单中选择"重命名"命令。

方法 2：在"文件"菜单中选择"重命名"命令。

方法 3：单击"组织"下拉按钮，选择"重命名"命令。

方法 4：单击选中的文件或文件夹的名字，注意不能单击图标。

方法 5：直接按 F2 键。

3）用户键入自己需要的名字。

如果需要修改文件的扩展名，则在资源管理器中打开"工具"菜单，单击"文件夹选项"命令，在弹出的"文件夹选项"对话框中，选择"查看"选项卡，清除"隐藏已知文件类型的扩展名"复选框。这样以后的文件列表将显示所有文件的扩展名，用户通过上面介绍的重命名操作可以更改文件的扩展名。但不要随意更改文件的扩展名，以免造成不必要的损失。

（6）复制文件或文件夹

复制文件或文件夹就是将文件或文件夹复制若干份，放到其他地方，执行命令后，原位置和目标位置均有该文件或文件夹。复制文件夹时，文件夹内的所有内容将被复制。复制的操作步骤如下：

1）利用剪贴板复制。

①选定被复制的文件或文件夹。

②选择如下方法之一，将选中的对象送入到剪贴板：

方法 1：打开"编辑"菜单，选择"复制"命令。

方法 2：单击"组织"下拉按钮，选择"复制"命令。

方法 3：右击所选对象，在快捷菜单中选择"复制"命令。

方法 4：按 Ctrl+C 组合键。

③打开目标位置。

④选择如下方法之一，将剪贴板中的内容粘贴到当前位置：

方法 1：打开"编辑"菜单，选择"粘贴"命令。

方法 2：单击"组织"下拉按钮，选择"粘贴"命令。

方法 3：右击目标位置空白处，在快捷菜单中选择"粘贴"命令。

方法 4：按 Ctrl+V 组合键。

2）利用拖动方法复制。如果在屏幕上既能看到要复制的文件或文件夹，又能看到目标位置，利用拖动的方法复制更为方便。

如果被复制的对象与目标位置在不同的磁盘上，直接拖动即可实现复制，在拖动的过程中，会在鼠标指针旁边出现 ➕ 复制到 本地磁盘 (D:) 符号；如果被复制的对象与目标位置在同一磁盘上，无论是否在同一文件夹，在拖动的过程中应同时按下 Ctrl 键才是复制，否则是移动。

3）利用菜单复制。利用"发送到"命令是把硬盘上的文件或文件夹直接复制到移动存储设备上的常用方法。操作方法为：右击要复制的文件或文件夹，在快捷菜单中选择"发送到"命令，在级联菜单中选择要复制到的某个移动存储设备，如图 2-47 所示。

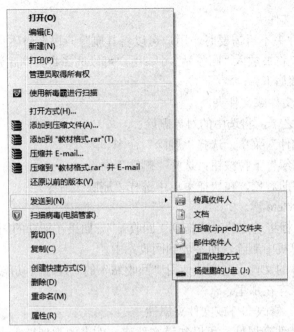

图 2-47　利用"发送到"命令复制文件或文件夹到移动存储设备

（7）移动文件或文件夹

移动文件或文件夹就是将文件或文件夹移动到其他地方，执行命令后，原位置的文件或文件夹消失，出现在目标位置。移动的操作步骤如下：

1）利用剪贴板移动。

①选定被移动的文件或文件夹。

②选择如下方法之一，将选中的对象送入到剪贴板：

方法 1：打开"编辑"菜单，选择"剪切"命令。

方法 2：单击"组织"下拉按钮，选择"剪切"命令。

方法 3：右击所选对象，在快捷菜单中选择"剪切"命令。

方法 4：按 Ctrl+X 组合键。

③打开目标位置。

④选择如下方法之一，将剪贴板中的内容粘贴到当前位置：

方法 1：打开"编辑"菜单，选择"粘贴"命令。

方法 2：单击"组织"下拉按钮，选择"粘贴"命令。

方法 3：右击目标位置空白处，在快捷菜单中选择"粘贴"命令。

方法 4：按 Ctrl+V 组合键。

2）利用拖动方法移动。

如果在屏幕上既能看到要移动的文件或文件夹，又能看到目标位置，利用拖动的方法移动更为方便。

如果被移动的对象与目标位置在同一磁盘上，直接拖动即可实现移动，在拖动的过程中，会在鼠标指针旁边出现 ➡ 移动到 本地磁盘 (D:) 符号；如果被移动的对象与目标位置在不同的磁盘上，在拖动的过程中应同时按下 Shift 键才是移动，否则是复制。

（8）删除文件或文件夹

当有的文件或文件夹不再需要时，用户可以将其删除，以节省磁盘空间。默认状态下，删除后的文件和文件夹将被放入"回收站"中，用户可以选择将其彻底删除或者还原到原来的位置。删除的操作步骤如下：

1）选定要删除的文件或文件夹。

2）选择如下方法之一，将选中的对象删除：

方法1：打开"文件"菜单，选择"删除"命令。

方法2：单击"组织"下拉按钮，选择"删除"命令。

方法3：右击选定的对象，在快捷菜单中选择"删除"命令。

方法4：直接按Delete键。

方法5：直接用鼠标将选定的对象拖到"回收站"。如果在拖动的同时，按住Shift键，则文件或文件夹将从计算机中删除，而不放到回收站中。

如果想恢复被删除的文件，则应该使用"回收站"的"还原"功能。在清空回收站之前，被删除的文件将一直保存在那里。

（9）设置、查看、修改文件或文件夹属性

通过查看文件或文件夹属性，可以知道文件或文件夹的类型、大小、占用的磁盘空间、存储的位置、创建时间等信息，还可以设置文件或文件夹为只读、隐藏属性。

只读文件（R）：此类文件中的内容不可以被修改，要想改变文件内容，必须先取消其只读属性。

隐藏文件（H）：此类文件默认情况下不显示，但内容可以被修改。

查看文件或文件夹属性的操作步骤为：

选择"文件"菜单→"属性"命令；或者选择"组织"下拉列表按钮中的"属性"命令；或者右击选定的文件或文件夹，在快捷菜单中选择"属性"命令，弹出属性对话框，在"常规"选项卡中，可以看到文件或文件夹的各种信息，还可以设置为只读、隐藏属性，如图2-46所示。

（10）隐藏文件或文件夹

对于计算机中的一些重要文件，可以将其隐藏起来以增加安全性。

1）文件的隐藏。右击需要隐藏的文件，在快捷菜单中选择"属性"命令，弹出文件属性对话框，如图2-48所示。在"常规"选项卡中，选中"隐藏"复选框，单击"确定"按钮即可。

2）文件夹的隐藏。右击需要隐藏的文件夹，在快捷菜单中选择"属性"命令，弹出文件夹的属性对话框，在"常规"选项卡中，选中"隐藏"复选框，单击"确定"按钮，弹出"确认属性更改"对话框，如图2-49所示。选择"仅将更改应用于此文件夹"或"将更改应用于此文件夹、子文件夹和文件"，然后单击"确定"按钮。

3）在文件夹选项中设置不显示隐藏文件。把文件或文件夹设置成隐藏属性后，相应地还要设置不显示。选择"工具"菜单或"组织"下拉列表框的"文件夹选项"，弹出"文件夹选项"对话框，选择"查看"选项卡，在"高级设置"列表框中选中"不显示隐藏的文件、文件夹或驱动器"单选按钮，如图2-50所示。单击"确定"按钮，即可隐藏所有设置为隐藏属性的文件、文件夹或驱动器。

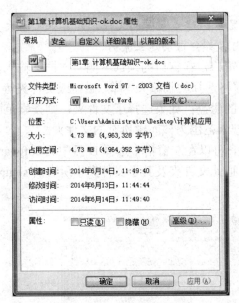

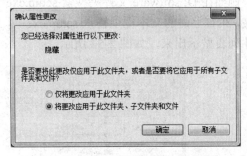

图 2-48　文件属性对话框　　　　　　　　图 2-49　"确认属性更改"对话框

（11）搜索文件或文件夹

　　用户的计算机中有成千上万个文件，随着时间推移，用户可能忘记了某些文件的文件名或者保存位置，以后要使用这些文件，采用人工方法查找它们极其烦琐，使用搜索功能就简单多了。

　　1）使用"开始"菜单上的搜索框。如图 2-51 所示。可以使用"开始"菜单上的搜索框来查找计算机上的文件、文件夹、程序等。在搜索框中输入要查找的文件名后，将立即显示搜索结果，与所输入文件名相匹配的项都会显示在"开始"菜单上。文件名可以是要查找的文件名的一部分，也可以使用通配符"?"和"*"。例如查找所有扩展名为.doc 的文件，在搜索框中输入"*.doc"。

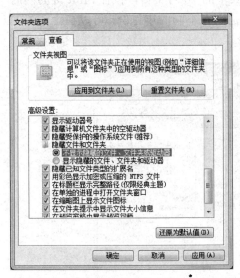

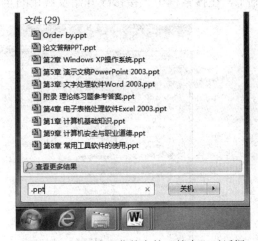

图 2-50　设置不显示隐藏的文件、文件夹或驱动器　　　图 2-51　"开始"菜单中的"搜索"对话框

注意： 从"开始"菜单搜索时，搜索结果仅显示已建立索引的文件。计算机上的大多数文件会自动建立索引。例如，包含在库中的所有内容都会自动建立索引。

2）使用文件夹中的搜索框。打开"计算机"窗口，在窗口的顶部右侧文本框中输入需要查找的文件或文件夹名字。搜索的范围取决于左窗格选择的收藏夹、库、磁盘或文件夹等，如果选择了"计算机"，则搜索范围为计算机中所有的磁盘；如果选择了文件夹，则搜索范围为此文件夹及其子文件夹；如果选择了某个库，则搜索范围为该库中所有的文件夹。

例如在 D:\software 文件夹搜索 setup.exe 文件，可以在左窗格中选择 D 盘中的 software 文件夹，在右上侧的文本框中输入 setup.exe，系统会把此文件夹及其子文件夹中所有的 setup.exe 文件列表显示出来，如图 2-52 所示。

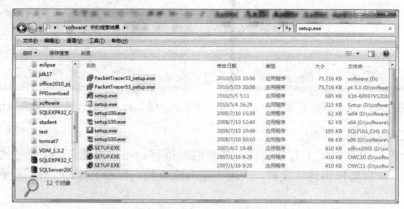

图 2-52　文件夹中的"搜索"对话框

如果要搜索某日期范围内的文件，可以单击搜索框，下面弹出设置搜索修改日期和文件大小的筛选器，然后单击"修改日期"按钮，系统弹出"选择日期或日期范围"框，如图 2-53 所示，单击其中左右的两个三角按钮可以调整年、月值。假设需要把日期调整为 2013 年 10 月 1 日至 20 日，可先调整成 2013 年 10 月，然后单击其中的 10 月 1 日，按住 Shift 键的同时再单击 10 月 20 日，这样就确定了日期范围。如果日期范围在不同的年月份，可以在上一步的基础上，在搜索框中直接修改开始及截止的年份和月份。

图 2-53　选择搜索的修改日期范围

（12）创建文件或文件夹的快捷方式

如果某个文件存储在磁盘上层次比较深的文件夹中，要打开这个文件需要层层打开文件夹，找到这个文件再打开，操作过程非常烦琐。我们可以建立这个文件的快捷方式，把快捷方式放在方便触及的位置，简化打开的过程，提高工作效率。

快捷方式是对计算机或网络上任何可访问的项目（如程序、文件、文件夹、磁盘驱动器、网页、打印机或者另一台计算机等）建立的链接。可以将快捷方式图标放置在任何位置，如桌面、"开始"菜单或者其他文件夹中。

各种快捷方式图标都有一个共同的特点，即在其左下角有一个较小的跳转箭头 。双击快捷方式图标，将迅速打开它指向的对象。

某个快捷方式建立后，可以重新命名，也可以用鼠标拖动或使用剪贴板将它们移动或复制到任意指定的位置。当某个快捷方式不再需要时，可将其删除，删除后它所指向的对象仍存在于磁盘中。

下面介绍在两种不同位置创建快捷方式的方法。

1）在同文件夹中创建快捷方式。

①打开 Windows 资源管理器。

②选定要创建快捷方式的对象，如程序、文件、文件夹、打印机或磁盘等。

③在"文件"菜单中，选择"创建快捷方式"命令；或者右击该对象，在弹出的快捷菜单中选择"创建快捷方式"命令，系统会在当前位置创建该对象的快捷方式。

2）在桌面上创建快捷方式。可以采用以下方法之一：

方法 1：右击要创建快捷方式的对象，在快捷菜单中选择"发送到"→"桌面快捷方式"命令。

方法 2：把在同文件夹中创建的快捷方式图标拖动到桌面上。

方法 3：用鼠标右键将对象拖动到桌面上，然后在快捷菜单中选择"在当前位置创建快捷方式"命令。

（13）库的操作

用户可以建立自己的库，并且可以向库中添加文件夹，删除、重命名已存在的库。

1）库的建立。例如，要把不同的文件夹里的所有录像、照片、音乐等集中在一起管理，先建立一个库。建立库的方法如下：

①打开"计算机"窗口，单击左窗格的"库"，右窗格显示出目前存在的库。

②在右窗格的空白处右击，在快捷菜单中选择"新建"→"库"命令。

③右窗格出现新建的库，重命名为"照片"。

2）在库中添加要管理的文件夹。刚才建立的库是空的，可以把相应的文件夹都集中到该库中进行管理。操作方法如下：

①到相应文件夹，右击此文件夹，在弹出的快捷菜单中选择"包含到库中"→"照片"命令。这样被选择文件夹以及其中的子文件夹、文件就包含在"照片"库中了。

②重复以上步骤，可以把其他文件夹包含在"照片"库中。

3）使用库管理文件和文件夹。管理库中的文件和文件夹，如同在文件夹中一样可以进行复制、移动、删除、重命名等操作，需要注意的是：

①需要的时候可以把任何一个文件夹从库中移除，但是这种删除仅仅是解除了库对该文

件夹的包含关系，并不能在磁盘上物理删除相应文件夹。

②如果在库中直接删除这个文件夹，则是真正删除磁盘上的文件夹。删除的文件或文件夹放在"回收站"中，如果是误删，还可以还原到原来位置。

③如果某个文件夹被包含在库中，将来即使不打开库窗口，只在该文件夹中删除、重命名文件，也等于把库中的文件进行了同样的操作，即两者的操作是同步的。

4）库的重命名、删除等操作。对于建立的库，可以进行与文件夹相似的操作，例如删除、重命名、复制等。方法是在相应的库上右击，在快捷菜单中选择"删除"、"重命名"、"复制"等命令。

2.3.2 磁盘管理

磁盘是计算机用于存储数据的硬件设备，包括硬盘和软盘等，计算机中所有的程序和数据都是以文件的形式存放在计算机的磁盘上。在长期的系统和应用程序的运行过程中，会产生一些临时文件信息，虽然在退出应用程序或者正常关机的时候系统会删除这些临时文件，但是由于在使用中会出现误操作或者非正常关机，这些临时文件就会保留在磁盘上。随着临时文件的增加，磁盘上的自由空间会越来越少，造成了计算机运行速度变慢，这时，就需要删除这些临时文件。使用磁盘清理程序、碎片整理程序会帮助用户释放磁盘空间，删除临时文件，减少它们占用的系统资源，提高系统性能。

1. 磁盘的属性

磁盘的属性通常包括磁盘的类型、文件系统、空间大小、卷标等常规信息，以及磁盘清理、磁盘碎片整理、备份等处理程序。

查看磁盘属性可以执行如下操作：

打开"计算机"，右击某个磁盘，在弹出的快捷菜单中选择"属性"命令，随后出现磁盘属性对话框，单击"常规"选项卡，可以查看磁盘的类型、文件系统、可用空间、已用空间等信息，如图 2-54 所示。在"常规"选项卡中，可以在文本框中输入该磁盘的卷标。

图 2-54 磁盘属性对话框中的"常规"选项卡

在"工具"选项卡中，可以对磁盘进行扫描纠错、碎片整理和备份操作，如图 2-55 所示。在"查错"框中，单击"开始检查"按钮可检查磁盘驱动器中的错误，并自动修复；在"碎片整理"框中，单击"立即进行碎片整理"按钮则会对驱动器中的文件进行碎片整理，这样可以提高系统的性能；在"备份"框中，单击"开始备份"按钮可以制作磁盘的备份，如果以后系统受到破坏，可以把备份恢复成正常系统。

图 2-55　磁盘属性对话框中的"工具"选项卡

单击"共享"选项卡，可以设置磁盘的共享方式。

2. 磁盘碎片整理

一般来说，在一个新磁盘中保存文件时，系统会使用连续的磁盘区域来保存文件的内容。但是磁盘经过长时间的使用，由于经常修改、删除文件和文件夹，磁盘上的可用空间夹杂在各个文件和文件夹所占的空间之间，称为磁盘碎片。磁盘碎片在逻辑上是链接起来的，因此不影响磁盘文件的读写操作，但当磁盘碎片大量存在时，会影响读写速度，因而使用一段时间后需要整理磁盘碎片。

执行磁盘碎片整理的操作步骤如下：

方法 1：在图 2-56 中，单击"立即进行碎片整理"按钮，即打开"磁盘碎片整理程序"窗口，如图 2-57 所示。在该窗口中，选择需要整理的驱动器，单击"磁盘碎片整理"按钮，即对选择的磁盘进行碎片整理。

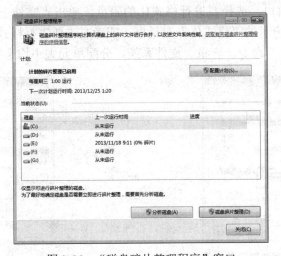

图 2-56　"磁盘碎片整理程序"窗口

磁盘碎片整理通常花费很长时间，甚至几小时才能完成，取决于磁盘碎片的大小和多少。在整理过程中，可以随时停止，但不会使得整理工作前功尽弃，以后再整理时可以接着上次继续整理。在整理过程中，仍然可以使用计算机。当整理工作完成后，系统给出一个消息框，报告磁盘碎片整理程序运行的结果。

方法 2：单击"开始"按钮，选择"所有程序"→"附件"→"系统工具"→"磁盘碎片整理程序"命令，出现如图 2-56 所示的窗口，下一步就可以对相应的驱动器进行整理。

3. 磁盘清理

使用磁盘清理程序可以帮助用户删除临时文件、Internet 缓存文件和可以安全删除不需要的文件，释放磁盘空间，以提高系统性能。

执行磁盘清理的操作步骤如下：

单击"开始"按钮，选择"所有程序"→"附件"→"系统工具"→"磁盘清理"命令，出现"驱动器选择"对话框，如图 2-57 所示。

在该对话框中选择要清理的驱动器，单击"确定"按钮，弹出如图 2-58 所示的对话框，计算可释放的空间。计算完成后，弹出如图 2-59 所示的对话框，选择"磁盘清理"选项卡，在该对话框中列出了可删除的文件类型及其所占用的磁盘空间大小，选择某文件类型前的复选框，在进行清理时即可将其删除；在"占用磁盘空间总数"信息中显示了若删除所选择文件类型后可得到的磁盘空间。按"确定"按钮后弹出"磁盘清理"确认删除对话框，单击"删除文件"按钮，系统开始删除文件。

图 2-57 "驱动器选择"对话框

图 2-58 计算可释放空间

4. 磁盘的格式化

格式化就是将硬盘进行重新规划以便更好地存储文件。格式化会造成数据全部丢失。

格式化磁盘的操作步骤为：

打开"计算机"窗口，选择要进行格式化的磁盘，单击"文件"菜单，选择"格式化"命令，弹出如图 2-60 所示的"格式化"对话框；或者右击要进行格式化的磁盘，在弹出的快捷菜单中选择"格式化"命令。容量、文件系统、分配单元大小均选择默认值。

图 2-59 选择要删除的文件

图 2-60 "格式化"对话框

如果选中"快速格式化"复选框,可以实现快速格式化磁盘,但这种方式不扫描磁盘的坏扇区而直接从磁盘上删除文件,一般在确认该磁盘没有损坏的情况下才使用该选项。如果不选中该选项,则在格式化磁盘时还将测试磁盘,检查是否有损坏的扇区,并对坏扇区做出标记,以后在使用磁盘时系统不占用这些损坏的空间,以保证磁盘始终能正确保存信息。

单击"开始"按钮将弹出如图 2-61 所示的警告提示,给出最后的选择机会,单击"确定"按钮将真正开始格式化,单击"取消"按钮将取消格式化磁盘操作。

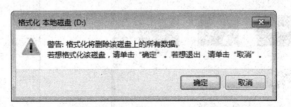

图 2-61　"格式化磁盘"警告对话框

同步训练 2.3　利用资源管理器浏览文件和文件夹

【训练目的】
- 掌握 Windows 7 文件或文件夹的选择、复制、移动和删除。
- 掌握计算机与库的使用。
- 掌握文件的搜索方法。

【训练任务和步骤】

1)启动资源管理器,浏览库中图片。右击 Windows 7 的"开始"菜单按钮,打开的快捷菜单如图 2-62 所示。单击"打开 Windows 资源管理器"命令,打开资源管理器窗口,如图 2-63 所示。在窗口左侧的导航窗格中单击"库"下方的"图片"。在右侧窗口中双击"示例图例",即在右侧窗格中显示该文件夹中的图片文件,如图 2-64 所示。单击工具栏上的"视图"按钮,可以在各种视图方式间切换;也可以单击其右侧的箭头,打开视图列表,如图 2-65 所示,拖动左侧的滑动钮调至合适的视图方式。

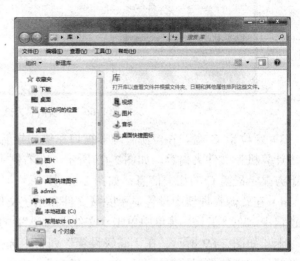

图 2-62　快捷菜单　　　　　　　　　　　图 2-63　Windows 资源管理器窗口

图 2-64 示例图片（以大图标显示）

图 2-65 视图菜单

2）排序示例图片。在 Windows 资源管理器的工具栏上，单击"视图"按钮右侧的箭头。在视图列表中单击"详细信息"。这时窗口如图 2-66 所示。分别在右侧窗格的列标题"名称"、"日期"、"大小"、"类型"上单击，可按单击项对文件进行排序（升序或降序）。再次在相同项上单击，则改变排序方式，由升序变为降序，或由降序变为升序。

图 2-66 详细信息方式显示文件

3）定位至 C 盘。在资源管理器窗口左侧的导航窗格中，单击"计算机"，右侧窗格中显示"计算机"文件夹内容。如图 2-67 所示。在右侧中，单击"本地磁盘（C：）"，即在当前窗口下方显示磁盘 C 的相关信息，如图 2-68 所示。

4）在资源管理器中设置显示隐藏文件和系统文件、隐藏已知文件的扩展名。在资源管理器窗口中，在"工具"菜单中单击"文件夹选项"。打开"文件夹选项"对话框，单击"查看"选项卡，如图 2-69 所示。在"高级设置"列表中选择"显示隐藏文件、文件夹和驱动器"和"隐藏已知文件类型的扩展名"单击"确定"按钮。

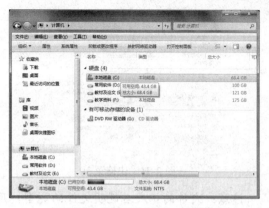

图 2-67　"计算机"文件夹　　　　　　　图 2-68　窗口下方显示 C 盘信息

5）设置在资源管理器窗口显示"预览窗格"。单击资源管理器工具栏右侧的"预览窗格"按钮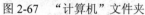，即显示预览窗格。这时在窗口中单击某些文件，可在预览窗格中看到文件的缩览图。如图 2-70 所示。

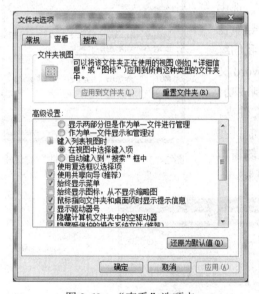

图 2-69　"查看"选项卡　　　　　　　　图 2-70　显示预览窗格

6）建立文件夹。在资源管理器的导航窗格中，单击 D 盘，进入 D 盘根文件夹。在工具栏上，单击"新建文件夹"按钮，建立一个名"新建文件夹"的文件夹，将输入点定位到文件名称框中，直接输入文件夹名"我的练习"。同样方法建立 "我的图片"文件夹。双击"我的练习"文件夹，进入该文件夹。单击工具栏上"新建文件夹"按钮，建立新文件夹，并输入名称"Word 文档"。用同样方法在"我的练习"文件夹中建立"Excel 文件"文件夹。

7）建立"练习 1.txt"的空文本文件。在"我的练习"文件夹列表空白处，右击，打开快捷菜单，单击"新建"，显示下一级菜单，如图 2-71 所示。单击"文本文档"，即创建一个新建文本文档文件，直接输入文件名"练习 1"，扩展名不必输入，因为系统隐藏了文件扩展名，这时资源管理器窗口如图 2-72 所示。右击"练习 1.txt"文件，单击"属性"，打开"练习 1属性"对话框。单击"只读"复选框，如图 2-73 所示。单击"确定"按钮。

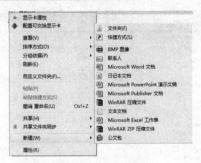

图 2-71　快捷菜单

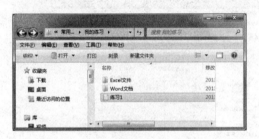

图 2-72　"我的练习"文件夹窗口

注意：文件的扩展名说明文件的类型，用户不能随意改变文件的扩展名，否则文件不能正常打开。

8）复制文件。在"资源管理器"的导航窗格中单击"计算机"下的 C 盘，然后搜索框中输入*.docx，然后按 Enter 键，系统在 C 盘搜索所有的 Word 文档。结果如图 2-74 所示。按住 Shift 键，单击两个 Word 文件，选中两文件。在选中文件区域右击，单击"复制"。在导航窗格中单击计算机，单击 D 盘，在右窗格中双击"我的练习"文件夹，打开"我的练习"文件夹。右击"Word 文档"文件夹，打开快捷菜单，单击"粘贴"即复制成功；单击"返回"按钮多次，返回到"示例图片"文件夹，选择三个图片文件，然后按 Ctrl+C 组合键执行复制；在导航窗格中，单击"计算机"下的 D 盘，右击右侧窗口中的"我的图片"文件夹，单击"粘贴"，完成复制。

图 2-73　"练习 1.txt 属性"对话框

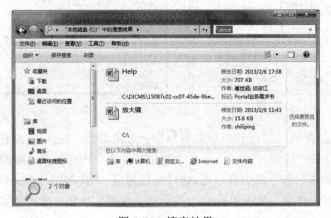

图 2-74　搜索结果

注意：计算机 C 盘一般存放的操作系统以及计算机上所安装的应用程序相关的文件，请不要随意将 C 盘的文件删除或移动，否则可能会使用计算机操作系统或应用软件不能正常启动或使用。

9）移动文件。按住鼠标左键，拖动"我的图片"文件夹至文件夹图标上，当提示"移动到我的练习"，松开鼠标左键，即移动成功。双击"我的图片"文件夹，在"我的练习"文件夹上单击两次，出现文件名框，输入新名 My Picture，按 Enter 键，完成改名。右击 My Picture 文件夹，打开快捷菜单，单击"删除"。双击桌面上的回收站，打开"回收站"窗口。右击 My Picture 文件夹，打开快捷菜单，单击"还原"，即将文件夹 My Picture 还原。关闭"回收站"窗口。

10）彻底删除文件夹。在资源管理器窗口，找到"Excel 文件"文件夹，单击选择"Excel 文件"文件夹，按 Delete 键，系统弹出删除提示对话框，单击"是"按钮。在桌面上，双击桌面上的回收站，打开回收站窗口，右击"Excel 文件"文件夹，单击"删除"。

11）建立库。在资源管理器窗口，在导航窗格中，右击"库"，打开快捷菜单，单击"新建"下一级菜单中的"库"命令。在"新建库"的名称框中输入 DOC。在资源管理器窗口中，单击"计算机"中的 D 盘。在 D 盘根文件夹中，双击"我的练习"文件夹，右击"Word 文档"文件夹，打开快捷菜单，单击"包含到库中"下的 DOC，如图 2-75 所示。即实现文件夹"Word 文档"添加到库 DOC 中。

12）设置回收站。在桌面上，右击"回收站"，打开快捷菜单，单击"属性"。打开"回收站属性"对话框，选择"不将文件移到回收站中。移除文件时立即将其删除。"，不选择"显示删除确认对话框"复选框，如图 2-76 所示。单击"确定"按钮。

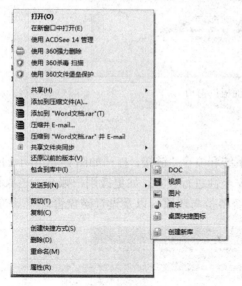

图 2-75　快捷菜单

图 2-76　"回收站属性"对话框

2.4　常用系统设置

2.4.1　认识控制面板

"控制面板"是 Windows 7 的功能控制和系统配置中心，它提供了丰富的工具程序，专门用于更改 Windows 外观和行为方式。

启动控制面板的方法主要有三种：

方法 1：在"计算机"窗口中，单击工具栏中的"打开控制面板"按钮。

　　方法 2：选择"开始"菜单中的"控制面板"命令。

　　方法 3：双击桌面上的"控制面板"图标。

　　以上方法均可打开如图 2-77 所示的"控制面板"窗口，且默认为本图所示的"类别"视图方式，这些项目按照类别进行组织。单击项目图标或类别名，可打开该项目，还可直接单击该项目下的任务，打开该任务。单击"控制面板"窗口的"查看方式"按钮，选择"大图标"、"小图标"，可以看到具体的项目。

图 2-77　"控制面板"窗口

2.4.2　系统和安全

　　单击图 2-77 所示的"控制面板"窗口中的"系统和安全"链接，打开如图 2-78 所示的"系统和安全"窗口。该窗口主要对计算机系统及其安全性进行设置，如更改用户账户、还原计算机系统、防火墙设置、设备管理、系统更新、系统备份与还原，以及设置磁盘管理工具等。

图 2-78　"系统和安全"窗口

1. 查看计算机的基本信息，更改计算机名称、域、工作组

单击图 2-78 右窗格中的"系统"链接，打开"系统"窗口，如图 2-79 所示，可以查看 Windows 版本、处理器类型、内存容量、操作系统类型、计算机名称、域、工作组等信息。

单击图 2-79 中右窗格的"更改设置"按钮，打开如图 2-80 所示的"系统属性"对话框。单击"更改"按钮，打开"计算机名/域更改"对话框，更改计算机名称，设置隶属的域和工作组。单击"网络 ID"可使用向导将计算机加入到域、工作组和家庭组。

图 2-79　"系统"窗口

图 2-80　"系统属性"对话框

2. 自动更新

随着 Windows 系统的规模越来越大，难免会存在一些错误和安全漏洞。自动更新是

Windows 系统的一项重要功能，也是微软公司为用户提供售后服务的最重要手段之一。自动更新服务提供了一种方便快捷地安装补丁程序和更新 Windows 操作系统的方法。启用自动更新后，计算机会自动从微软公司的网站上下载补丁程序修补漏洞，使系统变得更安全。

在图 2-78 中右窗格中，单击"启用或禁用自动更新"，打开如图 2-81 所示的窗口。可以根据需要在"重要更新"下拉列表框中选择更新的方式。如果选择了自动安装更新，那么 Windows 会在连接到 Internet 时自动搜索并下载补丁程序，并且以后的安装更新过程也是完全自动完成的。也可以选择"从不检查更新"，而通过其他方式安装补丁程序。

图 2-81　Windows 自动更新设置窗口

3. 备份与还原文件

在计算机使用中可能会由于种种原因造成系统文件损坏、硬盘故障等情况，导致 Windows 7 系统无法正常运行，或者数据文件被破坏、误删。用户可以通过 Windows 7 系统提供的备份工具创建硬盘上数据的备份，将其存储到某个存储设备上。出现故障后，可以使用还原工具从磁盘上的备份中还原正常的数据。

在图 2-78 中，单击"备份您的计算机"，打开如图 2-82 所示的"备份和还原"窗口。

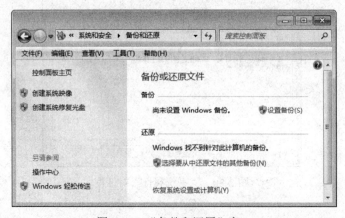

图 2-82　"备份和还原"窗口

（1）系统映像备份

单击图 2-82 中左窗格中的"创建系统映像"链接，弹出查找备份设备的进度指示条。查找完毕，弹出对话框，让用户选择保存系统映像的位置，如图 2-83 所示，假设选择保存在 F 盘上。单击"下一步"按钮，出现如图 2-84 所示的对话框，选择需要保存的驱动器，在相应驱动器前面的复选框中勾选。单击"下一步"按钮，出现确认备份设置对话框，如图 2-85 所示，显示刚才设置备份的情况，确定无误后，单击"开始备份"按钮，系统开始备份。在备份过程中，可以看到进度指示条，如图 2-86 所示。备份结束后给出备份完毕信息，并且在 F 盘上创建 WindowsImageBackup 文件夹。

图 2-83　选择保存系统映像的位置　　　　图 2-84　选择需要保存映像的驱动器

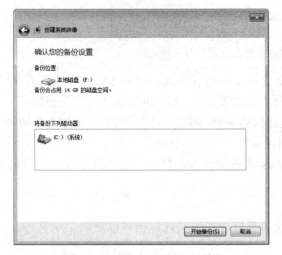

图 2-85　确认备份设置对话框　　　　图 2-86　备份进度指示条

（2）文件备份

Windows 7 允许对文件夹、库等数据文件备份，默认情况下，系统将定期创建备份，用户可以更改计划，并且可以随时手动创建备份。设置备份后，Windows 7 系统将跟踪新增或修改的文件或文件夹，并将它们添加到用户的备份中。

　　创建文件备份的操作步骤为：

　　如果以前从未使用过 Windows 备份，需要先设置备份情况。在图 2-82 中，单击"设置备份"，出现启动备份对话框，稍等，打开"选择要保存备份的位置"对话框，如图 2-87 所示。选择要保存备份的位置后，单击"下一步"按钮，选择"让 Windows 选择"或者"让我选择"，然后按照向导中的步骤操作。如果选择"让 Windows 选择"选项，Windows 将备份保存在库、桌面和默认 Windows 文件夹中的数据文件，并且还创建一个系统映像，用于在计算机无法正常工作时将其还原；如果选择"让我选择"选项，则可以自由选择需要备份的库、文件夹，以及是否在备份中包含系统映像。

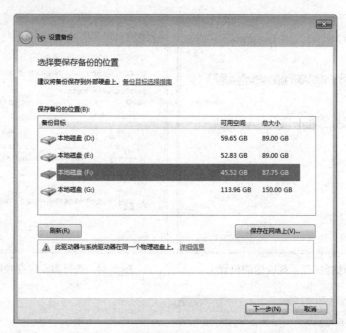

图 2-87　"选择要保存备份的位置"对话框

　　如果以前已经设置了文件备份，现在想更改原来的设置情况，例如要改变备份保存的位置、需要备份的内容等，则在图 2-82 中，选择"更改设置"。下一步的操作与上面相同。

　　如果以前设置了文件备份，到时间时系统会自动备份，默认的备份时间是每周日的 19 点，可以更改自动备份的时间。也可以单击"立即备份"手动创建备份。

　　注意最好不要将文件备份到安装了 Windows 系统文件的硬盘中，防止因系统故障而损坏备份文件。

　　（3）从备份还原文件

　　用户可以还原丢失、受到损坏或意外更改的备份版本的文件，也可以还原个别文件、文件组或者已经备份的所有文件。

　　从备份还原文件的操作步骤为：

　　在图 2-78 中，单击"从备份还原文件"，弹出如图 2-88 所示的窗口。如果要还原文件，单击"还原我的文件"按钮；如果要还原所有用户的文件，单击"还原所有用户的文件"。然后弹出"还原文件"对话框，用户可以浏览文件或文件夹，再按照向导中的步骤操作。

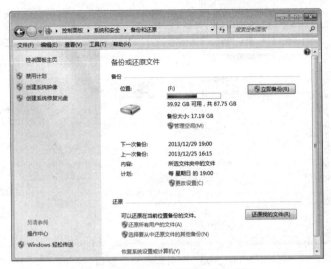

图 2-88　"备份或还原文件"窗口

若要浏览具体的文件，应单击"浏览文件"按钮，单击"浏览文件夹"按钮只能查看文件夹的情况，不能查看具体的文件。

2.4.3　用户账户和安全

Windows 7 允许多个用户登录，不同的用户可以有不同的个性化设置，各用户在使用公共系统资源的同时，可以设置富有个性的工作空间。切换用户账户的时候不需要重新启动计算机，只要在切换用户窗口中更改用户登录，或者在注销中切换即可，不用关闭所有程序就可以快速切换到另一个用户账户。

单击"控制面板"窗口中的"用户账户和家庭安全"，得到如图 2-87 所示的窗口。

1. 创建新用户

在图 2-89 中，单击"添加或删除用户账户"链接，打开如图 2-90 所示的"管理账户"窗口，单击"创建一个新账户"，打开"创建新账户"窗口，输入新账户的名字，设置账户类型为"标准用户"或"管理员"，然后单击"创建账户"按钮，完成新账户的创建。

图 2-89　"用户账户和家庭安全"窗口

图 2-90　"管理账户"窗口

2. 删除用户账户

当某个账户不再需要时，可从图 2-88 所示的窗口中单击要删除的用户，弹出"更改账户"窗口，单击"删除账户"命令，出现"删除账户"窗口，在其中选择"删除文件"或者"保留文件"按钮，紧接着弹出"确认删除"窗口，按下"删除账户"按钮，即可将该账户删除。

3. 更改用户账户设置

在"更改账户"窗口中，单击"更改账户名称"链接，输入新的账户名称，单击"更改名称"按钮即可。

单击"创建密码"，可以为本账户创建密码。如果已经创建了密码，此按钮变为"更改密码"，单击此按钮可以更改为新的密码。

如果已经创建了密码，单击"删除密码"按钮，会删除密码。

单击"更改图片"按钮，用户可以选择一个新的登录图标。

单击"设置家长控制"按钮，可以限制儿童使用计算机的时段、可以玩的游戏类型以及可以运行的程序。当"家长控制"阻止了对某个游戏或程序的访问时，将显示一个通知声明已阻止该程序。孩子可以单击通知中的链接，请求获得该游戏或程序的访问权限。家长可以通过输入账户信息来允许其访问。若要为孩子设置家长控制，家长需要有一个自己的管理员用户账户。家长控制只能应用于标准用户账户，因此，受家长控制的孩子账户要设置为标准用户账户。

2.4.4　外观和个性化

Windows 7 允许用户通过更改计算机的主题、颜色、声音、桌面背景、屏幕保护程序和字体大小等来对系统进行外观和个性化设置。

单击"控制面板"窗口中的"外观和个性化"链接，得到如图 2-91 所示的"外观和个性化"窗口。

1. 更改桌面主题

主题是计算机上的图片、颜色、声音的组合，包括桌面背景、窗口颜色、声音和屏幕保护程序方案。Windows 7 提供了多个主题，能够满足不同用户的喜好。在图 2-91 中，单击"更改主题"链接，弹出如图 2-92 所示的"个性化"窗口，单击喜欢的某个主题即可。

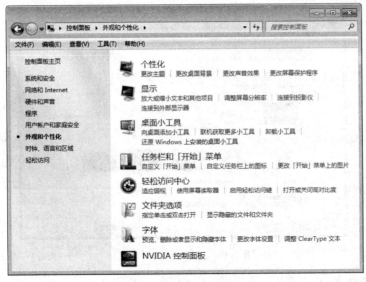

图 2-91　"外观和个性化"窗口

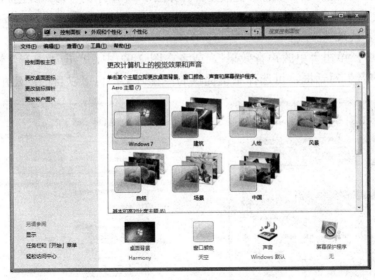

图 2-92　"个性化"窗口

2. 更改桌面背景

在图 2-91 中，单击"更改桌面背景"链接，或者在图 2-92 中，单击"桌面背景"链接，弹出如图 2-93 所示的"桌面背景"窗口。在"图片位置"处单击下拉按钮，选择要使用图片的文件夹，选中所需图片，单击"保存修改"按钮即可完成设置。若用户要选择自己的图片作为桌面背景，可以单击"浏览"按钮，找到图片所在文件夹，单击"确定"按钮，选中的文件夹下的图片便显示出来，选中需要的图片，再单击"保存修改"按钮即可。

另外还可以在磁盘上找到需要设置为背景的图片，右击该图片，在弹出的快捷菜单中选择"设置为桌面背景"命令，可将该图片设置为桌面背景。

单击"图片位置"处的下拉列表按钮，在列表框中选择填充、适应、拉伸、平铺和居中等方式，使图片以不同的方式显示为背景。

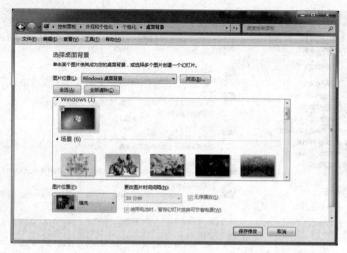

图 2-93　"桌面背景"窗口

3. 更改窗口颜色

在图 2-92 中，单击"窗口颜色"链接，打开如图 2-94 所示的"窗口颜色和外观"对话框，在"项目"下拉列表中选择具体的项目后，再设置颜色和字体，单击"确定"按钮后设置生效。

4. 更改声音效果

在图 2-91 中，单击"更改声音效果"，或者在图 2-92 中，单击"声音"链接，打开如图 2-95 所示的"声音"对话框，可选择系统提供的声音方案，也可以自己创建声音方案。

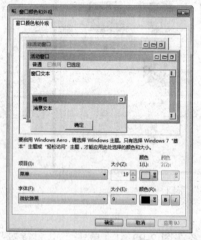

图 2-94　"窗口颜色和外观"对话框

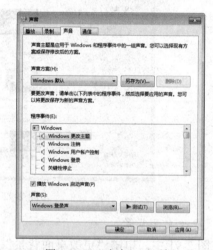

图 2-95　"声音"对话框

自己创建声音方案的方法为：选择"程序事件"中的某一事件，再在"声音"下拉列表框中为该事件选择一种声音。为多个事件设置声音后，单击"另存为"按钮，为该方案取名字后保存。

5. 更改屏幕保护程序

当用户暂时不使用计算机时，可以使用屏幕保护程序将屏幕内容屏蔽掉，保护个人隐私，这样也可以减少耗电，保护显示器。

更改屏幕保护程序的操作步骤为：在图 2-91 中，单击"更改屏幕保护程序"链接，或者在图 2-92 中，单击"屏幕保护程序"链接，弹出如图 2-96 所示的"屏幕保护程序设置"对话框。在"屏幕保护程序"下拉列表框中选择一种样式，在"等待"文本框中输入屏幕保护程序生效的时间，还可以单击"预览"按钮预览效果。

6. 调整屏幕分辨率

屏幕分辨率指显示器上显示的像素数量，分辨率越高，显示器的像素就越多，屏幕区域就越大，可以显示的内容就越多，反之则越少。

调整屏幕分辨率的操作步骤为：在图 2-91 中，单击"显示"下的"调整屏幕分辨率"链接；或者在桌面空白处右击，在弹出的快捷菜单中选择"屏幕分辨率"，弹出如图 2-97 所示的"屏幕分辨率"窗口。单击"分辨率"下拉列表框，从中选择一种分辨率，单击"确定"按钮完成设置。

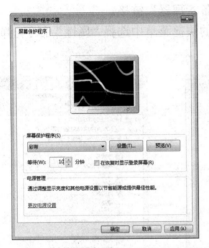
图 2-96　"屏幕保护程序设置"对话框

图 2-97　"屏幕分辨率"窗口

7. 指定文件单击或双击打开

默认情况下，双击打开文件、程序、文件夹，也可以改变为单击打开。单击图 2-91 中"文件夹选项"下的"指定单击或双击打开"链接，弹出如图 2-98 所示的"文件夹选项"对话框，在"常规"选项卡中，指定打开项目的方式为单击打开或双击打开，单击"确定"按钮即可。

图 2-98　"文件夹选项"对话框

2.4.5　硬件和声音

单击"控制面板"窗口中的"硬件和声音"链接，得到如图 2-99 所示的"硬件和声音"窗口。该窗口主要完成添加设备和对打印机、声音、电源、显示等主要设备的管理。

1. 设备管理器

使用设备管理器可以查看和更改设备属性，安装和更新硬件设备的驱动程序，配置设备和卸载设备。所有设备都通过一个称为"设备驱动程序"的软件与 Windows 通信。

设备管理器的打开方法有：

方法 1：在图 2-99 中，单击"设备和打印机"下的"设备管理器"链接，弹出如 2-100 所示的"设备管理器"窗口。

方法 2：在图 2-78 中，单击"系统"下的"设备管理器"链接。

方法 3：右击桌面上的"计算机"图标，在弹出的快捷菜单中选择"属性"命令，弹出"系统"窗口，在左窗格中单击"设备管理器"链接。

图 2-99　"硬件和声音"窗口

图 2-100　"设备管理器"窗口

（1）查看设备信息

使用设备管理器，可以看到硬件配置的详细信息，包括其状态、正在使用的驱动程序及其他信息。单击某类设备前面的三角符号，会展开显示此类型下的设备。右击要查看的设备，在弹出的快捷菜单中选择"属性"命令，在"常规"选项卡上，"设备状态"区域显示该设备当前所处状态的描述。在"驱动程序"选项卡上，显示已经安装的驱动程序的信息，单击"驱动程序详细信息"按钮，可以查看更详细的驱动程序信息。

设备管理器中有些设备前面有红色的叉号，表示该设备已被停用；黄色的问号表示该硬件未能被操作系统识别；黄色的感叹号表示该硬件未安装驱动程序或者驱动程序安装不正确。

（2）安装设备及其驱动程序

当插入即插即用设备时，Windows 7 系统会自动为此设备安装驱动程序。它首先检查驱动程序存储处，在这里包含了大量的预先安装的设备驱动程序，如果在这里没有发现，并且计算机连接到 Internet，它将检查 Windows Update 站点，查看是否有该设备的驱动程序。如果有，将下载并安装驱动程序。

如果安装了非即插即用设备，将会弹出如图 2-101 所示的对话框，提示找不到此设备的驱动程序，并且在图 2-100 中显示未知设备，用黄色叹号标识出来。

图 2-101　"未能成功安装设备驱动程序"对话框

在图 2-100 所示的未知设备上右击，在弹出的快捷菜单中选择"更新驱动程序软件"，弹出如图 2-102 所示的"搜索更新驱动程序软件"对话框。如果选择"自动搜索更新的驱动程序软件"，将在计算机和 Internet 上查找相关设备的最新驱动软件；如果选择"浏览计算机以查找驱动程序软件"，会弹出如图 2-103 所示的"浏览计算机上的驱动程序文件"对话框，可以单击"浏览"按钮，选择硬件设备驱动程序文件存放的路径。也可以选择"从计算机的设备驱动程序列表中选择"选项进行驱动程序安装。单击"下一步"按钮，再按照安装向导操作即可。

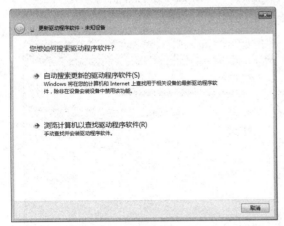

图 2-102　"搜索更新驱动程序软件"对话框

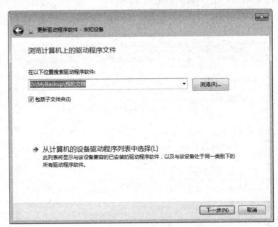

图 2-103　"浏览计算机上的驱动程序文件"对话框

如果知道要安装的硬件的类型和型号，并想从设备列表中选择该设备，可以选择"从计算机的设备驱动程序列表中选择"选项。

（3）卸载硬件设备

对于安装错误的驱动程序，或者不再使用的硬件设备，应把其驱动程序卸载。

卸载即插即用设备，只需将要卸载的设备从 USB 接口拔下即可。但是尽量不要直接拔下该设备，应该按下任务栏通知区域中的"安全删除硬件并弹出媒体"按钮，从弹出的菜单中选择"弹出 Flash Disk"命令，如图 2-104 所示。接着出现如图 2-105 所示的"安全地移除硬件"对话框，然后可以拔下该设备。

图 2-104　"弹出 Flash Disk"菜单　　　　　图 2-105　"安全移除硬件"对话框

卸载非即插即用设备，首先要在"设备管理器"窗口卸载对应的驱动程序，然后再从计算机中移除对应的硬件。操作步骤为：单击某类设备前面的三角符号，会展开显示此类型下的设备。右击需要卸载的设备，在弹出的快捷菜单中选择"卸载"命令，即可将硬件的驱动程序卸载，最后关闭计算机电源，将硬件拔除，完成硬件的卸载。

2. 添加打印机

许多应用程序需要打印报告和文档，在打印之前，必须正确地安装打印驱动程序。在安装打印驱动程序前，要清楚需要安装的打印机的生产厂商及打印机型号。

对于 USB 接口打印机，直接将 USB 接口线插在计算机 USB 接口上，打印机驱动基本上就会自动识别并安装。但是对于部分打印机，安装驱动时会出现 USB 无法被识别的情况，进而导致打印机驱动安装失败。将打印机驱动光盘放入光驱，运行驱动安装程序。在此过程中，如果程序要求连接打印机 USB 接口的就按要求操作。驱动安装完成后，重启计算机。

对于非 USB 接口打印机，在图 2-99 所示的窗口，单击"添加打印机"链接，出现如图 2-106 所示的选择打印机类型对话框，系统可以添加本地非 USB 接口打印机，也可以添加网络或蓝牙打印机。选择"添加本地打印机"选项，出现如图 2-107 所示的"选择打印机端口"对话框，在"使用现有的端口"选项选择一种打印端口，例如 LPT1:(打印机端口)，单击"下一步"按钮，出现如图 2-108 所示的"安装打印机驱动程序"对话框。

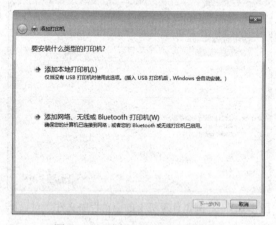

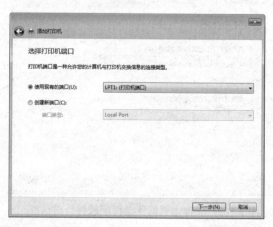

图 2-106　选择打印机类型对话框　　　　　图 2-107　"选择打印机端口"对话框

在左列表框中选择打印机的生产厂商，右列表框会自动显示该生产厂商所有型号打印机，选择需要安装的打印机型号。如果 Windows 7 没有提供该型号的打印机驱动程序，可以单击"从磁盘安装"按钮，再按提示操作。在图 2-108 中，单击"下一步"按钮，提示用户输入打印机名称，取默认打印机名称后，单击"下一步"按钮，系统开始安装该型号打印机驱动程序。安装完毕，提示是否共享该打印机。选择完毕，提示是否打印测试页，以测试打印机是否正常工作。单击"完成"按钮完成打印机的驱动程序安装。

安装打印机驱动程序，并不一定需要把打印机连接在计算机上，可以仅安装其驱动程序。

3．鼠标的设置

在 Windows 操作中，离开鼠标几乎寸步难行，用户可以根据个人的喜好、习惯设置鼠标。

在"硬件和声音"窗口中，单击"鼠标"链接，打开如图 2-109 所示的"鼠标属性"对话框。

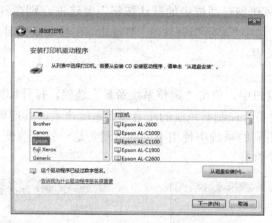

图 2-108　"安装打印机驱动程序"对话框

1）鼠标的设定。默认情况下，左键为主要键，右键为次要键，适合于右手型用户。在图 2-107 所示的"鼠标键"选项卡中，选中"切换主要和次要的按钮"复选框可以切换左键为次要键，右键为主要键，以适合于左手型用户。

拖动"双击速度"中的滑块可以调整鼠标的双击速度，双击右面的文件夹图标可以检验设置的速度。

选中"启用单击锁定"复选框可以在移动项目时不用一直按着鼠标键就可实现。

2）设置鼠标指针的显示外观。在"鼠标属性"对话框中，单击"指针"选项卡，如图 2-110 所示，可以改变鼠标指针的大小和形状。

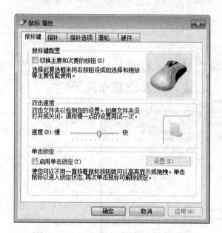

图 2-109　"鼠标属性"对话框

图 2-110　"指针"选项卡

操作步骤为：在"方案"下拉列表中选择一种系统自带的指针方案，然后在"自定义"列表框中，选中要选择的鼠标样式，单击"浏览"按钮，打开"浏览"对话框，选择一种喜欢的鼠标指针样式，单击"打开"按钮，即可将所选样式应用到所选鼠标指针方案中。单击"确定"按钮使设置生效。

3）设置鼠标的移动方式。在"鼠标属性"对话框中，单击"指针选项"选项卡，图 2-111 所示，可以设置鼠标的移动方式。

在"移动"区域内，可以拖动滑块调整鼠标指针移动的速度。

选中"自动将指针移动到对话框中的默认按钮"复选框，则在打开对话框时，鼠标指针会自动放在默认按钮上。选中"显示指针轨迹"复选框，在移动鼠标时会显示指针的移动轨迹，拖动滑块可调整轨迹的长短。

4．声音的设置

在"硬件和声音"窗口中，单击"调整系统音量"链接，打开如图 2-112 所示的"音量合成器"对话框，其中"设备"控制着系统的主音量，系统声音或其他如千千静听、视频播放的声音均可调节，做到在不同的系统中使用不同的音量。这一特征改变了以前 Windows 版本中音量的统一控制，更具个性化。

图 2-111　"鼠标指针选项"对话框

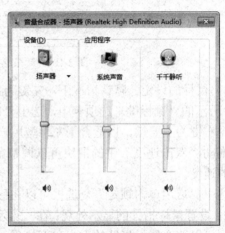

图 2-112　"音量合成器"对话框

2.4.6　时钟、语言和区域

单击"控制面板"窗口中的"时钟、语言和区域"链接，打开如图 2-113 所示的"时钟、语言和区域"窗口，可以设置时间和日期，更改语言、输入法和键盘布局等。

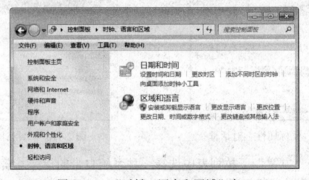

图 2-113　"时钟、语言和区域"窗口

1．设置日期和时间

单击图 2-113 中的"设置时间和日期"链接，打开如图 2-114 所示的"日期和时间"对话框。在"日期和时间"选项卡中，单击"更改日期和时间"按钮，打开如图 2-115 所示的"日期和时间设置"对话框，用户可以修改日期和时间。

图 2-114　"日期和时间"对话框

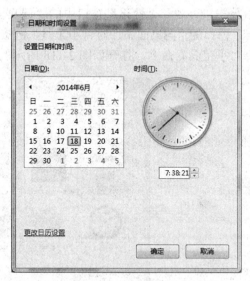

图 2-115　"日期和时间设置"对话框

2．设置输入法

用户可以对输入法进行相关的设置。

操作方法为：在"时钟、语言和区域"窗口单击"更改键盘或其他输入法"，打开如图 2-116 所示的"区域和语言"对话框，在"键盘和语言"选项卡中，单击"更改键盘"按钮，打开如图 2-117 所示的"文本服务和输入语言"对话框，在"常规"选项卡中即可对输入法进行添加、删除等操作。

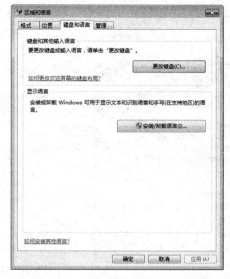

图 2-116　"区域和语言"对话框

图 2-117　"文本服务和输入语言"对话框

3. 设置桌面小工具

Windows 7 中包含称为"小工具"的小程序，这些小程序可以提供即时信息以及可轻松访问常用工具的途径。

打开"小工具"窗口的方法为：

单击"外观和个性化"窗口中的"向桌面添加小工具"链接；或者单击"时钟、语言和区域"窗口的"向桌面添加时钟小工具"链接；或者在桌面空白处右击，在弹出的快捷菜单中选择"小工具"命令，打开如图 2-118 所示的"小工具"窗口。

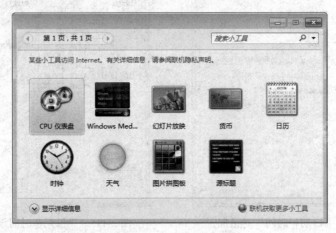

图 2-118　"小工具"窗口

用户双击窗口中的小工具图标，即可在桌面添加相应的小工具。例如双击时钟图标，在桌面上会出现一个时钟。

如果鼠标指向桌面小工具，则在其右上角附近出现"关闭"按钮和"选项"按钮。单击"关闭"按钮可删除桌面小工具。

2.4.7　程序

用户使用计算机的主要目的之一就是在计算机上运行各种程序。单击"控制面板"窗口中的"程序"，打开如图 2-119 所示的"程序"窗口。

图 2-119　"程序"窗口

1．安装应用程序

对于需要安装的软件，可以运行安装文件进行安装。安装文件的名字一般为 setup、install 等。找到安装程序所在的位置并双击安装程序，程序便开始安装了。

在程序安装过程中，可能会出现一个选择是否同意接受软件许可协议条款的选项，选择同意接受软件许可协议条款，才能单击"下一步"按钮继续安装。还可能需要用户提供产品密钥、设置安装路径等，用户只需要按照提示信息操作便可完成安装。有些应用程序安装完毕，需要重新启动计算机才能生效。也有不用安装便可直接运行的程序，这类程序称为"绿色软件"。

2．卸载应用程序

如果不再使用某个程序，可以从计算机上卸载该程序。操作步骤为：

在"程序"窗口中，单击"卸载程序"链接，打开如图 2-120 所示的"卸载或更改程序"窗口。在该窗口中列出了计算机中已经安装的全部应用程序，选择需要卸载的程序后，单击"卸载"按钮，即可卸载该应用程序。

图 2-120　"卸载或更改程序"窗口

除了卸载选项外，某些程序还包含更改或修复程序选项，但许多程序只提供卸载选项。若要更改程序，单击"更改"或"修复"。

有的应用程序安装后自带了卸载程序，这时可以在"开始"菜单的"所有程序"中找到该卸载程序，运行后卸载该应用程序。应尽量使用应用程序自带的卸载程序卸载。

3．打开或关闭 Windows 功能

Windows 附带的某些程序和功能必须打开才能使用。多数程序安装后自动处于打开状态，有一些则处于关闭状态，这两种状态可以互换。例如，不希望别人用自己的计算机玩 Windows 7 系统自带的一些游戏，可以将其关闭。

在 Windows 的早期版本中，要关闭某个功能，必须将其从计算机上卸载。在 Windows 7 中，只能将其关闭，不能将其卸载，关闭后，这些功能仍存储在硬盘上，需要时可以重新打开它们。

操作方法如下：

在"程序"窗口中，单击"打开或关闭 Windows 功能"，打开如图 2-121 所示的"Windows 功能"窗口。若要打开某个 Windows 功能，则选中该功能左侧的复选框；若要关闭某个 Windows

功能，清除该复选框，单击"确定"按钮后即可。例如，取消"游戏"组件左边的复选框后，在"开始"菜单中，"游戏"中的内容为空。

图 2-121　"Windows 功能"窗口

同步训练 2.4　设置个性化的 Windows

【训练目的】
- 掌握主题、桌面背景及屏幕保护程序的设置。
- 掌握声音及电源的设置。
- 掌握显示器分辨率及字体大小的设置。

【训练任务和步骤】

1）主题设置。在桌面空白部分右击，在打开的快捷菜单中选择"个性化"命令，打开"个性化"窗口，如图 2-122 所示。在右侧窗口"Aero 主题"中单击选择"自然"；再单击右侧窗口下方的"桌面背景"链接或"桌面背景"按钮，打开"桌面背景"窗口，如图 2-123 所示。在窗口下方，单击"更改图片时间间隔"下方的下拉列表，从下拉列表中单击"15 分钟"，单击"保存修改"按钮，返回个性化窗口。

图 2-122　"个性化"窗口

图 2-123　"桌面背景"窗口

2）设置屏幕保护程序。单击"个性化"窗口下方的"屏幕保护程序"链接，打开"屏幕保护程序设置"对话框，单击"屏幕保护程序"下方的下拉列表，单击"三维文字"，如图 2-124 所示。单击"设置"按钮，打开"三维文字设置"对话框，在"自定义文字"框中输入"计算机应用基础"，如图 3-125 所示；单击"选择字体"按钮，打开"字体"对话框，"字体"列表框中单击"楷体"，"字形"列表框中选择"粗体"，如图 3-126 所示，单击"确定"，返回"三维文字设置"对话框。将"分辨率"滑钮拖动到"高"，如图 3-127 所示；在"动态"区域设置"旋转类型"为"摇摆式"，"旋转速度"滑钮拖动到"快"，如图 3-128 所示。单击两次"确定"按钮，返回"个性化"窗口。

图 2-124 "屏幕保护程序设置"对话框

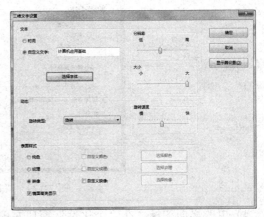

图 2-125 "三维文字设置"对话框

图 2-126 "字体"对话框

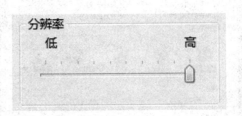

图 2-127 分辨率设置

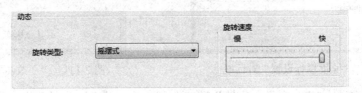

图 2-128 动态设置

3）设置声音。在"个化性"窗口下方，单击的"声音"链接。打开"声音"对话框，显示"声音"选项卡。在"程序事件"列表框中单击"打开程序"事件。在"声音"下拉列表中单击选择"Windows 气球.wav"，如图 2-129 所示。单击"确定"按钮。

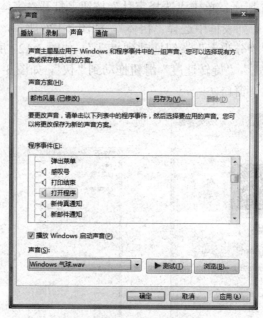

图 2-129　"声音"对话框

4）更改桌面图标。在"个化性"窗口左侧，单击的"更改桌面图标"链接。打开"桌面图标设置"对话框，单击"计算机"图标，如图 2-130 所示。再单击"更改图标"按钮，打开"更改图标"对话框。在图标列表框中选择 imageres.dll 图标，如图 2-131 所示。两次单击"确定"按钮。

图 2-130　"桌面图标设置"对话框

图 2-131　"更改图标"对话框

5）设置鼠标指针方案。在"个化性"窗口左侧，单击的"更改鼠标指针"链接，打开"鼠标属性"对话框。在"方案"下拉列表中单击"Windows Aero（大）（系统方案）"，如图 2-132 所示，即设置了鼠标指针方案；在"自定义"列表框中，单击"正常选择"，然后单击下方的 "浏览"按钮，打开"浏览"对话框。在文件列表框中单击 aero_arrow_xl.cur 文件，如图 2-133 所示。单击"打开"按钮，设置好"正常选择"指针。单击"确定"按钮，关闭"鼠标属性" 对话框，返回"个性化"窗口。

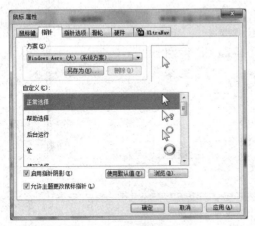

图 2-132　"鼠标属性"对话框

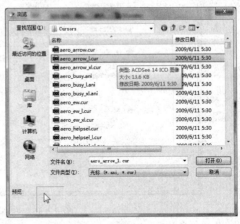

图 2-133　"浏览"对话框

6）设置系统在待机 30 分钟后关闭显示器。在"个性化"窗口，单击窗口下方的"屏幕 保护程序"链接，打开"屏幕保护程序设置"对话框，单击窗口下方的"更改电源设置"超文 本，打开"电源选项"窗口，如图 2-134 所示。在窗口左侧单击"选择关闭显示器的时间"链 接，打开"编辑计划设置"窗口，如图 2-135 所示。在"关闭显示器"项右侧的下拉列表中单 击"30 分钟"，单击"保存修改"按钮。关闭此窗口，即设置系统在待机 30 分钟后关闭显示 器。关闭窗口。单击"确定"按钮，再关闭"个性化"窗口。

图 2-134　"电源选项"对话框

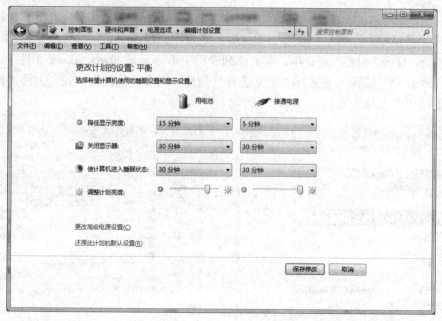

图 2-135　"编辑计划设置"窗口

7）设置显示分辨率。在桌面空白部分右击，打开快捷菜单，单击"屏幕分辨率"，打开
"显示分辨率"窗口，如图 2-136 所示。在"分辨率"下拉列表中将分辨率调至为 1024×768，
如图 2-137 所示。在当前窗口的路径框中单击"显示"文本（如图 2-138 所示）或单击窗口下
方的"放大或缩小文本和其他项目"，打开"显示"相关设置窗口，如图 2-139 所示。单击"中
等-125%"项，再单击"应用"按钮。系统弹出提示对话框，如图 2-140 所示。单击"稍后注
销"。关闭"显示"窗口。

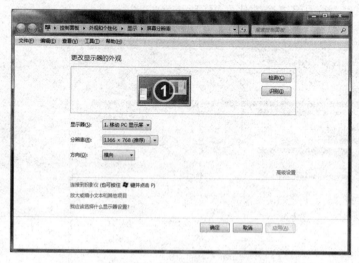

图 2-136　"显示分辨率"窗口

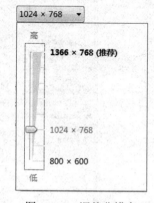

图 2-137　调整分辨率

控制面板 ▶ 外观和个性化 ▶ 显示 ▶ 屏幕分辨率

图 2-138　路径框

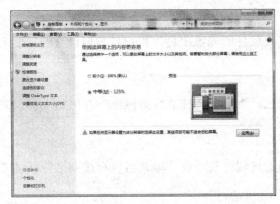

图 2-139　"显示"窗口　　　　　　　　　　图 2-140　提示对话框

8）添加或删除桌面小工具。在桌面空白处右击，打开快捷菜单，单击"小工具"，打开"小工具"窗口，如图 2-141 所示。在日历上右击，打开快捷菜单，单击"添加"；或直接将日历拖到桌面上。即在桌面的右侧显示"日历"工具。同样方式添加"时钟"和"幻灯片放映"小工具。关闭窗口。在桌面上，鼠标指向"幻灯片放映"小工具，显示出菜单，如图 2-142 所示，单击"关闭"按钮，即将"幻灯片放映"小工具从桌面上删除。

图 2-141　"小工具"窗口　　　　　　　　　图 2-142　"幻灯片放映"

单元训练　常用工具软件的获取、安装与使用

【训练目的】
- 掌握常用软件的获取、安装。
- 掌握 WinRAR、迅雷、暴风影音、Adobe Reader、360 杀毒等程序的使用。

【训练准备知识】

工具软件就是为满足用户某一特定方面的需求而开发的功能较为单一，小巧实用，界面简单，易上手且获取容易的软件。工具软件通常根据用途来进行划分，可分为压缩软件、下载软件、看图软件、多媒体软件、电子图书阅读工具等。很多工具软件都是免费或共享软件，从网上直接下载安装即可使用。

1. 工具软件的获取

要使用某个工具软件，必须先得到它的安装程序，然后将其安装到计算机中才能使用。获取工具软件的途径主要有两种，一是购买安装光盘，二是从网上下载。

（1）购买安装光盘

在电脑市场的软件区，一般都有许多工具软件的光盘出售，用户可根据自身的需要来购买相应的工具软件安装光盘。

（2）到官方网站下载

绝大部分的工具软件为了介绍和宣传自己，一般都会建立官方网站，在网站上提供工具软件的下载和升级以及各种使用文档。

（3）到各种下载网站下载

由于许多下载网站都提供了各种各样的工具软件的下载，因此可以直接到这些网站去下载软件。常用的软件下载网站有：

华军软件园：http://www.onlinedown.net

天空软件站：http://www.skycn.com

另外也可通过搜索引擎，搜索该软件的名称来找到相应的资源进行下载。常用的搜索引擎网站有：

百度搜索：http://www.baidu.com

谷歌搜索：http://www.google.con

2．工具软件的安装

工具软件一般比较小，下载后只需要执行安装文件（一般为扩展名为.exe 的可执行文件），双击该安装文件便可打开安装向导，根据安装向导的提示一步步操作即可完成安装。安装时注意安装的路径

3．工具软件的卸载

通常有两种方法（同样适用于其他类型的软件卸载）：

1）通过工具软件自带的卸载程序。一般工具软件本身就提供了卸载功能，可通过双击工具软件安装目录下的卸载程序进行卸载，如果工具软件已添加到开始菜单中，也可单击"开始"→"所有程序"，然后选择相应的软件，进入其下一级菜单，再选择"卸载功能"来卸载该软件，这是卸载软件首选的方法。

2）通过操作系统的卸载功能来进行卸载。如某个工具软件没有自带卸载功能，在"开始"菜单中找不到卸载功能项，可通过"控制面板"→"程序和功能"→"选择需要卸载的工具软件"→"卸载"，即可卸载该软件。

除了以上常用方法外，还可能借助于第三方软件来进行卸载，如 360 安全卫士等。

【训练任务和步骤】

1．压缩软件——WinRAR

WinRAR 是当前最为流行的压缩工具，其压缩文件格式为 RAR，它完全兼容 ZIP 压缩文件格式，同时可以解压 CAB、ARJ、ISO、LZH、TAR 等多种类型的压缩文件，WinRAR 几乎是现在装机必备软件。WinRAR 的下载网址为：http://www.winrar.com.cn。WinRAR 的主界面如图 2-143 所示。

（1）压缩文件

1）利用右键快捷菜单来创建压缩包。

右击待压缩的文件或文件夹，在弹出的快捷菜单中提供了 4 种压缩方式，执行其中的一项即可进行相应的压缩，如图 2-144 所示。

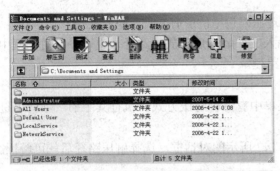

图 2-143　WinRAR 的主界面　　　　　　　图 2-144　右键快捷菜单

其中选择"添加到压缩文件"命令将打开"压缩文件名和参数"对话框，将所选文件加到已存在的压缩包中；选择"添加到（默认压缩文件名）"命令可以将所选文件按默认设置进行压缩，生成的压缩包将放在当前文件夹；选择"压缩并 E-mail"命令可以压缩后直接以邮件方式发送出去；选择"压缩到（默认压缩文件名）并 E-mail"命令，则会发送压缩文件后将其保留。

2）利用 WinRAR 的主界面创建压缩包。

①在 WinRAR 的主界面中选择待压缩的文件或文件夹，单击 WinRAR 主界面中的"添加"按钮，出现如图 2-145 所示的界面。

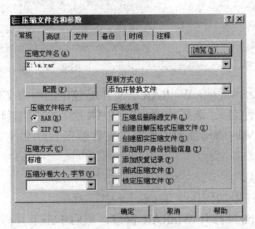

图 2-145　压缩文件名和参数

②在"压缩文件名"文本框中设置压缩文件的保存位置和文件名，可以直接输入，也可以单击"浏览"按钮来选择。

③可选择"压缩文件格式"、"压缩方式"、"压缩选项"等选项后，单击"确定"按钮就可以在选择好的目录中看到压缩文件。

（2）解压缩文件

解压缩文件是将压缩包中的文件进行恢复，在使用压缩包中的文件前都需要先进行解压。解压有使用 WinRAR 窗口解压和使用快捷方式解压两种。

1）WinRAR 窗口解压。

①首先双击压缩包，打开 WinRAR 窗口。

②在窗口中选择要解压的文件或文件夹，单击工具栏中的"解压到"按钮，将打开"解

压路径和选项”对话框，如不选择文件则对压缩包中的所有文件都进行解压。

　　③在窗口的“目标路径”文本框中输入文件解压后存放的路径，也可以在对话框中的右边的树形结构选择路径作为解压后存放的路径。

　　2）快捷方式解压。

　　选中压缩包，右击，在弹出的快捷菜单中有三种解压方式，执行其中的一项就可进行解压。如图 2-146 所示。

　　解压文件：选择此选项将弹出如图 2-147 所示的对话框，选择解压路径后就可解压。

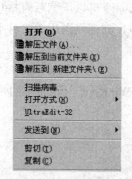

图 2-146　解压快捷菜单

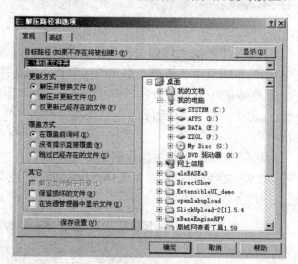

图 2-147　解压路径和选项

　　解压到当前文件夹：选择此项，WinRAR 会将压缩包中的所有文件解压到压缩包所在目录。

　　解压到（默认压缩文件名）：选择此项，WinRAR 会在此压缩包建立一个以“默认压缩文件名”为名称的文件夹，同时将压缩包中所有的文件解压到此文件夹。

　　（3）管理压缩文件

　　1）添加文件到压缩包。

　　例 2.1　将 abc.txt 文件添加到压缩包 gxk.rar 中。

　　首先双击压缩包 gxk.rar，打开 WinRAR 窗口，然后单击工具栏上的“添加”按钮，打开“选择添加文件”对话框，单击“确定”即可。也可将要滚加的文件直接用鼠标拖至 WinRAR 窗口即可完成添加工作。

　　2）从压缩包中删除文件。

　　例 2.2　将压缩包 gxk.rar 中的文件 abc.txt 文件删除。

　　首先双击压缩包 gxk.rar，打开 WinRAR 窗口，选中要删除的文件 abc.txt，单击“命令”→“删除文件”命令，在“删除”对话框中单击“是”按钮，即可删除。也可直接选中删除文件后，按 Delete 键，就可删除指定文件。

　　2. 下载软件——迅雷

　　迅雷是目前最流行的下载软件，它在多线程下载的同时，摆脱了传统点到点软件只能在节点进行点对点内容传递的局限性，即在没有其他用户分享资源（种子）的时候，迅雷一样能对有网络映像的多媒体内容实现多服务器超速下载，并在下载的过程中，迅雷会动态地实现互联网上的智能路由和下载源的实时筛选，从而保证下载效率的最大优化，更快的速度，更高的下载功率，和更大的可扩展性。同时迅雷支持页面右击下载、断点续传等大家熟悉的下载功能。迅雷的官方网址是：http://www.xunlei.com。

迅雷的主界面如图 2-148 所示。

图 2-148　迅雷软件主界面

在迅雷的主界面左侧就是任务管理窗格，该窗格中包含一个目录树，分为"正在下载"、"已下载"和"垃圾箱"三个分类，单击一个分类就会看到这个分类里的任务，每个分类的作用如下：

- 正在下载——没有下载完成或者错误的任务都在这个分类，当开始下载一个文件的时候就需要单击"正在下载"查看该文件的下载状态。
- 已下载——下载完成后任务会自动移动到"已下载"分类，如果发现下载完成后文件不见了，单击"已下载"分类就看到了。
- 垃圾箱——在"正在下载"和"已下载"中删除的任务都存放在迅雷的垃圾箱中，垃圾箱的作用就是防止用户误删，在垃圾箱中删除任务时，会提示是否把存放于硬盘的上的文件一起删除。

（1）下载实例

下面以下载 QQ 软件为例来进行讲解：

步骤 1：打开腾讯 QQ 下载页面（http://pc.qq.com），如图 2-149 所示。

步骤 2：在下载链接上右击，在弹出的快捷菜单中选择"使用迅雷下载"，如果迅雷已在电脑上成功安装，直接单击即可自动启动迅雷下载。如图 2-150 所示。

步骤 3：在打开的"新建任务"对话框中，如图 2-151 所示。设置好另存文件名及保存位置，单击"确定"即可开始下载。如图 2-152 所示。

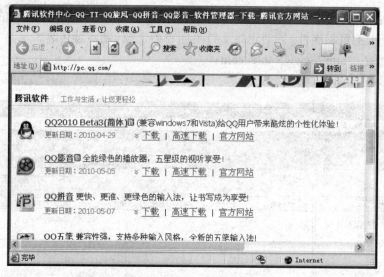

图 2-149　QQ 下载界面

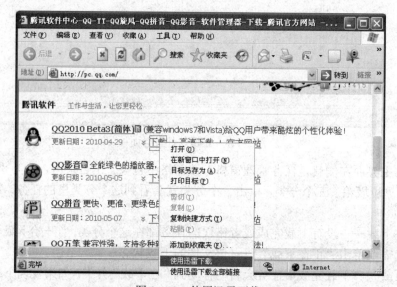

图 2-150　使用迅雷下载

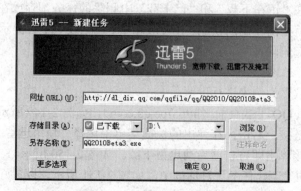

图 2-151　"新建任务" 窗口

图 2-152　下载界面

步骤 4：已下载完成后文件，如图 2-153 所示。

图 2-153　下载完成

（2）迅雷使用技巧

1）直接拖曳链接地址下载。

只要用左键按住链接地址，拖放至悬浮窗口，松开鼠标就可以了，和右击链接后选择迅雷下载一样，会弹出存储目录的对话框，只要选择好存放目录就可以了。

如果迅雷并没有出现类似于悬浮窗格，只要单击迅雷主窗口中的"查看"菜单，选中"悬浮窗"项，即可出现相应的图标。在浏览器中看到喜欢的内容，直接将其拖放到此图标上，即可弹出下载窗口。

2）更改保存位置。

默认情况下，迅雷安装后会在 C 盘创建一个 tddownload 目录，并将所有下载的文件都保存在这里，一般 Windows 都会安装在 C 盘，但由于使用中系统会不断增加自身占用的磁盘空间，如果再加上不断下载的软件占用的大量空间，很容易造成 C 盘空间不足，引起系统磁盘空间不足和不稳定。

单击迅雷主窗口中的"常用设置"→"存储目录"命令，在打开窗口中设置默认文件夹。

3）不让迅雷伤硬盘。

现在下载速度很快，因此如果缓存设置较小的话，极有可能会对硬盘频繁进行写操作，时间长了，会对硬盘不利。事实上，只要单击"常用设置"→"配置硬盘保护"→"自定义"命令，然后在打开的对话框中设置相应的缓存值，如果网速较快，设置得大些。反之，则设置得小些。建议值为 2048KB。

4）将迅雷作为默认下载工具。

如果觉得迅雷很好，那完全可以将其设置为默认的下载工具，这样在浏览器中单击相应的链接，就会用迅雷下载：选择"工具"→"迅雷作为默认下载工具"命令，即可弹出相应的提示对话框提示操作成功。

5）资料下载完后自动关机。

常常用迅雷下载大量的资料，在迅雷主窗口中选中"工具"→"完成后关机"项，这样一旦迅雷检测到所有内容下载完毕就会自动关机。此技巧在晚上下载东西时特别有用，再也不用担心电脑会"空转"，耗电了。

6）批量下载任务之高效应用。

有时在网上会发现很多有规律的下载地址，如遇到成批的 MP3、图片、动画等，比如某个有很多集的动画片，如果按照常规的方法需要一集一集地添加下载地址，非常麻烦，其实这时可以利用迅雷的批量下载功能，只添加一次下载任务，就能让迅雷批量将它们下载回来。

其他常用的下载软件还有 FlashGet（网际快车，http://www.amazesoft.com）、BitComent（BT下载，http://www.bitcomet.com）、eMule（电驴、http://www.emule.org.cn）等。使用都很简便，操作类似。

3．多媒体播放软件——暴风影音

暴风影音是网上最流行、使用人数最多的影音播放器，它支持多媒体格式高达 543 种，在支持文件格式种类上让同类软件难以望其项背，已经成为名副其实的"万能播放器"。占用系统资源少，简洁易用，播放稳定高效。

暴风影音官方网站地址是：http://www.baofeng.com，用户可免费下载。

暴风影音主界面如图 2-154 所示。

图 2-154　暴风影音 2012

暴风影音 2012 的菜单布局和 UI 界面，比以前更加人性化，暴风影视窗口的首页既有专题推荐，也有分类排行，数千万部在线视频让你一次看个够，能满足不同口味的用户。

使用技巧：

（1）打开文件自动全屏播放

默认情况下，暴风影音打开影片时不是全屏播放，需要双击打开影片，再双击播放器屏幕或者按 Alt+Enter 组合键进行全屏播放，这样非常麻烦，那有没有打开文件后自动全屏播放的方法呢？

首先选择"播放"下的"高级选项"菜单，在"高级选项"界面中单击"全局控制"；在"文件播放"一栏，勾选"打开文件后自动切换全屏模式"一项并确认。以后要欣赏影片只需要双击打开影片，即可自动全屏欣赏。如果需要在全屏播放以后返回窗口模式，只需要在"文件播放"栏中再勾选"全屏播放结束后返回窗口模式"一项即可。

（2）快速截取图片

当欣赏某部影片时，碰到比较喜欢的画面想将其保存下来。一般情况下，需要使用图片截取软件来截取图片，但在暴风影音主界面中提供了"文件"下的"截屏"菜单。但也可以在播放影片时，直接按 F5 键即可快速截取图片。

（3）看完自动关机

每次欣赏完影片还要手动关机，但在暴风影音也可以实现看完影片自动关机的功能。选择"播放"中的"播完后操作"选项，在"播放完操作"菜单中选择"关机"即可。

4. 电子书阅读软件——Adobe Reader

电子图书是电子出版物中最常见的形式，用户可以在网上下载和购买电子书，但电子书需要用相应的软件才能进行阅读，本书将介绍几种常用的电子书阅读软件。

Adobe Reader 是一个用于查看、阅读和打印 PDF（Portable Document Format，便携式文档格式）文件的最佳工具。目前，Internet 上越来越多的电子图书、产品说明、公司广告、网络资料以及电子邮件等都开始使用 PDF 文档。PDF 格式的文档能如实保存原文档的面貌、内容、字体和图像，这类文档可通过电子邮件发送，或存储在 Web、企业内部网或光盘上，无论使用什么操作系统的用户都可以进行查阅。

Adobe Reader 官方网站地址是：http://www.adobe.com.cn。

（1）阅读 PDF 文档

1）启动 Adobe Reader 程序，进入主界面。

2）单击"文件"→"打开"命令，在弹出的对话框中选择要阅读的 PDF 文档。

3）Adobe Reader 将读取文件的数据信息，显示出来，如图 2-155 所示。

4）单击"书签"标签，再单击标签中的相关链接，便可快速打开指定页面进行阅读。

5）单击"页面"标签，单击需要阅读的缩略图，便可快速打开指定页面进行阅读。

6）关闭导览窗格，单击工具栏中的"放大"按钮，在文档中连续单击可放大显示。

7）拖动文档窗格边上的滚动条浏览文档的其他部分，或者单击状态的"上一页"按钮或"下一页"按钮进行翻页。

8）单击工具栏上的"打印"按钮，打开"打印"对话框。设置打印机、打印范围和打印份数等选项后单击"确定"按钮可打印文档。

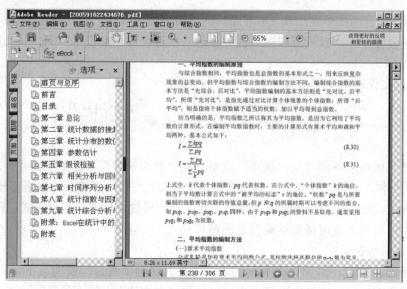

图 2-155　Adobe Reader 文件阅读界面

（2）选择和复制文本及图像

PDF 文件是一种特殊的电子文档，其开发的一个目的是为了防止文本剽窃，在阅读文件过程中鼠标在文字间的拖动操作不发挥任何作用，不可以选中文本。要选择和复制其中的文本和图像的操作步骤如下：

1）打开 PDF 文档，单击工具栏中的"工具"→"文本选择工具"或"图像选择工具"，进入选择状态。

2）进入选择状态后，鼠标变成"I"字形，拖动鼠标，选定当前页中需要复制的文本或图像。

3）单击"编辑"→"复制"命令，将被选的文字或图像复制到剪贴板中，如图 2-156 所示。

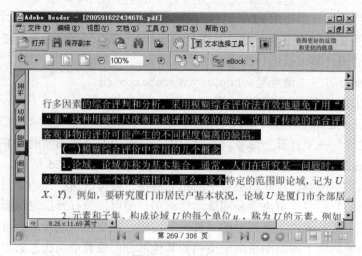

图 2-156　复制文本

4）文字复制完毕后，打开记事本，在记事本的界面中，执行"编辑"→"粘贴"命令，就可将 PDF 文件中选择的文字粘贴到记事本中；图像复制完毕后，打开画图程序，在画图界面中，执行菜单"编辑"→"粘贴"命令，就可将 PDF 文件中选择的图像粘贴到画图程序中。

其他常用的阅读软件还有 CAJViewer（中国期刊网的专用全文格式阅读器，http://cajviewer.cnki.net）、超星图书阅览器（SSReader，http://www.ssreader.com）、DynaDoc Reader（WDL 文件阅读器，http://www.dynalab.com），其使用方法基本类似。

5. 杀毒软件 360

360 杀毒是 360 安全中心出品的一款免费的云安全杀毒软件。360 杀毒具有以下优点：查杀率高，资源占用少，升级迅速等。同时，360 杀毒可以与其他杀毒软件共存，是一个理想杀毒备选方案。360 杀毒是一款一次性通过 VB100 认证的国产杀毒软件。

（1）设置

360 杀毒的主界面如图 2-157 所示。先要对软件进行设置，以方便今后的工作。单击右上角的"设置"，进入设置界面。这里有杀毒设置、实时防护设置、白名单设置、其他设置。

图 2-157　360 杀毒主界面

1）杀毒设置。

①监控的文件类型：让用户决定更深入的扫描，包括压缩包查毒。有扫描程序及文件设置，这就相对于浅略的扫描。

②发现病毒时的处理方式。自动清除：在计算机扫描出病毒的同时，杀毒软件会自行清除病毒。通知并让用户选择处理：在计算机扫描出病毒后，让用户选择怎样的处理病毒。

③全盘扫描时的附加扫描选项。

附加扫描选项有：扫描系统内存，扫描磁盘引导扇区，扫描 Rootkit 病毒，在全盘扫描时启用智能扫描加速技术。系统内存中往往会有病毒入侵，这比在硬盘中的病毒更危险。有些病毒在内存中运作，带来了一定的威胁性，而不选择这一项，只在硬盘中扫描，可能就扫描不到病毒。而过后，内存中的病毒又会自行复制到硬盘中。所以这选项还是有必要的。

磁盘引导扇区中的病毒就是病毒在 DOS 下就能运行，在开机的时候就感染了病毒，也是相当的有必要。

Rootkit 是隐藏型病毒，电脑病毒、间谍软件等也常使用 Rootkit 来隐藏踪迹，因此 Rootkit 已被大多数的防毒软件归类为具危害性的恶意软件。

2）实时防护设置。

①监控的文件类型：让用户决定是监控所有文件，还是在程序运行和文档打开时进行监控。如果选择是监控所有文件，可能会占用比较大的内存空间。而监控程序和文档文件，只在程序运行时对其监控或者只在文档文件打开是进行监控。

②发现病毒的处理方法：无论用户在以上选项中选择哪项，只要杀毒软件发现病毒，就会有处理方式可以选择，发现病毒时自动清除，如果清除失败，则选择删除文件或是禁止访问被感染文件。或者直接选择禁止访问被感染文件。

③其他防护选项：基本同杀毒设置中的差不多，不过监控间谍文件、拦截局域网病毒、扫描 QQ/MSN 接收的文件、扫描插入的 U 盘，这些都是平时用户所需要的，也是很重要的。

3）在白名单设置。

①设置文件及目录白名单：也就是说如果用户很确定文件没毒，杀毒软件扫描和监控时就会跳过这个文件，直接扫描下面的文件。

②设置文件扩展名白名单：有些用户自己开发的软件的文件扩展名被杀毒软件误认为病毒，此时就可用此选项来过滤掉。

4）其他设置。

①自动升级设置：这就是免费杀毒软件的最大好处，可以无限更新病毒库。让用户选择软件自行更新或者有新的升级时提醒用户来决定是否升级。

②定时杀毒：让用户在特定的时间来进行杀毒。

（2）病毒查杀

1）单击"快速扫描"，软件运行，主要查杀 Windows 的主要系统文件的病毒。大约 3 分钟左右就能清扫完毕。如图 2-158 所示。

2）当第一次安装软件，系统会提醒你没有进行全盘杀毒，大部分杀毒软件都会这样提醒新安装的用户。单击"全盘扫描"，系统开始全盘扫描，如图 2-159 所示。在界面的最下方，有扫描完成后关闭计算机的选项，当然也有先前条件：仅在选择自动清除感染文件时有效。右下角会显示出现已经扫描了多少时间的提示。具体需要查杀多少时间，还得看用户的计算机中的文件数来决定。

图 2-158　查杀结果

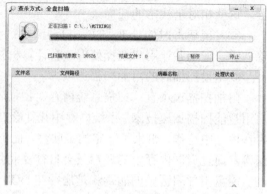

图 2-159　全盘扫描

3）单击"指定位置扫描"，这项扫描是对于用户自行选择的区域进行杀毒。根据计算机的具体情况来选择要扫描的区域。如图 2-160 所示。

（3）实时防护

在实时防护选项中，软件会提醒用户开启实时防护功能，如果用户装有其他杀毒软件，会提醒卸载其他杀毒软件，并把已经安装到计算机中的杀毒软件以列表的形式呈现出来。而下方的防护级别设置中，用户根据目前自己的情况来选择相应的防护级别，如图 2-161 所示。

图 2-160　自定义扫描

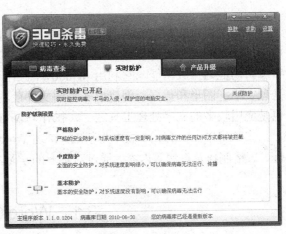

图 2-161　实时防护

（4）产品升级

360 杀毒会更新最新的病毒库，并会提醒用户升级。单击"确定"按钮后，会出现病毒库更新界面，如是旧病毒库，会出现需要更新的提示。也可以连接到官网数据库来查询自己病毒库是否是最新的。在界面下方会显示上次成功升级的时间和病毒库版本，以方便用户核对，如图 2-162 所示。

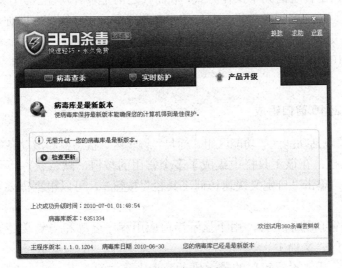

图 2-162　产品升级

第 3 章　文字处理软件 Word 2010

Word 2010 是 Microsoft Office 2010 办公套件中的一个功能强大的文字处理软件，也是目前应用最广的文字处理软件之一。Word 2010 界面友好、功能强大、操作简便，具有强大的文字编辑功能与排版功能。它利用 Windows 操作系统良好的图形界面，能够让用户轻轻松松地处理文字、图形和数据，创建出多种图文并茂的文档。我国金山公司的 WPS Office 办公软件也是应用较多的文字处理工具之一，操作与 Word 基本相似。

本章将以 Word 2010 版本为基础，讲述 Word 文字处理软件的基本概念、基本操作、图文混排、表格制作及打印等内容。通过对本章的学习，要求能熟练运用 Word 2010 来处理各种文档。

3.1　Word 2010 概述

Microsoft Word 2010 是 Office 2010 套装软件中专门进行文字处理的应用软件，利用 Word 2010 可以创建专业水准的文档，轻松高效地与他人协同工作。可以方便地创建与编辑报告、信件、新闻稿、传真和表格等，用户可以用它来处理文字、表格、图形、图片等。Word 2010 界面友好、功能丰富、易学易用、操作方便，能满足各种文档排版和打印需求，且"所见即所得"，现已成为电脑办公必备的工具软件之一。

Word 2010 取消了传统的菜单操作方式，取而代之的是各种功能区。导航窗格、屏幕截图、背景移除、屏幕取词、文字视觉效果、图片艺术效果、SmartArt 图表、助你轻松写博客等各种新功能有趣实用，更加人性化，将 Word 文档呈现得更丰富多彩。

利用 Word 2010 所创建的内容，都可以保存为一个文件，称为"Word 文档"，其扩展名为 .docx。

3.1.1　Word 2010 窗口组成

Word 窗口主要包括功能区、功能区组、标尺、编辑区、状态栏和滚动条等，如图 3-1 所示。

快速访问工具栏：在该工具栏中集成了多个常用的按钮，默认状态下包括"保存"，"撤销"，"恢复"按钮，单击"自定义快速访问工具栏"按钮▼，可以根据需要对工具按钮进行添加和更改。

标题栏：位于窗口的正上方，用于显示当前应用程序名称和当前文档的名称。当前显示的是系统默认建立的"文档 1"文件名。

窗口操作按钮：用于设置窗口的最大化、最小化及关闭。

"文件"选项卡：位于 Word 2010 窗口左上角。单击"文件"按钮可以打开"文件"选项瞳，包含"保存"、"另存为"、"打开"、"关闭"、"信息"、"最近所用文件"、"新建"、"打印"、"保存并发送"、"帮助"等常用命令，如图 3-2 所示。

功能区选项卡：单击功能区选项卡即可打开该功能区的各个常用操作按钮。

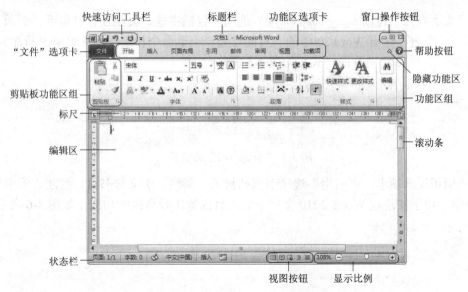

图 3-1　Word 2010 界面

Microsoft Word 从 Word 2007 升级到 Word 2010，其最显著的变化就是使用"文件"按钮代替了 Word 2007 中的 Office 按钮，使用户更容易从 Word 2003 和 Word 2000 等旧版本中转移。另外，Word 2010 同样取消了传统的菜单操作方式，而代之于各种功能区。在 Word 2010 窗口上方看起来像菜单的名称其实是功能区的名称，当单击这些名称时并不会打开菜单，而是切换到与之相对应的功能区面板。每个选项卡根据功能的不同又分为若干个组，每个功能区所拥有的功能如下所述：

图 3-2　"文件"选项卡

1）"开始"选项卡。"开始"选项卡中包括剪贴板、字体、段落、样式和编辑 5 个组，对应 Word 2003 的"编辑"和"段落"菜单部分命令。该选项卡主要用于帮助用户对 Word 2010 文档进行文字编辑和格式设置，是最常用的选项卡，如图 3-3 所示。

图 3-3　"开始"选项卡

2）"插入"选项卡。"插入"选项卡包括页、表格、插图、链接、页眉和页脚、文本、符号和特殊符号几个组，对应 Word 2003 中"插入"菜单的部分命令，主要用于在 Word 2010 文档中插入各种元素，如图 3-4 所示。

图 3-4　"插入"选项卡

3）"页面布局"选项卡。"页面布局"选项卡包括主题、页面设置、稿纸、页面背景、段落、排列几个组，对应 Word 2003 的"页面设置"菜单命令和"段落"菜单中的部分命令，用于设置 Word 2010 文档页面样式，如图 3-5 所示。

图 3-5　"页面布局"选项卡

4）"引用"选项卡。"引用"选项卡包括目录、脚注、引文与书目、题注、索引和引文目录几个组，用于实现在 Word 2010 文档中插入目录等比较高级的功能，如图 3-6 所示。

图 3-6　"引用"选项卡

5）"邮件"选项卡。"邮件"选项卡包括创建、开始邮件合并、编写和插入域、预览结果和完成几个组，该功能区的作用比较专一，专门用于在 Word 2010 文档中进行邮件合并方面的操作，如图 3-7 所示。

图 3-7　"邮件"选项卡

6）"审阅"选项卡。"审阅"选项卡包括校对、语言、中文简繁转换、批注、修订、更改、比较和保护几个组，主要用于对 Word 2010 文档进行校对和修订等操作，适用于多人协作处理 Word 2010 长文档，如图 3-8 所示。

图 3-8　"审阅"选项卡

7）"视图"选项卡。"视图"选项卡包括文档视图、显示、显示比例、窗口和宏几个组，主要用于帮助用户设置 Word 2010 操作窗口的视图类型，以方便操作，如图 3-9 所示。

图 3-9　"视图"选项卡

8）"加载项"选项卡。"加载项"选项卡包括菜单命令一个分组，加载项是可以为 Word 2010 安装的附加属性，如自定义的工具栏或其他命令扩展。利用"加载项"选项卡区可以在

Word 2010 中添加或删除加载项。

功能区组：单击一个功能区选项卡即可打开该功能区的多个功能区组。

隐藏功能区：单击它即可隐藏功能区组。

帮助按钮：单击可打开相应的 Word 帮助文件。

标尺：用英寸或其他度量单位标记的屏幕刻度尺，用于更改段落缩进、重设页边距以及调整列宽。

编辑区：在 Word 界面中的大块空白部分是编辑区域，在此区域可进行文本、图片等对象的输入、删除、修改等操作。

文档的编辑区的插入点 ⊢ 是一个闪烁的短竖线，用来指示当前编辑或输入内容的位置，可以通过移动鼠标位置再单击来改变插入点。

段落标记 ↵ 是用来提示一个段落的结束。

选定栏是编辑区一个没有任何标记的栏，位于编辑区的左侧，它可以实现对文本内容进行大范围的选定。当鼠标处于该区域时，指针形状会由 I 变成箭头形 ↗。

状态栏：位于窗口的下边缘，用于显示当前编辑窗口的状态信息，例如，总页数、当前页码、字数、插入/改写方式等。

滚动条：用于移动文档视图的滑块，可以将文档横向、纵向移动，快速显示屏幕内容。

视图按钮：有 5 个视图按钮 ▣ ▢ ▦ ≣ ≣ ，分别表示页面视图、阅读版式视图、Web 版式视图、大纲视图、草稿。单击需要显示的按钮，可用不同视图窗口显示文档内容。一般情况下使用页面视图，页面视图按照打印效果来显示文档，适合于文档的排版操作。

显示比例：用于设置文档编辑区域的显示比例，可以通过拖动 100% ⊖ ▯ ⊕ 滑块来进行调整。

3.1.2　Word 2010 的基本操作

1. 启动 Word

①从"开始"菜单启动 Microsoft Word 2010。

单击 Windows 任务栏左端的"开始"按钮，此时会出现"开始"菜单。在菜单中单击"所有程序"，再在级联菜单中单击 Microsoft Office 选项，后单击 Word 2010 命令，Word 即会启动。

②从桌面上启动，前提是桌面上须有 Word 桌面快捷方式。

双击桌面上的 Word 快捷图标。

③快速启动栏若有 Word 快捷图标，双击它。

启动 Word 后，新的空白文档会自动以"文档 1"、"文档 2"……来命名。

④通过 Word 文档启动。

双击任意一个现有的 Word 文档图标来启动 Word 2010。

2. 新建文档

启动 Word 时一般在窗口中已经建立了一个空白文档，默认名为"文档 1－Microsoft Word"（显示于标题栏）。可以直接输入内容并进行编辑、设置和排版，文档的实际名字等保存时再根据用户的需要确定。

如果 Word 已启动且打开了其他文档，这时应新建一个文档以输入文本。

常用的创建文档方法有：

1）新建空白文档。

单击"文件"选项卡，再单击"新建"选项，双击"可用模板"区的"空白文档"按钮 ，即可创建 个空白文档，如图 3-10 所示，或按快捷键 Ctrl+N。

空白文档实际上是最常用的一种文档模板。

2）根据现有内容新建。

①单击"文件"选项卡→"新建"→"根据现有文档新建"按钮 。

②在"根据现有文档新建"对话框中定位于现有文档所在的路径后选择该文档，单击"新建"按钮。

③此时打开了选择的 Word 文档，根据该文档已有的内容修改文档。

3）从模板创建文档。

单击"文件"选项卡→"新建"选项，在"可用模板"区单击"样本模板"按钮 ，以选择计算机上的可用模板。或者是单击 Office.com 区的其中一个链接下载 Office.com 列出的模板，这时必须连接到 Internet。最后双击所需的模板。

例如有"会议议程"、"简历"、"信函及信函"等文档模板供用户选用，如果要写一份会议议程，单击"会议议程"按钮，在弹出的各种会议议程模板中选择一种，双击其按钮，则在新建的 Word 文档中显示该模板，只要在模板中输入相应的内容，就可完成一份会议议程。

3．打开文档

在"文件"菜单下单击"打开"按钮，或使用 Ctrl+O 组合键，打开如图 3-11 所示的对话框。

图 3-10　新建文档

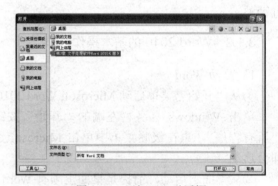

图 3-11　"打开"对话框

在弹出的"打开"对话框中，选择要打开文件的磁盘及路径，单击该文件名后再单击"打开"按钮即可。

4．保存文档

1）保存新文件。在"文件"菜单下单击"保存"或"另存为"选项，如图 3-12 所示。

在弹出的"另存为"对话框中，选择保存的路径，修改文件名后单击"保存"按钮即可。

2）保存已有文档。保存已有文档大致有两种方式：

方法一：在"文件"菜单下单击"另存为"选项。

在弹出的对话框中选择保存的路径，修改文件名后单击"保存"按钮即可。

方法二：在"文件"菜单中单击"保存"选项或直接按快捷键 Ctrl+S，就可以将修改保存到原有文档中。

3）保存其他类型。默认情况下，Word 2010 文档类型为"Word 文档"，后缀名是.docx；还可以选择 Word 2010 以前的版本类型保存，如 Word97-2003 文档，即 2010 版本是向下兼容以往版本的；从"保存类型"下拉列表可以看到系统提供的存储类型是相当多的，有 PDF、XPS、RTF、纯文本、网页等类型。如图 3-12 所示。

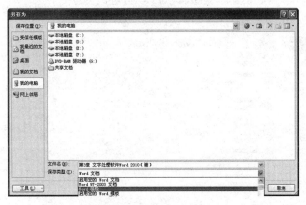

图 3-12　"另存为"对话框

请注意：文档第一次保存时，系统会弹出"另存为"对话框，以后输入内容后，再需保存，只须单击快速访问工具栏的"保存"按钮 ，或单击"文件"选项卡中的"保存"命令 ，系统不会再弹出"另存为"对话框。在编辑的过程中应养成经常存盘的习惯，以防因机器或系统故障丢失录入信息。

5. 自动保存

Word 2010 默认情况下每隔 10 分钟自动保存一次文件，用户可以根据实际情况设置自动保存时间间隔，操作步骤如下所述：

1）打开 Word 2010 窗口，依次单击"文件"菜单下的"选项"命令。

2）在打开的"Word 选项"对话框中切换到"保存"选项卡，在"保存自动恢复信息时间间隔"编辑框中设置合适的数值，并单击"确定"按钮，如图 3-13 所示。

图 3-13　"保存"选项卡

6. 保护文档

在"文件"菜单中默认打开的"信息"命令面板中，单击"保护文档"按钮，在弹出的选项中选择"用密码进行加密"项，如图 3-14 所示。

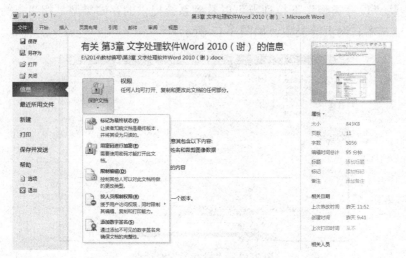

图 3-14　保护文档设置

在弹出的"加密文档"对话框中输入密码，如图 3-15 所示。

在下次启动该文档时就会出现图 3-16 所示的现象，只有输入密码后才能正常打开。

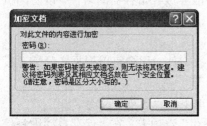

图 3-15　"加密文档"对话框

图 3-16　"密码"对话框

7. 关闭文档并退出

退出 Word 前，应将所建文档保存。如果文档尚未保存，Word 会在关闭窗口前提示用户保存文件。

如果只是关闭当前文档，并不退出 Word，可单击 word 窗口右上方的"关闭"按钮。如果要关闭文档的同时退出 Word，可以单击"文件"选项卡中的"退出"命令。

在 Word 2010 中关闭当前正在编辑的文档，有如下几种方法：

1）在"文件"菜单中执行"退出"命令。

2）单击文档编辑窗右上角的"关闭"按钮。

3）双击 Word 2010 文档窗口菜单栏左面控制按钮。

如果在退出 Word 2010 之前工作文档还没有存盘，在退出时，系统将出现一个对话框，询问是否保存该文档，在对话框中选择"是"，将保存当前文档并退出 Word；选择"否"，将直接退出 Word，不保存当前编辑的文档；选择"取消"，将取消刚才的退出操作，继续进行文档的编辑工作。

同步训练 3.1　文字录入与编辑

【训练目的】

- 掌握文档的建立方法。
- 掌握常用的文档编辑方法。

【训练任务和步骤】

使用 Word 2010 创建一个名字为"实训 3-1. docx"的 Word 文档，然后输入如图 3-17 所示内容。

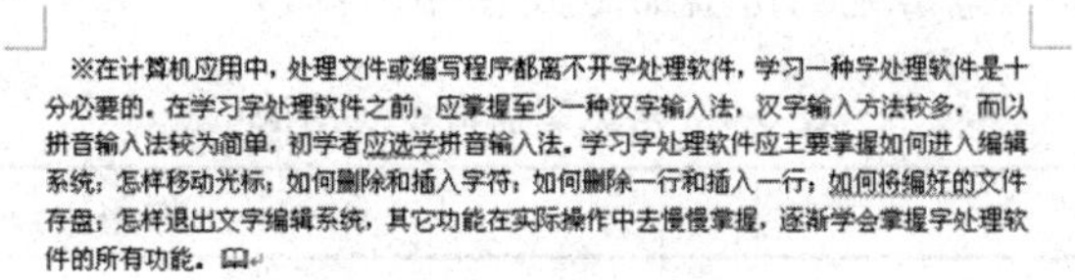

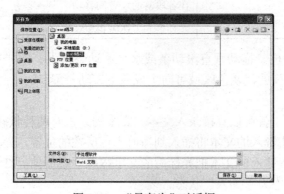

※在计算机应用中，处理文件或编写程序都离不开字处理软件。学习一种字处理软件是十分必要的。在学习字处理软件之前，应掌握至少一种汉字输入法，汉字输入方法较多，而以拼音输入法较为简单，初学者应选学拼音输入法。学习字处理软件应主要掌握如何进入编辑系统；怎样移动光标；如何删除和插入字符；如何删除一行和插入一行；如何将编好的文件存盘；怎样退出文字编辑系统，其它功能在实际操作中去慢慢掌握，逐渐学会掌握字处理软件的所有功能。

图 3-17　文档内容

操作步骤：

①通过"开始"→"程序"→Microsoft Office→Microsoft Office 2010 命令启动 Word 2010。

②默认情况下启动 Word 2010 之后将自动建立一个新文档，也可通过菜单"文件"→"新建"命令，或直接按 Ctrl+N 组合键新建一个 Word 文档。

③按照样文录入文字、字母、标点符号及特殊符号等。如图 3-17 所示。

④选择菜单"文件"→"保存"命令，将打开保存对话框，在保存位置下拉列表中选择本地磁盘 D:\word 练习，在文件名后编辑框中输入"实训 3-1"，然后单击"保存"按钮，操作完成。如图 3-18 所示。

图 3-18　"另存为"对话框

3.2　文档的编辑

3.2.1　文档的基本编辑

1．确定插入点位置

用 Word 进行文字处理的第一步是进行文字的录入，然后进行文字的校对和编辑，再进行文字的格式化设置。因此，文字录入是 Word 文字处理中最基本的操作。输入文本前，首先要确定插入点即光标的位置，然后再输入内容。Word 2010 含有"即点即输"功能，即在空白页面插入点的任意位置双击就可以输入文本，Word 2010 会自动在该点与页面起始处插入回车符，使用方便快捷。当插入点到达右边距时，系统会自动换行。当一个段落结束，要开始新的段落时，按 Enter 键（回车键）换行。

光标的定位有很多种方法：

方法一：鼠标定位。用鼠标在任意位置单击，可将光标定位在该位置。

方法二：键盘定位。使用键盘可以方便地定位文档，大大提高工作效率。键盘定位文档的操作很多，表 3-1 就是一些常见的键盘命令及使用方法。

表 3-1　常见键盘命令及用法

按键	作用
←　→　↑　↓	光标往左、右、上、下移动
Home	光标移到行首
End	光标移到行尾
Ctrl+Home	光标移到文件起始处
Ctrl+End	光标移到文件结尾处
Delete	删除光标右边的内容
Backspace	删除光标左边的内容
Page Up	上移一屏
Page Down	下移一屏
Ctrl＋↑、Ctrl＋↓	在各段落的段首间移动
Shift＋F5	光标移到上次编辑所在位置

方法三：滚动条定位。拖动垂直滚动条或水平滚动条来上、下、左、右快速移动文档的位置。单击垂直滚动条间的浅灰色区域可向上或向下滚动一屏。

2. 文本的录入

确定插入点位置后，就可以直接录入文本。文本的录入有两种状态："插入"和"改写"状态。"插入"状态是指键入的文本将插入到当前光标所在的位置，光标后面的文字将按顺序后移；"改写"状态是指键入的文本把光标后的文字按顺序覆盖掉。打开 Word 2010 文档窗口后，默认的文本输入状态为"插入"状态。

"插入"和"改写"状态的切换可以通过以下两种方法来实现：

方法一：右击状态栏空白处，弹出的快捷菜单，打开自定义状态栏，选定或取消"改写"标记，可以在两种方式间切换。

方法二：单击"文件"→"选项"按钮，在打开的"Word 选项"对话框中切换到"高级"选项卡，然后在"编辑选项"区域选中"使用改写模式"复选框，并单击"确定"按钮即切换为"改写"模式。如果取消"使用改写模式"复选框并单击"确定"按钮即切换为"插入"模式。如图 3-19 所示。

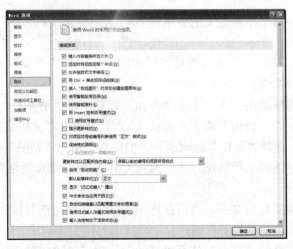

图 3-19　"Word 选项"对话框

方法三：按键盘上的 Insert 键就可以在"插入"和"改写"状态间切换。

3. 文本的选定

在 Word 工作环境下的一大特点是：首先"选中"，然后操作，即当需要对文档的某一部分进行删除、复制或移动等编辑操作时，首先需要选定该部分（选定的文本以蓝色背景显示），然后再进行各种操作。可以用鼠标或键盘进行选取文本的操作。

方法一：使用鼠标选择文本，如表 3-2 所示。

表 3-2　鼠标选择文本的操作方法

选定的范围	使用鼠标操作方法
字或词	双击该字或词
图形	单击图形
小块文本	按动鼠标左键从起始位置拖动到终止位置
大块文本	先用鼠标左键在起始位置单击一下，然后按住 Shift 键的同时，单击文本的终止位置，则之间的文本被选中
一行	鼠标移至页左选定栏，鼠标指针变成向右箭头后单击
一句	按住 Ctrl 键的同时，单击句中的任意位置
一段	鼠标移至页左选定栏，鼠标指针变成向右箭头后双击，或在段落内的任意位置快速三击
整篇文档	鼠标移至页左选定栏，鼠标指针变成向右的箭头，快速三击；或鼠标移至页左选定栏，按住 Ctrl 的同时单击鼠标；还可以用 Ctrl＋A 组合键选定整篇文档
矩形块	按住 Alt 键的同时，按住鼠标向下拖动可以纵向选定一矩形块文本
放弃选定	单击编辑窗口的任意处

方法二：使用键盘选定文本。

Shift+←（→）方向键：分别向左（右）扩展选定一个字符。

Shift+↑（↓）方向键：分别由插入点处向上（下）一行扩展选定。

Ctrl+Shift+Home：从当前位置扩展选定到文档开头。

Ctrl+Shift+End：从当前位置扩展选定到文档结尾。

Ctrl+A 或 Ctrl+5（数字小键盘上的数字键 5）：选定整篇文档。

4. 文本的移动

方法一：先选择需移动的文本，然后在选中的文字区域内按鼠标左键拖动鼠标，一直拖动到要插入的地方松开左键。

方法二：先选择需移动的文本，单击"开始"选项卡→"剪贴板"组→"剪切"按钮✄，或选择右击快捷菜单中的"剪切"命令，或按 Ctrl+X 组合键对文字进行剪切；然后将光标移到需插入的位置单击，选择"开始"选项卡→"剪贴板"组→"粘贴"按钮，或从右击快捷菜单中的"粘贴选项"中选择一种粘贴方式，或按 Ctrl+V 组合键实现粘贴。

5. 文本的复制

方法一：先选中需复制的文字，然后在选中的文字区域内同时按住鼠标左键和 Ctrl 键并拖动鼠标，一直拖动到目的处松开左键。

方法二：先选中需复制的文字，使用"开始"选项卡→"剪贴板"组→"复制"按钮▤，或选择右键快捷菜单中的"复制"命令，或按 Ctrl+C 组合键实现对文字的复制；然后在目的处插入光标，单击"开始"选项卡→"剪贴板"组→"粘贴"按钮▤，或从右键快捷菜单中的"粘贴选项"中选择一种粘贴方式，或按 Ctrl+V 组合键实现粘贴。

6. 文本的删除

方法一：选取需删除的文本内容，按 Backspace 键或 Delete 键可删除选取内容。

方法二：如果是删除少量文本，则将光标移到指定位置，按 Delete 键删除光标后面的字符，或按 Backspace 键删除光标前面的字符。

7. 插入特殊符号

在输入文本时，有一些特殊符号从键盘无法输入，例如希腊字母、数字序号等，可按以下方法进行输入。

1）将插入点移动到需要的位置，单击"插入"选项卡→"符号"组→"符号"按钮Ω，弹出如图 3-20 所示的符号面板。

2）从符号面板中选择所需的特殊符号，如果没有所需的符号。单击"其他符号"按钮，弹出如图 3-21 所示的"符号"对话框。

图 3-20　"符号"下拉列表

图 3-21　"符号"对话框

3）在字符列表中双击所需的符号即可将特殊字符插入至光标位置处，或单击选择所需符号后再单击"插入"按钮 插入(I) 。

4）插入完成后单击"关闭"按钮。

8. 文本的查找与替换

当需要查找某个词或将某个词替换成其他内容时，用人工查看的方式效率很低且可能会有遗漏。Word 软件本身提供了查找和替换的功能。

（1）查找文本

单击设定开始查找的位置，如果不设置，默认从插入点开始查找。

方法一：单击"开始"选项卡→"编辑"组→"查找"命令旁边的箭头 ，从弹出的菜单中单击"高级查找"命令，弹出"查找和替换"对话框，如图 3-22 所示。

图 3-22　"查找"选项卡

在"查找内容"输入框中输入查找内容，如果对查找内容有更高要求，如：区分查找内容的大小写、文字字体颜色、着重号等字符格式，单击"更多"按钮。再在对话框中进行相关设置，单击"格式"按钮还可对文本内容进行"字体"和"段落"格式的设置。单击"查找下一处"按钮，从插入点开始查找，查找到的文本以蓝色背景显示，如果要继续查找，再次单击"查找下一处"按钮。

方法二：单击"开始"选项卡→"编辑"组→"查找"按钮 🔍，从弹出的菜单中选择"查找"命令，或者按 Ctrl+F 组合键，打开"导航"窗格，如图 3-23 所示。

在"搜索文档"框中，键入要查找的文本。

在"导航"窗格中单击某一结果在文档中查看其内容，或通过单击"上一处搜索结果"按钮 ▲和"下一处搜索结果" ▼箭头浏览查找结果。查找到的文本在文档中以黄色背景显示，如图 3-24 所示。

图 3-23　"导航"窗格

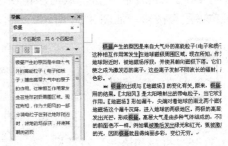

图 3-24　查找选项和其他搜索命令

方法三：适合于查找其他文档元素

单击"导航"窗格中"搜索文档"框右边的箭头 ▼，如图 3-23 所示，弹出快捷菜单，从中选择所需的选项。

（2）替换文本

设置开始替换的位置，单击"开始"选项卡→"编辑"组→"替换"按钮 ，打开"查找和替换"对话框，在"查找内容"文本框中输入查找文本，在"替换为"文本框中输入替换内容，单击"全部替换"按钮。如果只想完成某处的替换，则首先查找到需要替换的文本，在该文本以蓝色背景显示时单击"替换"按钮，否则单击"查找下一处"按钮继续查找。

替换完毕，会弹出如图 3-25 所示的对话框，信息显示完成了几处替换。单击"确定"按钮。完成替换后，单击"查找和替换"对话框的"关闭"按钮。

图 3-25　替换对话框

注意： 替换操作中的"更多"按钮和查找操作中的作用是一致的，不同的是要注意字符或段落格式等是添加在查找内容上在还是被替换内容上。

9．撤销与恢复

在编辑 Word 2010 文档的时如果所做的操作不合适，而想返回到当前结果前面的状态，则可以通过"撤销"功能实现。"撤销"功能可以保留最近执行的操作记录，可以按照从后到前的顺序撤销若干步骤，但不能有选择地撤销不连续的操作。用户可以按 Ctrl+Z 组合键执行撤销操作，也可以单击快速访问工具栏中的"撤销"按钮 。

执行撤销操作后，还可以将 Word 2010 文档恢复到最新编辑的状态。当用户执行一次"撤销"操作后，户可以按下 Ctrl+Y 组合键执行恢复操作，也可以单击快速访问工具栏中已经变成可用状态的"恢复"按钮 。

10．拼写和语法

在 Word 2010 文档中经常会看到在某些单词或短语的下方标有红色、蓝色或绿色的波浪线，这是由 Word 2010 中提供的"拼写和语法"检查工具根据 Word 2010 的内置字典标示出的含有拼写或语法错误的单词或短语，其中红色或蓝色波浪线表示单词或短语含有拼写错误，而绿色下划线表示语法错误（当然这仅仅是一种修改建议）。

可以在 Word 2010 文档中使用"拼写和语法"检查工具检查 Word 文档中的拼写和语法错误，操作步骤如下所述：

1）打开 Word 2010 文档窗口，如果看到该 Word 文档中包含有红色、蓝色或绿色的波浪线，说明 Word 文档中存在拼写或语法错误。切换到"审阅"选项卡，在"校对"分组中单击"拼写和语法"按钮，如图 3-26 所示。

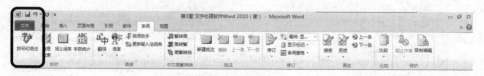

图 3-26　单击"拼写和语法"按钮

2）打开"拼写和语法"对话框，保证"检查语法"复选框的选中状态。在错误提示文本框中将以红色、绿色或蓝色字体标示出存在拼写或语法错误的单词或短语。确认标示出的单词或短语是否确实存在拼写或语法错误，如果确实存在错误，在"输入错误或特殊用法"文本框中进行更改并单击"更改"按钮即可。如果标示出的单词或短语没有错误，可以单击"忽略一次"或"全部忽略"按钮忽略关于此单词或词组的修改建议。也可以单击"词典"按钮将标示出的单词或词组加入到 Word 2010 内置的词典中，如图 3-27 所示。

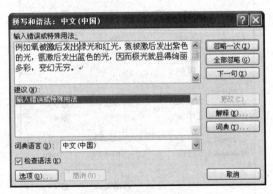

图 3-27　"忽略一次"按钮

3）完成拼写和语法检查，在"拼写和语法"对话框中单击✕或"取消"按钮即可。

11. 字数统计

用 Word 写了一篇文字，字数比较多，想知道有多少字，可通过"字数统计"功能实现。单击"审阅"选项卡，在"校对"选项组中就可以找到"字数统计"功能了。

图 3-28　"审阅"选项卡

选择"字数统计"，此时就会弹出个"字数统计"对话框，在"统计信息"里面，可以一目了然地看到当中的页数、字数、字符数、段落、行数、等统计信息。如图 3-29 所示。

图 3-29　"字数统计"对话框

12. 批注与修订

1）对相关文字添加批注，也就是添加注释内容。

①添加批注。选中要插入备注的字，将光标置于需要添加批注的地方，然后单击"审阅"选项卡批注分组下的"新建批注"然后输入批注内容就可以了。如图 3-30 所示。

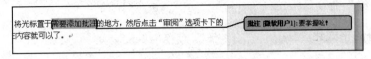

图 3-30　添加批注

②修改批注。在批注位置上双击，进入修改状态，直接输入要修改的批注内容即可。

③修改批注的颜色。"审阅"选项卡下单击"修订"下拉按钮，在弹出的下拉列表中选择"修订选项"，弹出"修订选项"对话框，在"批注"下拉列表中，选择用户需要的颜色，最后单击"确定"按钮。如图 3-31 所示。

④删除批注。在"审阅"选项卡"批注"分组中，单击"删除"旁边的下拉箭头，然后单击"删除文档中的所有批注"。

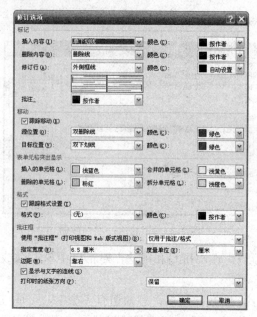

图 3-31　"修订选项"对话框

2）用户可以自定义状态栏，向其添加一个用来告知用户修订是打开状态还是关闭状态的指示器。在打开修订功能的情况下，用户可以查看在文档中所做的所有更改。当关闭修订功能时，可以对文档进行任何更改，而不会对更改的内容做出标记。

①打开修订。在"审阅"选项卡上的"修订"组中，单击"修订"图标。

提示：若要向状态栏添加修订指示器，可右击该状态栏，然后单击"修订"。单击状态栏上的"修订"指示器可以打开或关闭修订。

如果"修订"命令不可用，需要关闭文档保护。在"审阅"选项卡上的"保护"组中，单击"限制编辑"，然后单击"保护文档"任务窗格底部的"停止保护"。

②关闭修订。当关闭修订时，用户可以修订文档而不会对更改的内容做出标记。关闭修订功能不会删除任何已被跟踪的更改。

在"审阅"选项卡上的"修订"组中，单击"修订"图标，即可关闭修订功能。

如果只想要取消修订，而不是关闭此功能的话，可使用"更改"选项卡上"修订"组中的"接受"和"拒绝"命令。

3.2.2　字符的格式化

字符的格式化，是指在编辑文档时为了强调某一点，需要更改某些文字的外观，使整篇文档看起来比较美观。这种使某一部分文档和文档的其他部分看起来不一样的操作，称为字符的格式化，也叫排版。Word 2010 提供的多种字符格式化的手段，可以编排出漂亮美观的文档。

方法一：使用"字体"对话框格式化。

Word 2010 的"字体"对话框专门用于设置 Word 文档中的字体、字体大小、字体效果等选项，在"字体"对话框中可以方便地选择字体，并设置字体大小，操作步骤如下所述：

1）打开 Word 2010 文档窗口，选中准备设置字体和字体大小的文本。然后在"开始"选项卡中单击"字体"分组的"字体"对话框启动按钮，或按 Ctrl+D 组合键，显示如图 3-32 所示。

图 3-32　"字体"对话框启动按钮

"字体"分组中各个工具按钮的作用分别是：

字体框<u>宋体</u>：用来设置中文字体和英文字体。

字号框<u>小四</u>：用来设置文字字体的大小。

"增大字体"按钮**A**：用来增大文字字体大小。

"缩小字体"按钮**A**：用来减小文字字体大小。

"更改大小写"按钮**Aa**：用来设置文字的大小写或其他常见的大小写形式。

"清除格式"按钮：清除文字的所有格式，只留下纯文本。

"拼音指南"按钮：用来对被选取的中文字符标注汉语拼音。

"字符边框"按钮A：用来设置文字的字符边框。

"加粗"按钮**B**：用来设置文字的加粗。

"倾斜"按钮***I***：用来设置文字的倾斜。

"下划线"按钮**U**：用来设置文字下划线的线形。

"删除线"按钮**abc**：用来添加文字的删除线。

"突出显示"按钮：以不同的颜色突出显示文本，似荧光笔添涂效果。

"字体颜色"按钮**A**：用来设置文字字体的颜色。

"字符底纹"按钮A：为整行文字添加底纹背景。

"带圈字符"按钮：用来对被选取的文字加上圈号。

2）在打开的"字体"对话框中，分别在"中文字体"、"西文字体"和"字号"下拉列表中选择合适的字体和字号，或者在"字号"编辑框中输入字号数值。设置完毕单击"确定"按钮即可，如图 3-33 所示。

图 3-33　"字体"对话框的"字体"选项卡

　　"字体"选项卡：在此选项卡中可设置字体、字形、字号、字体颜色、下划线、着重号、删除线、阴影、上标/下标等。

　　"高级"选项卡：在此选项卡中可以设置字符的缩放、间距、位置等。如图 3-34 所示。在此单击"文字效果"按钮可以设置文字的动态效果。

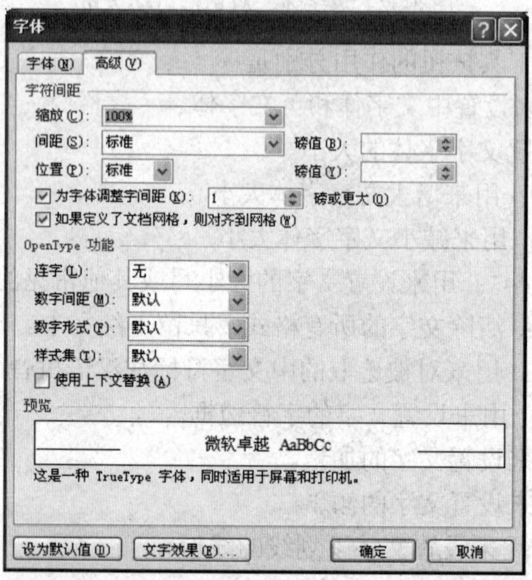

图 3-34　"字体"对话框的"高级"选项卡

　　方法二：用"开始"选项卡"字体"分组格式化

　　选定要格式化的文本后，可以直接单击"字体颜色"工具按钮 和  来设置文本的颜色、字体、字形、字号、加粗、倾斜、下划线等。这种方法快捷方便，但不能设置特殊效果。

　　字号大小有两种表示方式，分别以"号"和"磅"为单位。以"号"为单位的字号大小中，初号字最大，八号字最小；以"磅"为单位的字体大小中，72 磅最大，5 磅最小。

　　提示：磅值的取值范围是 1 至 1638，一般使用它来设置较大的文字（如标语等）。在设置时，可直接在字号编辑框输入数值。在使用 Word 设置文档中文字的字号时，选定字符后可以使用 Ctrl+[或 Ctrl+]快捷键，使字号逐磅变大或变小。

3.2.3　段落的格式化

1. 设置段落的对齐方式

　　段落的对齐方式，就是利用 Word 2010 的编辑排版功能调整文档中段落相对于页面的位置。常用的段落对齐方式有：左对齐、居中对齐、右对齐、两端对齐和分散对齐 5 种。

　　方法一：用"开始"选项卡中的相应按钮进行设置，如图 3-35 所示。

图 3-35　"开始"选项卡的"段落"区

"左对齐"按钮≣：对被选取的段落进行左对齐，默认情况下为左对齐。

"居中"按钮≣：对被选取的段落居中。

"右对齐"按钮≣：对被选取的段落进行右对齐。

"两端对齐"按钮≣：对被选取的段落进行左右两端同时对齐。

"分散对齐"按钮≣：对被选取的段落进行分散对齐。

方法二：使用"段落"对话框中的"对齐方式"下拉列表进行设置，如图 3-36 所示。

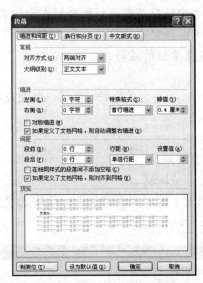

图 3-36　"段落"对话框的"缩进和间距"选项卡

2. 设置段落缩进

段落缩进指段落中的文本到正文区左、右边界的距离。包括左缩进、右缩进、首行缩进、悬挂缩进，如图 3-37 所示。

图 3-37　标尺及缩进示意图

方法一：使用标尺进行段落缩进。

1）单击勾选"视图"选项卡的"标尺"复选框或单击垂直滚动条上方的"标尺"按钮。

2）鼠标定位在需要进行缩进设置的段落。

3）按住左键拖动标尺中的左缩进标记、右缩进标记、首行缩进标记、悬挂缩进标记至适当位置。

方法二：用"段落"对话框进行精确调整。

1）单击"开始"选项卡→"段落"组→"段落"对话框启动器，弹出如图 3-36 所示的"段落"对话框。

2）选择"缩进和间距"选项卡，在"缩进"区域的"左侧"、"右侧"输入框中分别键入距离值，在"特殊格式"下拉列表框中选择"首行缩进"或"悬挂缩进"，在"磅值"输入框中键入距离值。

3. 间距设置

间距有行距、段前间距和段后间距三种。

在"段落"对话框中选择"缩进和间距"选项卡，在"间距"区域的"段前"、"段后"输入框中分别键入值，在"行距"下拉列表中选择一种行距。但要设置多倍行距，例如 1.8 倍行距，则要在"行距"下拉列表中选择"多倍行距"后在"设置值"输入框中键入 1.8。

提示：段前或段后间距值可以指定度量单位，如英寸（in）、厘米（cm）、磅（pt）或像素（px），方法是在数值后键入度量单位的缩写。

4. 边框和底纹

在 Word 2010 中文版中，可以为选定的字符、段落、页面及各种图形设置各种颜色的边框和底纹，从而美化文档。

（1）文字或段落的边框

为文字或段落添加边框的方法是：

1）先选定要添加边框的文字或段落。

2）单击"页面布局"选项卡下的"页面背景"分组中的"页面边框"按钮，弹出"边框和底纹"对话框，如图 3-38 所示。

图 3-38 "边框和底纹"对话框

3）在"边框"选项卡中，分别设置边框的样式、线型、颜色、宽度、应用范围等，应用范围可以是选定的"文字"或"段落"。

（2）页面边框

Word 2010 可以设置为给整个页面添加一个页面边框，不仅可以设置普通的边框，还可以添加艺术型的边框，使文档变得活泼、美观、赏心悦目。

页面边框的设置与文字、段落边框的设置相似，只是页面边框增加了一个"艺术型"下拉列表，从中可以选择漂亮的页面边框。

设置页面边框效果的方法是：

1）单击"页面布局"选项卡下的"页面背景"分组中的"页面边框"按钮，弹出"边框和底纹"对话框。

2）单击"页面边框"选项卡，如图 3-39 所示，分别设置边框的样式、线型、颜色、宽度、应用范围等，如果要使用"艺术型"页面边框，可以单击"艺术型"下拉按钮，从下拉列表中进行选择后单击"确定"按钮，应用范围是"整篇文档"。

（3）底纹

在"边框和底纹"对话框中还有一个"底纹"选项卡，可以给选定的文本添加底纹。设定文字或段落底纹的方法是：

1）单击"页面布局"选项卡下的"页面背景"分组中的"页面边框"按钮，弹出"边框和底纹"对话框。

2）单击"底纹"选项卡，如图 3-40 所示。

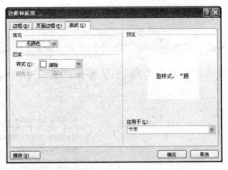

图 3-39　"页面边框"选项卡及示例　　　　图 3-40　"底纹"选项卡

3）分别设定填充底纹的颜色、式样和应用范围等。

5．格式刷的使用

在编辑文档的过程中，会遇到多处字符或段落具有相同格式的情况，这时可以将已格式化好的字符或段落的格式复制到其他文本或段落，减少重复排版操作。

（1）复制字符格式

1）选择已设置格式的文本，注意不包含段落标记。

2）单击工具栏上的"格式刷"按钮 ，此时鼠标指针变为刷子形状。

3）按住鼠标左键，在需应用格式的文本区域内拖动鼠标。

松开鼠标左键后被拖过的文本就具有了新的格式。

（2）复制段落格式

1）单击希望复制格式的段落，使光标定位在该段落内。

2）单击工具栏上的"格式刷"按钮 ，多次复制时双击。

3）把刷子移到希望应用此格式的段落，单击段内任意位置。

如果需将格式连续复制到多个文本块，则在第 2）步中双击格式刷，再分别拖动多个文本块，完成后单击"格式刷"按钮即可取消鼠标指针的刷子形状。

6．分栏

分栏指将文档中的文本分成两栏或多栏，是文档编辑中的一个基本方法，频繁用于排版。具体操作步骤如下所述：

选中所有文字或选中要分栏的段落，在 Word 界面单击"页面布局"选项卡，在"页面设置"选项中单击"分栏"按钮，可根据自己需要的栏数进行选择，如图 3-41 所示。

如果需要更多的栏数，单击"更多分栏"按钮，在"栏数"中设置需要的数目，上限为11，如图 3-42 所示。如果想要在分栏时加上分隔线，可在"分栏"对话框将"分隔线"复选框选上即可。

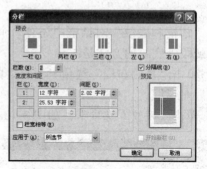

图 3-41　"页面布局"选项中下的"分栏"按钮 5　　　　图 3-42　"分栏"对话框

图 3-43 所示为将该段落分两栏，第一栏为 12 字符，间距为 2.02 字符，加分割线的分栏效果。

图 3-43　"分栏"效果

提示： 默认情况下，每栏的宽度是相等的，如果要设置不同的栏宽，需取消栏宽相等选项。

7. 项目符号和编号

使用项目符号和编号，可以使文档有条理，层次清晰，可读性强。项目符号使用的是符号，而编号使用的是一组连续的数字或字母，出现在段落前。

（1）在键入的同时自动创建项目符号和编号列表

①键入"1."，开始一个编号列表或键入"*"（星号）开始一个项目符号列表，然后按空格键或 Tab 键。

②键入所需的任意文本。

③按 Enter 键添加下一个列表项。Word 会自动插入下一个编号或项目符号。

④若要结束列表，可按 Enter 键两次，或通过按 Backspace 键删除列表中的最后一个编号或项目符号，来结束该列表。

（2）为原有文本添加项目符号或编号

选定需处理的段落，单击"段落"组"项目符号"按钮右边的下拉箭头，弹出如图 3-44 所示的"项目符号库"，选择所需的项目符号。如果"项目符号库"中没有所需符号，则单击"定义新项目符号"命令，在"定义新项目符号"对话框中设置新项目符号。

选定要添加项目符号或编号的项目。

选定要处理的段落，单击"段落"组"项目编号"按钮右边的下拉箭头，弹出如图 3-45 编号库表，从"编号库"中选择所需的样式。

如果在已列出的"编号库"没有所需的格式，单击"定义新编号格式"命令，弹出如图 3-45 所示的"定义新编号格式"对话框，以设置编号"(A) (B) (C)……"为例，在"编号样式"列表框中选择所需的样式"A,B,C,…"，在"编号格式"文本框中输入所需的格式"(A)"，单击"确定"按钮。

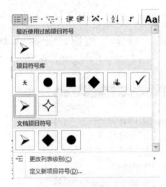

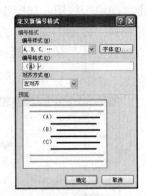

图 3-44　项目符号库　　　　　图 3-45　　编号库　　　图 3-46　　"定义新编号格式"对话框

如果在输入文本的过程中创建项目符号或编号。在需设置的起始段手工输入项目符号或编号，在以后按回车键每增加一个段落时，Word 会自动按起始段的样式创建项目符号或编号。如果要结束自动编排，可在新段文本开始处按 Backspace 键（退格键）消除项目符号或编号。

删除项目符号或编号的方法是选取需删除项目符号或编号的段落，单击"项目符号库"或"编号库"的"无"选项。

同步训练 3.2　文档的格式设置与编排

【训练目的】
- 掌握 Word 中字符的格式化。
- 掌握 Word 中段落及格式化。

【训练任务和步骤】

任务：新建一 Word 文档，按图 3-47 输入内容并进行排版，完成后以"实训 3-2.doc"为文件名进行保存。

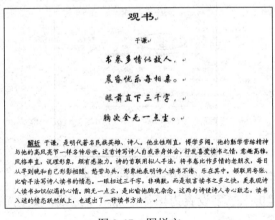

图 3-47　图样文

操作步骤：

1）设置第一行标题为"隶书"，二号，居中对齐。

①选择第一行。

②选择"开始"面板，打开"字体"对话框。设置字体为隶书，字号为二号，设置完成后单击"确定"按钮，如图 3-48 所示。

③选择"开始"面板，打开"段落"对话框。在"缩进和间距"选项卡中，在"常规"选项"对齐方式"后的下拉列表中选择"居中"，设置完成后单击"确定"按钮，如图 3-49 所示。

图 3-48　"字体"对话框　　　　　　　图 3-49　"段落"对话框

2）设置第二行姓名为"仿宋"，五号，居中对齐；设置与前 1）相同，不再赘述。

3）设置正文为"华文行楷"，四号，左缩进 14 个字符。

①选择正文部分，选择"开始"面板→"字体"，将字体和字号分别设置为"华文行楷"、四号。

②选择正文部分，选择"开始"面板→"段落"，打开"段落"对话框。在"缩进和间距"选项卡中，单击"缩进"选项"左"编辑框后的上箭头，直到设置为 14 字符，设置完成后单击"确定"按钮，如图 3-50 所示。

图 3-50　设置左缩进

4）将最后一段"解析"二字设置为黑体，加双下划线，其他字体为楷体，段落首行缩进 2 字符。

　　①选择"解析"二字，选择"开始"面板→"字体"，在"字体"对话框中，将字体设置为"黑体"，在"下划线类型"下拉列表中选择双划线，设置完成后单击"确定"按钮。

　　②将光标置于"于……"字前，按住鼠左键拖动至最后一个字符，选择文本内容，然后选择"开始"面板→"字体"，在"字体"对话框中，将字体设置为"楷体"。

　　③将光标置于本段中的任意位置，选择"开始"面板→"段落"，打开"段落"对话框。在"特殊格式"下拉列表中，选择"首行缩进"，设置"度量值"为 2 字符，设置完成后单击"确定"按钮，如图 3-51 所示。

　　5）设置第二行段间距为段前 1 行，段后 0.5 行，设置最后一段段间距为段前 1 行。

　　①将光标置于第二行的任意位置，选择"开始"面板→"段落"，打开"段落"对话框。在"间距"选项中，设置"段前"和"段后"分别为 1 行、0.5 行，设置完成后单击"确定"按钮，如图 3-52 所示。

　　图 3-51　设置首行缩进　　　　　　　　　图 3-52　设置段间距

　　②将光标置于最后一段任意位置，选择"开始"面板→"段落"，打开"段落"对话框。在"间距"选项中，设置"段前"为 1 行，设置完成后单击"确定"按钮。操作完成。

3.3　表格的创建与设置

　　表格是文档中常见的文字组织形式，它可以使数据具有更好的可读性，它的优点就是结构严谨、效果直观。使用 Word 2010 的表格处理功能可以很方便地制作出复杂的表格。

3.3.1　插入表格

Word 2010 提供了很多创建表格的方法，主要有以下几种。

　　方法一：将光标定位到需要添加表格处，单击"插入"选项卡→"表格"组→"表格"按钮，在面板中拖动光标至所需要的表格行数和列数，释放鼠标左键就可以插入一个空白表格。用这种方法添加的最大表格为 10 列 8 行。

　　方法二：将光标定位到需要添加表格处，单击"插入"选项卡→"表格"组→"表格"按钮，选择"插入表格"（如图 3-53 所示）即可打开"插入表格"对话框，如图 3-54 所示。

　　方法三：将光标定位到需要添加表格处，单击"插入"选项卡→"表格"组→"表格"按钮，选择"绘制表格"，鼠标变成绘图铅笔，即可绘制不规则表格。

图 3-53　插入表格　　　　　　　　　图 3-54　"插入表格"对话框

方法四：将光标定位到需要添加表格处，单击"插入"选项卡→"表格"组→"表格"按钮，选择"快速表格"，弹出"内置表格样式列表"面板，单击某一个内置表格样式即可插入该格式的表格。此时一般需要删除原有数据，重新输入自己的数据。

3.3.2　表格基本操作

1．选取

单元格就是表格中的一个小方格，一个表格由一个或多个单元格组成。单元格就像文档中文字一样，无论要对它进行何种操作，首先都必须选取它。这是一个指定操作对象的过程。

1）"选取"按钮选取。将插入点置于表格任意单元格中，出现如图 3-55 所示的"表格工具"→"布局"选项卡，在"表"组单击"选择"按钮，在弹出的面板中单击相应按钮完成对单元格、列、行或整个表格的选取。

图 3-55　选择表格中的对象

2）"选取"命令选取。将插入点定位到要选择的行、列或表格中的任意单元格，右击，在弹出快捷菜单中选择"选择"命令，单击相应菜单项即可完成对单元格、列、行或者整个表格的选取。

3）"鼠标"操作选取。

①选一个单元格，把光标放到单元格的左边框线右侧，鼠标指针随即变成黑色箭头形状，按下左键即可选取一个单元格，拖动可选取多个。

②选一行表格，在左边文档的选定区单击，即可选取表格的一行单元格，拖动可选取多行。

③选一列表格，把光标移到某一列的上边框，当鼠标指针变为向下的黑色箭头时，单击即可选取该列，拖动可选取多列。

④选取整个表格，将插入点置于表格任意单元格中，待表格的左上角出现了一个带方框的十字标记时，将鼠标指针移到该标记上，单击即可选取整个表格。

2．插入单元格、行或列

创建一个表格后，要增加单元格、行或列，无需重新创建，只要在原有的表格上进行插入操作即可。插入的方法是选定单元格、行或列，右击，在快捷菜单中选择"插入"菜单，再选择插入的项目（表格、行、列、单元格）。同样也可以在"表格工具"→"布局"选项卡，单击"行和列"组中相应的按钮来实现。

3．删除单元格、行或列

选定了表格或某一部分后，右击，在快捷菜单中选择删除的项目（表格、行、列、单元格）即可。也可在"行和列"组中单击"删除"按钮，在出现的面板中单击相应按钮来完成。

4．合并与拆分单元格

1）合并单元格。合并单元格是指选中两个或多个单元格，将它们合成一个单元格，其操作方法为选择要合并的单元格，右击，选择"合并单元格"命令，即可将单元格进行合并。也可在"表格工具"→"布局"选项卡中单击"合并"组中的"合并单元格"按钮完成该操作。

2）拆分单元格。拆分单元格是合并单元格的逆过程，是指将一个单元格分解为多个单元格。其操作方法为选择要进行拆分的一个单元格，右击，选择"拆分单元格"命令，输入将要拆分成的行数和列数，单击"确定"按钮，即可将单元格进行相应拆分。也可在"表格工具"→"布局"选项卡中单击"合并"组中的"拆分单元格"按钮，在弹出如图 3-56 所示的"拆分单元格"对话框中完成拆分设置。

5．调整表格大小、列宽与行高

（1）自动调整表格

①在表格中右击，选择"自动调整"命令，弹出如图 3-57 所示的"自动调整"子菜单，选择"根据内容调整表格"命令，可以看到表格单元格的大小均发生了变化，仅仅能容下单元格中的内容。也可以使用"表格工具"→"布局"选项卡"单元格大小"组中的"自动调整"命令来完成相应设置。

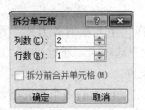

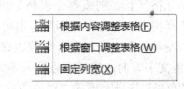

图 3-56　"拆分单元格"对话框　　　　　　　图 3-57　"自动调整"子菜单

②在表格中右击，选择"自动调整"命令，弹出如图 3-57 所示"自动调整"子菜单，选择"根据窗口调整表格"命令，表格将自动充满整个 Word 2010 窗口。也可以使用"表格工具"→"布局"选项卡　"单元格大小"组中的"自动调整"命令来完成相应设置。

③选择"固定列宽"命令，此时向单元格中填写内容，当内容长度超过表格宽度时，会自动加高表格行，而表格列不变。

④设定表格中的多列具有相同的宽度或多行具有相同的高度，选定这些列或行，右击，在快捷菜单中选择"平均分布各列"或"平均分布各行"命令，列或行就自动调整为相同的宽度或高度。也可以使用"表格工具"→"布局"选项卡"单元格大小"组中的"分布列"或"分布行"命令按钮来完成相应设置。

（2）调整表格大小

①表格缩放：将鼠标指针移动到表格右下角的小正方形上，鼠标指针随即会变成一个拖动标记，按下左键，拖动鼠标缩放，即可改变整个表格的大小。

②调整行高或列宽：把鼠标指针移动到表格的框线上，鼠标指针会变成一个两边有箭头的双线标记，这时按下左键拖动鼠标，就可以改变当前框线的位置。

③调整单元格的大小：选中要改变大小的单元格，用鼠标拖动它的框线，改变的只是拖动的框线的位置。

④指定单元格大小、行高或列宽的具体值：选中要改变大小的单元格、行或列，右击，选择"表格属性"命令，将弹出"表格属性"对话框，在这里可以设置指定大小的单元格、行高、列宽和表格。也可以使用"表格工具"→"布局"选项卡"表"组中的"属性"按钮，来完成相应的设置。

6. 改变表格位置和环绕方式

选取整个表格，切换到"开始"选项卡，通过单击"段落"组中的"居中"、"左对齐"、"右对齐"等按钮即可改变表格的位置。

选取整个表格，右击，在出现的快捷菜单中选择"表格属性"命令，也可在"表格属性"对话框中完成表格位置的设置，还可以设置文字环绕方式。

光标插入点定位到表格任意单元格内，在展开的"表格工具"→"布局"选项卡中单击"表"组中的"属性"按钮，也可完成表格位置和文字环绕方式的设置。

7. 单元格中文字的字体设置

表格中文字的字体设置与文本中的设置方法一样，参照字体的相关设置即可。本节主要讨论文字的对齐方式和文字方向两个方面。

1）文字对齐方式。Word 2010 提供了9中不同的文字对齐方式。在"表格工具"→"布局"选项卡下的"对齐方式"组中显示了这9种文字对齐方式。默认情况下，Word 2010 表格中的文字在单元格中水平方向居左，垂直方向居上对齐。

选择单元格（行、列或整个表格）内容，右击，选择"单元格对齐方式"命令，在出现的子菜单选择相应的对齐方式即可；也可以切换到"开始"选项卡，通过单击"段落"组中的"居中"、"左对齐"、"右对齐"等按钮完成水平方向的设置。

2）设置文字方向。将插入点置入单元格中，或者选定要设置的多个单元格，单击"表格工具"→"布局"选项卡下的"对齐方式"组中的"文字方向"按钮，可实现文字水平方向和垂直方向之间的切换。

8. 设置表格中文字至表格线的距离

表格中每一个单元格中的文字与单元格的边框之间都有一定的距离。默认情况下，字号大小不同，距离也不相同。如果字号过大，或者文字内容过多，影响了表格展示的效果，就要考虑设置单元格中的文字离表格线的距离了。在自定义单元格边距和间距时，首先要选定整个表格，然后切换到"表格工具"→"布局"选项卡，在"对齐方式"组中单击"单元格边距"按钮，在打开的"表格选项"对话框中对相关选项进行设置即可完成。

9. 表格自动套用样式

Word 2010 内置了许多种表格格式，使用任何一种内置的表格格式都可以在表格上应用专业的格式设计。

将插入点定位到表格中的任意单元格，切换到"表格工具"→"设计"选项卡，在"表格样式"组中，单击选择合适的表格样式，表格将自动套用所选的表格样式。

10．表格添加边框和底纹

表格在建立之后，可以为整个表格或表格中的某个单元格添加边框或填充底纹。除了前面介绍的使用系统提供的表格样式来使表格具有精美的外观外，还可以通过进一步的设置来使表格符合要求。

Word 2010 提供了两种不同的设置方法。

1）选择单元格（行、列或整个表格），右击，选择"边框和底纹"命令，弹出"边框和底纹"对话框，如图 3-58 所示。若要修饰边框，打开"边框"选项卡，按要求设置表格的每条边线的样式、颜色、宽度、应用范围等参数，单击"确定"按钮即可（使用该方法可以制作斜线表头）；若要添加底纹，打开"底纹"选项卡，按要求设置颜色和应用范围，单击"确定"按钮即可。

图 3-58　"边框和底纹"对话框

2）选中需要修饰的表格的某个部分，单击"表格工具"→"设计"选项卡"表格样式"组中"底纹"按钮（或"边框"按钮）右端的小三角按钮，可以显示一系列的底纹颜色（或边框设置），选择相应选项即可。也可在"表格工具"→"设计"选项卡"绘图边框"组单击右下角的小按钮，打开"边框和底纹"对话框完成相应设置。

11．表格与文字的转换

在 Word 2010 中可以利用"表格工具"→"布局"选项卡"数据"组的"转换为文本"按钮，如图 3-59 所示，方便地进行表格和文本之间的转换，这对于使用相同的信息源来实现不同的工作目标将会是非常有用的。

（1）将表格转换为文本

1）将光标置于要转换成文本的表格中，或选择该表格，激活"表格工具"→"布局"选项卡。

2）单击"表格工具"→"布局"选项卡"数据"组的"转换为文本"按钮。

3）在弹出的"表格转换成文本"对话框中，如图 3-60 所示，选择一种文字分隔符，默认是"制表符"，即可将表格转换成文本，效果如图 3-61 所示。

图 3-59　表格的转换功能　　　　　　图 3-60　"表格转换为文本"对话框

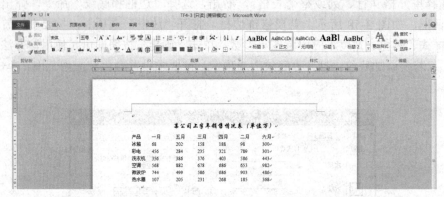

图 3-61　转换成文本

在"表格转换成文本"对话框中提供了 4 种文本分隔符选项，下面分别介绍其功能。

- 段落标记：把每个单元格的内容转换成一个文本段落。
- 制表符：把每个单元格的内容转换后用制表符分隔，每行单元格的内容形成一个文本段落。
- 逗号：把每个单元格的内容转换后用逗号分隔，每行单元格的内容形成一个文本段落。
- 其他字符：在对应的文本框中输入用作分隔符的半角字符，每个单元格的内容转换后，用输入的字符分隔符隔开，每行单元格的内容形成一个文本段落。

（2）将文本转换为表格

Word 2010 可以将已经存在的文本转换为表格。要进行转换的文本应该是格式化的文本，即文本中的每一行用段落标记符分开，每一列用分隔符（如空格、逗号或制表符等）分开。

其操作方法是：

1）选定添加了段落标记和分隔符的文本。

2）在"插入"选项卡中，单击"表格"组中的"表格"按钮旁的下拉按钮，在弹出的下拉列表中，单击"文字转换成表格"按钮，弹出如图 3-62 所示的"将文字转换为表格"对话框。

3）在"表格尺寸"选项组中"列数"文本框中输入所需的列数，如果选择列数大于原始数据的列数，后面会添加空列；在"文字分隔位置"选项组下，单击所需的分隔符选项，如选择"制表符"。

图 3-62　"将文本转换成表格"对话框

4）单击"确定"按钮，关闭对话框，完成相应的转换。

3.3.3　表格的计算与排序

1．表格的计算

Word 2010 的表格中自带了对公式的简单应用，若要对数据进行复杂处理，需要使用后续单元介绍的 Excel 2010 电子表格。用户可以借助 Word 2010 提供的数学公式运算功能对表格中的数据进行数学运算，包括加、减、乘、除、求和、求平均值等常见运算。操作步骤描述如下：

1）在准备参与数据计算的表格中单击计算结果所在单元格。

2）在"表格工具"→"布局"选项卡中，单击"数据"组中的"公式"按钮，打开"公式"对话框，如图 3-63 所示。

3）在"公式"编辑框中，系统会根据表格中的数据和当前单元格所在的位置自动推荐一个公式，例如"=SUM(LEFT)"是指计算当前单元格左侧单元格的数据之和，可以单击"粘贴函数"下拉按钮选择合适的函数，例如选择平均数函数 AVERAGE。

图 3-63　"公式"对话框

4）完成公式的编辑后，单击"确定"按钮即可得到计算结果。

2．表格的排序

Word 2010 提供了将表格中的文本、数字或数据按"升序"或"降序"两种顺序排列的功能。"升序"顺序为字母从 A 到 Z，数字从 0 到 9，或最早的日期到最晚的日期。"降序"为字母从 Z 到 A，数字从 9 到 0，或最晚的日期到最早的日期。

在表格中对文本进行排序时，可以选择对表格中单独的列或整个表格进行排序，也可在表格中的单独列中使用多于一个的关键词或值域进行排序。操作步骤描述如下：

1）将插入点置于表格中的任意位置。

2）切换到"表格工具"→"布局"选项卡，单击"数据"组中的"排序"按钮，弹出"排序"对话框，如图 3-64 所示。

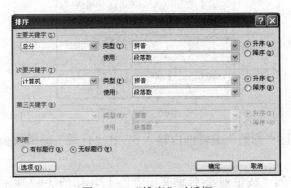

图 3-64　"排序"对话框

3）在对话框中选择"列表"区的"有标题行"单选框，如果选中"无标题行"单选框，则标题行也将参与排序。

4）单击"主要关键字"区的关键字下拉按钮，选择排序依据的主要关键字，然后选择"升序"或"降序"选项，以确定排序的顺序。

5）若需要次要关键字和第三关键字，则在"次要关键字"和"第三关键字"区分别设置排序关键字，也可以忽略，不设置。单击"确定"按钮完成数据排序。

同步训练 3.3　文档表格的创建与设置

【训练目的】
- 掌握表格的建立方法。
- 掌握表格的编辑及格式化。

【训练任务和步骤】

1. 创建表格

按如图 3-65 所示创建表格并输入内容。

国内定价（元）				
报名	邮发代号	单价	月份	半年价
北京周末报	1-172	0.80	3.00	18.00
21 世纪报	1-197	0.60	2.50	15.00
上海英文星报	3-85	1.00	8.00	48.00
商业周刊	随《中国日报订阅》			

图 3-65　样文

操作步骤：

（1）创建表格并自动套用格式

①选择"插入"→"表格"→"插入表格"，打开"插入表格"对话框，如图 3-66 所示。

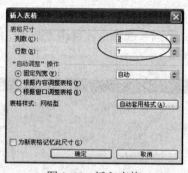

图 3-66　插入表格

②在"表格尺寸"区"列数"编辑框内输入 5，在"行数"编辑框内输入 7。然后单击"确定"按钮。

③选择表格样式中的"浅色列表-强调文字颜色 1"，如图 3-67 所示。

③再次单击"确定"按钮，操作完成，如图 3-68 所示。

（2）表格格式设置

要求：将表格第一行合并为一个单元格，将表格最后一行第 2 列至第 5 列合并成一个单元格；按样文输入表格内容；将所有单元格的对齐方式设置为中部居中；设置第一行的行高为 1 厘米，字号为四号；将表格第二行与第三行互换。

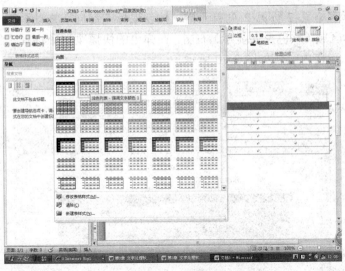

图 3-67 选择表格样式

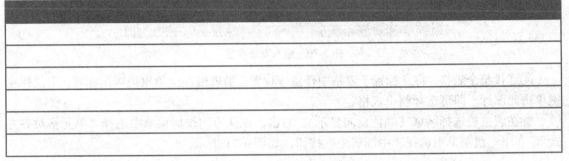

图 3-68 已创建好的表格

①将光标置于表格第一行第一个单元格，按住鼠标左键向右拖动至第一行最后一个单元格，选择表格第一行，在表格被选择区域（颜色反向显示）右击，在弹出的快捷菜单中选择"合并单元格"，如图 3-69 所示。

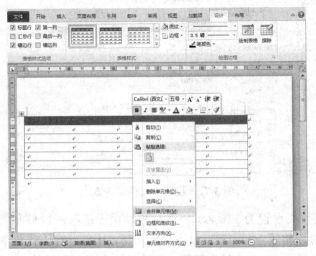

图 3-69 合并单元格

②将光标置于表格第 7 行第 2 列单元格，按住鼠标左键向右拖动至第 7 行最后一个单元格，在表格被选择区域（颜色反向显示）右击，在弹出的快捷菜单中选择"合并单元格"命令。

③按要求输入表格内容。如图 3-70 所示。

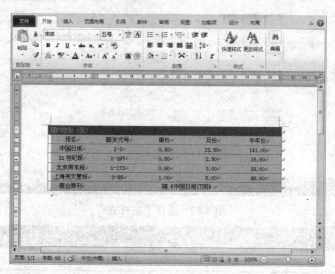

图 3-70　输入表格内容

④选择整个表格。将光标置于表格中任意一位置，当表格左上角出现 ⊞ 图标时，用鼠标左键单击此图标，即可选择整个表格。

⑤在表格被选择区域（颜色反向显示），右击，在弹出的快捷菜单中选择"单元格对齐方式"，在下一级菜单中选择"中部居中"按钮，如图 3-71 所示。

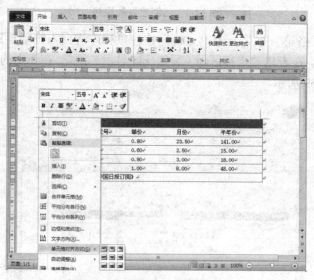

图 3-71　设置单元格对齐方式

⑥表格第一行的行高设置为 1 厘米。将光标移动至表格第一行最左侧，当光标显示为 ⌐ 图标时，单击，即可选择表格第一行。然后单击鼠标右键，从弹出的快捷菜单中单击"表格属性"，打开"表格属性"对话框，单击"行"标签，勾选"指定高度"前的复选框，并在其后的编辑

里设置高度为 1 厘米，如图 3-72 所示。

⑦设置表格第一行字为四号字。

⑧选择"中国日报"这一行（将光标移动至表格第一行最左侧，当光标显示为 ⟋ 图标时，单击，即可选择表格第一行），右击，在弹出的快捷菜单中选择"剪切"。

⑨选择 21 世纪报这一行，右击，在弹出的快捷菜单中选择"以新行的形式插入"，如图 3-73 所示。

图 3-72　设置行高

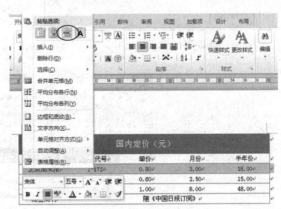

图 3-73　粘贴行

⑩结果如图 3-74 所示。

国内定价（元）				
报名	邮发代号	单价	月份	半年价
北京周末报	1-172	0.80	3.00	18.00
21 世纪报	1-197	0.60	2.50	15.00
上海英文星报	3-85	1.00	8.00	48.00
商业周刊	随《中国日报订阅》			

图 3-74　结果

（3）表格边框设置

要求：将表格外边框设置为 1.5 磅的单实线，将第一行的下边线设置为双实线，将第二行至第六行的网格线设置为虚线。

①选择整个表格，右击，选择"边框和底纹"，打开"边框和底纹"对话框，单击"边框"标签，在"设置"选项下选择"自定义"，在"样式"列表框中选择单实线，在"宽度"下拉列表中选择 1.5 磅，在"预览"区单击 ▭、▥、▥、▥ 按钮或直接在图示上单击上、下、左、右边线位置。如图 3-75 所示。

②选择第一行，选择"边框和底纹"，打开"边框和底纹"对话框，单击"边框"标签，在"设置"选项下选择"自定义"，在"样式"列表框中选择双实线，在"预览"区单击下边线 ▥ 按钮或直接在图示上单击下边线位置，如图 3-76 所示。

③选择第二行至第七行，选择"边框和底纹"，打开"边框和底纹"对话框，单击"边框"标签，在"设置"选项下选择"自定义"，在"样式"列表框中选择虚线，在"预览"区单击 ▦ 按钮或直接在图示上单击垂直中线和水平中线位置，结果如图 3-77 所示。

④全部操作完成，以"姓名.doc"为文件名进行保存。

图 3-75　设置边框和底纹

图 3-76　设置边框和底纹

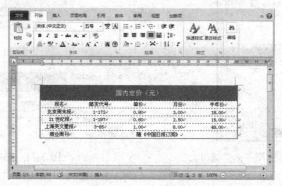

图 3-77　最终结果

2. 制作个人简历

按图 3-78 文制作一个个人简历的表格。

个人简历表

姓名		性别		出生年月		贴
曾用名		籍贯		民族		像
文化程度		政治面貌		健康状况		片
家庭住址						处
联系电话			邮政编码			
主　　要　　经　　历						
何年何月至何年何月			在何校就读			证明人

图 3-78　个人简历样文

操作步骤：

（1）创建空表格

将光标移到需要插入表格的位置，选择"插入"面板上的"表格"按钮，按住鼠标左键并拖曳指针，拉出一个带阴影的表格；注意行数和列数为 7×7 时，释放鼠标，产生一个空白的表格。或在菜单栏中选择"表格"→"插入表格"，会出现"插入表格"对话框，在该对话框中输入列数为 7 和行数为 11，单击"确定"按钮即可在插入点插入表格。

（2）合并单元格

选中第 6 行的单元格，右击，选择"合并单元格"，然后输入"主要经历"即可。选中其他需要合并的单元格进行类似操作。

（3）输入表格内容

如果表格是在页面的最前面，将插入点定位在第一行的第一个单元，按回车键，表格前就会出现一个空行，输入"个人简历"，并在表格中输入其他文字信息。

（4）设置文字格式

①选中"个人简历"，并将其设置为楷体，小二号字，加粗，并居中显示。

②选中整张表格，单击鼠标右键单击"单元格对齐方式"→"中部居中"按钮。

（5）设置对齐方式和行高、列高

①选中整个表格或需要设置的行或列，右击，选择"表格属性"命令，出现"表格属性"对话框；单击"单元格"标签，可以选择文字在单元格中的位置格式，这里选择垂直对齐方式为居中。并将表格内的所有字体设定为"宋体"，字号设定为"五号字"。

②将鼠标放到表格的横线或竖线上，鼠标变成一个两边有箭头的双线标记，按下左键拖曳鼠标，可以改变当前横框线或竖框线的位置。

（6）边框和底纹的设置

在"表格属性"对话框的"表格"选项卡中，单击"边框和底纹"按钮，可以进行边框和底纹设置。设置外部框线为 1.5 磅，内部框线为 0.5 磅。

3.4　插入图形和对象

Word 2010 中能针对形状、图形、图表、曲线、线条和艺术字等图形图像对象进行插入和样式设置，样式包括了渐变、颜色、边框、形状和底纹等多种效果，可以帮助用户快速设置上述对象的格式。

3.4.1　插入图片

Word 2010 可在文档中插入图片，图片可以从剪贴画库、扫描仪或数码照相机中获得，也可以从本地磁盘（来自文件）、网络驱动器以及互联网上获取，还可以取自 Word 2010 本身自带的剪贴图片。图片插入在光标处，此外，还可以通过图片的快捷菜单，如"设置图片格式"来调整图片的大小，设置与本页文字的环绕关系等，以取得理想的编排效果。

1. 插入图片

文档中插入图片的常用方法有两种，一种是插入来自其他文件的图片，另一种是从自带的剪辑库中插入剪贴画，下面分别介绍这两种插入图片的方法。

1）插入来自文件的图片。用户可以将多种格式的图片插入到文档中，从而创建图文并茂的文档。操作方法是将插入点置于要插入图像的位置，在"插入"选项卡的"插图"组中单击"图片"按钮，打开如图 3-79 所示的"插入图片"对话框，选择图片文件所在的文件夹位置，并选择其中需要插入到文档中的图片，然后单击"插入"按钮即可。

2）插入剪贴画。Word 2010 自带一个内容丰富的剪贴画库，包含 Web 元素、背景、标志、地点、工业、家庭用品和装饰元素等类别的实用图片，用户可以从中选择并插入到文档中。在文档中插入剪贴画，可按如下步骤操作：

①将光标置于要插入图片的位置。

②在"插入"选项卡的"插图"组中单击"剪贴画"按钮，窗口右侧将打开"剪贴画"任务窗格，如图 3-80 所示。

图 3-79　"插入图片"对话框

图 3-80　"剪贴画"任务窗格

3）在"剪贴画"任务窗格的"搜索文字"文本框中，输入描述要搜索的剪贴画类型的词或短语，或输入剪贴画的部分或完整文件名，如输入"标志"。

4）在"结果类型"下拉列表中选择要查找的剪辑类型。

5）单击"搜索"按钮进行搜索。

6）单击要插入的剪贴画，就可以将剪贴画插入到光标所在的位置。

2. 编辑图片

插入图片后，单击图片可激活，在选项区会自动增加一个"图片工具"→"格式"选项卡，利用调整、图片样式、排列和大小 4 个组的按钮命令可对图片进行各种设置。也可以通过右键快捷菜单中的"设置图片格式"对话框完成相应的设置。

（1）设置图片大小

方法 1：激活图片，在选项区会自动增加一个"图片工具"→"格式"选项卡，在"大小"组命令里有"高度"、"宽度"两个输入框，分别输入高度、宽度值，会发现选中的图片大小立刻得到了相应的调整。如图 3-81 所示。

图 3-81　"高度"和"宽度"输入框

方法 2：也可以利用右击图片，在弹出的快捷菜单中，选择"大小和位置"命令，在随后打开的"布局"对话框中，选择"大小"选项卡，直接输入高度、宽度值的方法设置图片的大小。

方法 3：选中要调整大小的图片，图片四周会出现 8 个方块，将鼠标指针移动到控点上，按下左键并拖动到适当位置，再释放左键即可。这种方法只是粗略的调整，精细调整需采用方法 1 或方法 2。

（2）裁剪图片

可以对图片进行裁剪操作，以截取图片中最需要的部分，操作步骤如下所述：

先将图片的环绕方式设置为非嵌入型，选中需要进行裁剪的图片，在如图 3-82 所示的"图片工具"→"格式"选项卡，单击"大小"组中的"裁剪"按钮。

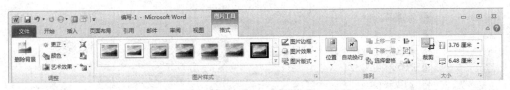

图 3-82　"图片工具"→"格式"选项卡

图片周围出现 8 个方向的裁剪控制柄，如图 3-83 所示，用鼠标拖动控制柄将对图片进行相应方向的裁剪，同时可拖动控制柄将图片复原，直至调整合适为止。

鼠标光标移出图片，单击确认裁剪。

也可以在右键快捷菜单中，选择"设置图片格式"命令，在随后弹出的"设置图片格式"对话框中，选择"裁剪"，直接输入图片的高度值、宽度值完成裁剪过程。

图 3-83　裁剪图片效果

3. 设置正文环绕图片方式

正文环绕图片方式是指在图文混排时，正文与图片之间的排版关系，文字环绕方式包括顶端居左、四周型文字环绕等 9 种。默认情况下，图片作为字符插入到 Word 2010 文档中，用户不能自由移动图片。而通过为图片设置文字环绕方式，可以自由移动图片的位置，操作步骤如下：

1）选中需要设置文字环绕的图片。

2）在"图片工具"→"格式"选项卡中，单击"排列"组中的"位置"按钮，则可以在打开的预设位置列表中选择合适的文字环绕方式。

如果希望在 Word 2010 文档中设置更丰富的文字环绕方式，可以在"排列"组中单击"自动换行"按钮，在打开的如图 3-84 所示的菜单中选择合适的文字环绕方式。也可以通过右键快捷菜单的"自动换行"命令来完成相应设置。

Word 2010 "自动换行"菜单中每种文字环绕方式的含义如下所述：

①四周型环绕：文字以矩形方式环绕在图片四周。

②紧密型环绕：文字将紧密环绕在图片四周。

③穿越型环绕：文字穿越图片在空白区域环绕图片。

④上下型环绕：文字环绕在图片的上方和下方。

⑤衬于文字下方：图片在下，文字在上，分为两层。

⑥浮于文字上方：图片在上，文字在下，分为两层。

⑦编辑环绕顶点：可以编辑文字环绕区域的顶点，实现更个性化的环绕效果。

4. 在文档中添加图片题注

如果 Word 2010 文档中含有大量图片，为了能更好地管理这些图片，可以为图片添加题注。添加了题注的图片会获得一个编号，并且在删除或添加图片时，所有图片编号会自动改变，以保持编号的连续性。在 Word 2010 文档中添加图片题注的步骤如下所述：

1）右击需要添加题注的图片，在打开的快捷菜单中选择"插入题注"命令；或者单击选中图片，在"引用"选项卡的"题注"组中单击"插入题注"按钮，打开"题注"对话框，如图 3-85 所示。

图 3-84　"自动换行"菜单

图 3-85　"题注"对话框

2）在打开的"题注"对话框中，单击"编号"按钮，选择合适的编号格式。

3）返回"题注"对话框中，在"标签"下拉列表中选择"图表"标签；也可以单击"新建标签"按钮，在打开的"新建标签"对话框中创建自定义标签（例如第一章），单击"位置"下拉按钮选择题注放置的位置（如"所选项目下方"），设置完毕后单击"确定"按钮。

4）在 Word 2010 文档中添加图片题注后，可以单击题注右边部分的文字进入编辑状态，并输入对图片的描述性内容。

5. 在 Word 2010 文档中设置图片透明色

在 Word 2010 文档中，对于背景色只是一种颜色的图片，可以将该图片的纯色背景色设置为透明色，从而使图片更好地融入到 Word 文档中。该功能对于设置有背景颜色的 Word 文档尤其适用。在 Word 文档中设置图片透明色的步骤如下所述：

1）选中需要设置透明色的图片，切换到 "图片工具"→"格式"选项卡，在"调整"组中单击"颜色"按钮，在打开的颜色模式列表中选择"设置透明色"命令。

2）鼠标光标呈现彩笔形状，将鼠标光标移动到图片上并单击需要设置为透明色的纯色背景，则被单击的纯色背景将被设置为透明色，从而使得图片的背景与 Word 2010 文档的背景色一致。

以上介绍的是部分对图片格式的基本操作，如果需要对图像进行其他如删除背景、设置艺术效果、设置样式、调整颜色、填充、设置图片效果（如阴影、三维）等基本操作，可通过"图片工具"→"格式"选项卡中相关按钮来实现，也可右击，在快捷菜单中选择"设置图片格式"命令，在弹出的如图 3-86 所示的"设置图片格式"对话框中进行相关设置。

图 3-86　"设置图片格式"对话框

6. 图文混排

（1）图文混排的功能与意义

图文混排就是在文档中插入图形或图片，使文章具有更好的可读性和更高的艺术效果。利用图文混排功能可以实现杂志报刊等复杂文档的编辑与排版。

（2）Word 2010 文档的分层

Word 2010 文档分成以下三个层次结构。

①文本层：在处理文档时所使用的层。

②绘图层：在文本层之上。建立图形对象时，Word 最初是将图形对象放在该层。

③文本层之下层：可以把图形对象放在该层，与文本层产生叠加效果。

在编辑文稿中，利用这三层，可以根据需要对图形对象在文本层的上下层次之间移动，也可以将某个图形对象移到同一层中其他图形对象的前面或后面，实现意想不到的效果。正是因为 Word 文档具有这种层次特性，才可以方便地生成漂亮的水印图案。

（3）图文混排的操作要点

图文混排操作时文字编排与图形编辑的混合运用，其要点如下：

①规划版面：即首先对版面的结构布局进行规划。

②准备素材：提供版面所需的文字图片资料。

③着手编辑：充分运用文本框图形对象的操作，实现文字环绕叠放次序等基本功能。

3.4.2　插入艺术字

Word 2010 提供了一个为文字建立图形效果的功能，可以给文字增加特殊效果，创建出带阴影的、斜体的、旋转的和延伸的文字，还可以创建符合预定形状的文字。这些特殊效果的文字就是艺术字，它是图形对象，结合了文本和图形的特点，具有特殊的视觉效果，可以使文档的内容变得更加生动活泼。Office 艺术字不但可以像普通文字一样设定字体、大小、字形，还能够使文本具有图形的某些属性，如设置旋转、三维、阴影、映像等效果，在 Word、Excel、PowerPoint 等 Office 组件中都可以使用艺术字功能。可用"绘图工具→格式"选项卡"艺术字样式"组中的相关按钮来改变其效果。

1. 插入艺术字

在 Word 2010 文档中插入艺术字的操作步骤如下所述：

1）将插入点光标移动到准备插入艺术字的位置。

2）切换到"插入"选项卡，单击"文本"组中的"艺术字"按钮，在打开的艺术字预设样式面板中选择合适的艺术字样式。如图 3-87 所示。

3）在艺术字文字编辑框中，直接输入艺术字文本，用户可以对输入的艺术字分别设置字体和字号等。如图 3-88 所示。

图 3-87　艺术字预设样式　　　　　　　　　　　　　　图 3-88　艺术字文本

4）在编辑框外任意处单击，即可完成。

2. 编辑艺术字

在文档中输入艺术字后，可以对插入的艺术字进一步设置，方法描述如下：

方法 1：选中艺术字后，在文本上右击，可在随后弹出的快捷菜单中设置字体、字形、颜色、字号、文字方向等。也可以在边框线上右击，在随后弹出的快捷菜单中选择"设置形状格式"命令，可设置填充、阴影、三维旋转、图片颜色、艺术效果、裁剪等多种不同效果。

方法 2：利用"开始"选项卡的"字体"组上的相关命令按钮，可设置诸如字体、字号、颜色等格式。

方法 3：选中艺术字后，自动展开如图 3-89 所示的"绘图工具"→"格式"选项卡，利用"艺术字样式"组中的相关按钮，可实现填充效果、文本轮廓、边框效果、阴影、三维旋转、艺术字效果等多种修改或设置。

图 3-89　"绘图工具"→"格式"选项卡

更具体的设置，可参照插入到文档中的其他图形对象的设置方法，例如图形、文本框、SmartArt 和形状等对象，均可以进行编辑和美化处理，使其更符合用户的需求。在 Word 2010 中对这些对象的处理方法类似，下面以处理图形对象为例进行介绍。

1）选定图形对象。在对某个图形对象进行编辑之前，首先要选定该图形对象，方法如下：

● 如果要选定一个对象，单击该对象。此时，该图形周围会出现句柄。

- 如果要选定多个对象，按住 Shift 键，然后分别单击要选定的图形。
- 若被选定图形比较集中，可以将鼠标指针移到要选定图形对象的左上角，按住鼠标左键向右下角拖动，拖动时会出现一个虚线方框，当把所有要选定的图形对象全部框住后，释放鼠标按键。

2）在自选图形上添加文字。右击封闭的自选图形，在快捷菜单中选择"添加文字"命令，即可在插入点处输入文字。对于添加的文字可以进行格式设置，这些文字随图形一起移动。

3）调整图形对象的大小。选定图形对象后，在其拐角和矩形边界会出现尺寸句柄，拖动该句柄即可调整对象的大小。如果要保持原图形的比例，拖动拐角上的句柄时按住 Shift 键；如果要以图形对象中心为基点进行缩放，拖动句柄时按住 Ctrl 键。

4）复制或移动图形对象。在 Word 2010 中，绘制的图形对象出现在图形层，用户可以在文档中任意移动图形对象。选定图形对象后，可以将鼠标左键移到图形对象的边框上（不要放在句柄上），此时鼠标指针会变成四向箭头形状。按住鼠标左键拖动，拖动时会出现一个虚线框，表明该图形将要放置的位置，到达目标位置后释放鼠标按键即可。

在拖动过程中，按住 Ctrl 键，可以将选定的图形复制到新位置。

5）对齐图形对象。使用鼠标移动图形对象，很难使得多个图形对象排列得很整齐。Word 提供了快速对齐图形对象的工具，即选定要对齐的多个图形对象，切换到"绘图工具"→"格式"选项卡，在"排列"组中单击"对齐"按钮，从下拉列表中选择所需的对齐方式，如图 3-90 所示。

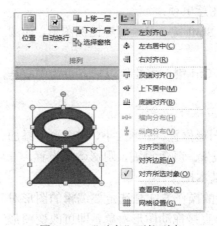

图 3-90　"对齐"下拉列表

6）叠放图形对象。在同一区域绘制多个图形时，后来绘制的图形将覆盖前面的图形。在改变图形的叠放次序时，需选定要移动的图形对象，若该图形被隐藏在其他图形下面，可以按 Tab 键来选定该图形对象，然后在"排列"选项组中单击"上移一层"或"下移一层"按钮。如果要将图形对象置于正文之后，单击"下移一层"右侧的箭头按钮，从弹出的菜单中选择"衬于文字下方"命令。

7）组合多个图形对象。用户可以将绘制好的多个图形组合成一个整体，以便于对它们同步移动或改变大小。组合多个图形对象的方法为：选定要组合的图形对象，在"排列"选项组中单击"组合"按钮，从下拉菜单中选择"组合"命令。

单击组合后的图形对象，再次单击"组合"按钮，从下拉菜单中选择"取消组合"命令，即可将多个图形对象恢复为之前的非组合状态。

8）图形的旋转与翻转。单击图形，图形上方会出现一个绿色的控制点，在此控制点上单击并拖动，所选图形即可绕其中心旋转，直至满意位置松开鼠标即可。如果要进行精确角度的旋转，选中图形并右击，选择快捷菜单中的"其他布局选项"命令，在弹出的"布局"对话框中选择"大小"选项卡，在"旋转"列表框中设置旋转的角度即可；也可以选中图形，然后单击"绘图工具→格式"选项卡"排列"组中的"旋转"按钮上的下拉按钮，在弹出的列表中根据需要选择相应的旋转或翻转效果。

3.4.3 绘制图形

图形对象包括形状、图表和艺术字等，这些对象都是 Word 文档的一部分。通过"插入"选项卡的"插图"组中的按钮可以完成插入操作，通过"绘图工具→格式"选项卡可以更改和增强这些图形的颜色、图案、边框和其他效果。

1. 插入形状

切换到"插入"选项卡，在"插图"组中单击"形状"按钮，出现"形状"下拉列表（如图 3-91 所示），在下拉列表中选择线条、基本形状、流程图、箭头总汇、星形与旗帜、标注等图形，然后在绘图起始位置按住鼠标左键，拖动至结束位置就能完成所选图形的绘制。

另外，有关绘图的几点注意事项：

1）拖动鼠标的同时按住 Shift 键，可绘制等比例图形，如圆角矩形等。

2）拖动鼠标的同时按住 Ctrl 键，可绘制以插入点为中心基点的图形对象。

2. 编辑图形

编辑图形主要包括更改图形位置、图形大小，向图形中添加文字，形状填充，形状轮廓设置，颜色设置，阴影效果设置，三维效果设置，旋转和排列等基本操作。

1）设置图形大小和位置的操作方法是选定要编辑的图形对象，在非"嵌入型"版式下，直接拖动图形对象，即可改变图形的位置，将鼠标指针置于所选图形的四周编辑点上（如图 3-92 所示），拖动鼠标可缩放图形。

图 3-91 "形状"下拉列表

2）向图形对象中添加文字的操作方法是右击图片，从弹出的快捷菜单中选择"添加文字"命令，然后输入文字即可。

3）组合图形的方法是选择要组合的多张图形，右击，从弹出的快捷菜单中选择"组合"菜单下的"组合"命令即可，效果如图 3-93 所示。

3. 修饰图形

如果需要进行图形填充、形状轮廓设置、颜色设置、阴影效果设置、三维效果设置、旋转和排列等基本操作，均可先选定要编辑的图形对象，出现如图 3-94 所示的"绘图工具"→"格式"选项卡，选择相应功能按钮来实现。

图 3-92 添加文字效果

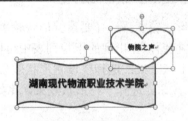

图 3-93 组合图形效果图

1）形状填充：选择要填充形状的图片，单击"绘图工具→格式"选项卡的"形状填充"按钮，出现如图 3-95 所示的"形状填充"下拉列表。如果设置单色填充，可选择下拉列表中已有的颜色，或单击"其他颜色"选择其他颜色；如果设置图片填充，单击"图片"选项，出现"打开"对话框，选择一张图片作为图片填充；如果设置渐变填充，则单击"渐变"选项，弹出如图 3-95 所示"形状填充样式"面板，选择一种渐变样式即可，也可单击"其他渐变"选项，出现如图 3-96 所示的"设置形状格式"对话框，选择相关参数设置其他渐变效果。

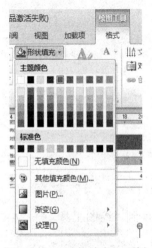

图 3-94 "形状填充"面板

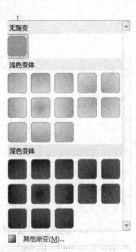

图 3-95 "形状填充样式"面板

图 3-96 "设置形状格式"对话框

2）形状轮廓：选择要设置形状轮廓的图片，单击"绘图工具"→"格式"选项卡的"形状轮廓"按钮，在出现的下拉列表中可以设置轮廓线的线型、大小和颜色。

3）形状效果：选择要设置形状效果的图片，单击"绘图工具"→"格式"选项卡的"形状效果"按钮，选择一种形状效果，比如选择"阴影"，如图 3-78 所示，再选择一种阴影样式即可。

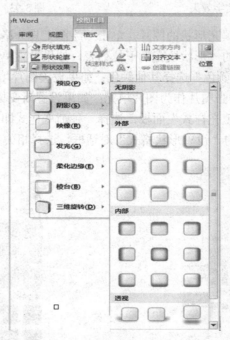

图 3-97 "形状效果"下拉列表

4）应用内置样式：选择要套用形状样式的图片，切换到"绘图工具"→"格式"选项卡，在"形状样式"组选择一种内置样式即可应用到图片上。

3.4.4 插入文本框

文本框是一种特殊的图形对象，可以被置于页面中的任何位置，主要用于在文档中输入特殊格式的文本。通过使用文本框，可以将 Word 文本很方便地放置到 Word 2010 文档页面的指定位置，而不必受段落格式、页面设置等因素的影响，从而进一步增强图文混排的功能和效果。使用文本框还可以对文档的局部内容进行竖排、添加底纹等特殊形式的排版。可以像处理一个新页面一样来处理文本框中的文字，如设置文字的方向，格式化文字，设置段落格式等。文本框有两种，一种是横排文本框，一种是竖排文本框。Word 2010 内置有多种样式的文本框供用户选择使用。

1. 插入文本框

1）可先插入一个空文本框，再输入文本内容或者插入图片，在"插入"面板的"文本"组中单击"文本框"按钮，选择合适的文本框类型，然后，返回 Word 2010 文档窗口，在要插入文本框的位置拖动大小至适当的文本框后，松开鼠标，即可完成空文本框的插入，然后输入文本内容或插入图片。如图 3-98 所示。

2）也可以将已有内容设置为文本框，选中需要设置为文本框的内容，在"插入"选项卡的"文本"组中单击"文本框"按钮，在打开的"文本框"面板中选择"绘制文本框"或"绘制竖排文本框"命令，被选中的内容将被设置为文本框。

3）如果要手动绘制文本框，在"文本框"下拉菜单中选择"绘制文本框"命令，按住鼠标左键拖动，待文本框的大小合适后，释放鼠标左键。此时，可以在文本框中输入文本或插入图片。

2. 设置文本框格式

在文本框中处理文字就像在一般页面中处理文字一样，可以在文本框中设置页边距，也可以设置文本框的文字环绕方式、大小等。

插入文本框后，可以对文本框进行编辑，如改变大小、设置边框和填充颜色等。

在文本框中输入文字，若框中文字不可见时，可调整文本框的大小解决。改变文本框大小的方法是：单击要改变大小的文本框，文本框周围出现 8 个控制点，将鼠标光标移到文本框的任意一个控制点上，然后按住鼠标左键不放并拖动即可改变文本框的大小。

要设置文本框格式时，右击文本框边框，选择"设置形状格式"命令，将弹出如图 3-99 所示的"设置形状格式"对话框，在该对话框中主要可完成如下设置：

图 3-98　"文本框"下拉列表　　　　　图 3-99　"设置形状格式"对话框

1）设置文本框的线条和颜色，在"线条颜色"选项卡中可根据需要进行具体的颜色设置。

2）设置文本框格式内部边距，在"文本框"选项卡的"内部边距"区输入文本框与文本之间的间距数值即可。

若要设置文本框"版式"，右击文本框边框，选择"其他布局选项"命令，在打开的"布局"对话框的"版式"选项卡中，进行类似于图片"版式"的设置即可。

另外，如果需要设置文本框的大小、文字方向、内置文本样式、三维效果和阴影效果等其他格式，可单击文本框对象，切换到"绘图工具"→"格式"选项卡，通过相应的功能按钮来实现。

3.文本框的链接

在使用 Word 2010 制作手抄报、宣传册等文档时，往往会通过多个 Word 2010 文本框来进行版式设计。通过在多个文本框之间创建链接，可以在当前文本框中充满文字后自动转入所链接的下一个文本框中继续输入文字。在 Word 2010 文档中链接多个文本框的步骤如下所述：

1）打开 Word 2010 文档窗口，插入多个文本框。调整文本框的位置和尺寸，并单击选中第一个文本框。

2）在打开的"绘图工具"→"格式"选项卡中，单击"文本"组中的"创建链接"按钮。

3）鼠标指针变成水杯形状，将水杯状的鼠标指针移动到准备链接的下一个文本框内部，单击即可创建链接。

4）重复上述步骤可以将第二个文本框链接到第三个文本框，以此类推可以在多个文本框之间创建链接，如图 3-100 所示。

图 3-100　文本框的链接

3.4.5　插入数学公式

利用 Word 2010 的公式编辑器可以非常方便地录入专业的数学公式，产生的数学公式可以像图形一样进行编辑和排版操作。Word 2010 提供内置常用数学公式供用户直接选用，同时提供数学符号库供用户构建自己的公式。对于自建公式，用户可以保存到公式库，以便重复使用。

1.插入内置公式

将插入点置于公式插入位置，单击"插入"选项卡，在"符号"组中单击"公式"按钮上的下拉三角按钮，在出现的列表中单击需要的公式。

2.创建自建公式

如果需要的公式不是内置公式，则按以下步骤操作：

1）插入点移动到待插入公式的位置。

2）单击"插入"选项卡"符号"组中的"公式"按钮，此时系统会在窗口顶部显示"公式工具"→"设计"选项卡，同时在文档编辑区显示公式输入框，如图 3-101 所示。

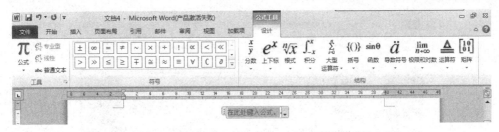

图 3-101　"公式工具"→"设计"选项卡及公式输入框

3）选择"公式工具"→"格式"选项卡"结构"组中的相应结构模板和"符号"组中相应的符号，输入相关的数字和符号。

4）输入完毕，单击公式外任意位置即可完成公式的插入。

也可以使用更简单方法，将插入点置于公式插入位置，即使用快捷键 Alt+=，系统自动在当前位置插入一个公式编辑框，同时展开"公式工具→设计"选项卡，单击相应模板和按钮即可在编辑框中编写自建公式。

说明：如果自建公式与某一内置公式结构相同，可按内置公式插入，然后进行修改。

经常使用某一自建公式，可选中创建好的公式，单击右下角的下拉按钮，在出现的列表中选择"另存为新公式"命令，将自建公式保存到公式库，将来可以像使用内置公式一样方便地使用自建公式。

3．编辑公式

已经输入的公式，如果要重新进行编辑，操作步骤如下：

（1）单击要编辑修改的数学公式。

（2）单击要修改的数学符号（或利用光标移动键将插入点定位到要修改的数学符号），然后输入新内容（使用键盘输入或单击"公式工具→格式"选项卡"符号"组中的相应符号）。

同步训练 3.4　绘制旗帜

【训练目的】

掌握在 Word 2010 中自绘图形的应用。

【训练任务和步骤】

（1）新建并保存文件

1）鼠标单击"开始"按钮，在程序组中单击 Microsoft Word 2010，打开 Word 程序，系统自动创建一个空白文档。使用"文件"菜单中的"新建"选项或按快捷键 Ctrl+N，也可以新建一个文档。

2）选择"文件"→"保存"命令，或按 Ctrl+S 快捷键，将文档保存到练习文件夹中（如果没有该文件夹，则在保存文档时创建），文档名为"旗帜.doc"。

（2）绘制图形

1）单击"插入"选项卡的"形状"，在下拉列表中选择"星与旗帜"下的"波形"，如图 3-102 所示。

2）按住鼠标左键在文档空白处拖动至合适大小，如图 3-103 所示。

3）按步骤单击 1）的方法，分别选择"直线"、"星与旗帜"和"五角星"，在文档空白处分别画出一根直线（作旗杆用）和五颗星星（一大四小），并排列好位置。如图 3-104 所示。

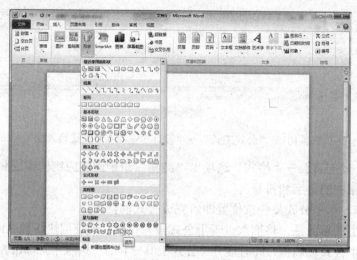

图 3-102　插入形状

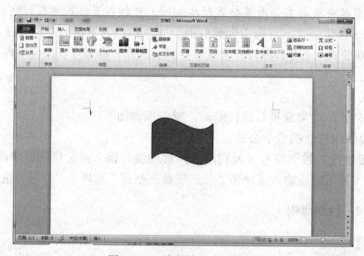

图 3-103　绘制波形自选图形

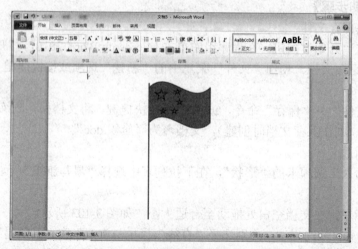

图 3-104　绘制完成后效果图

（3）填充颜色

1）双击旗帜，在"格式"选项卡中选择"形状填充"，在下拉列表中选择"红色"，同理，在"形状轮廓"中也将颜色设置了"红色"，如图 3-105 所示。

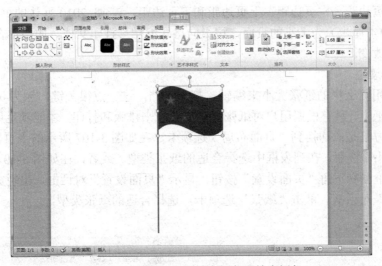

图 3-105　给旗帜设置填充颜色和轮廓颜色

2）按步骤 1），分别将五角星的填充颜色和轮廓颜色都改为"黄色"，将旗杆的轮廓颜色设置为"茶色"。结果如图 3-106 所示。

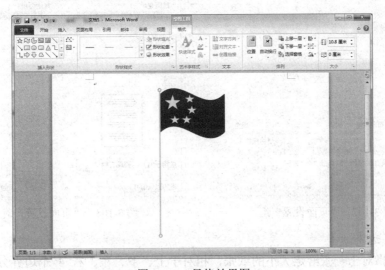

图 3-106　最终效果图

3.5　版面设置与编排

3.5.1　页面设置

要打印编辑的文档首先应正确设置页面属性，如纸型、方向和页边距等，然后才能把文档中的正文和图形打印到纸张的正确位置，得到整齐、美观的输出效果。

页面设置主要包括设置纸张大小、页面方向、页边距等内容。页边距是指页面上文本与纸张边缘的距离，它决定页面上整个正文区域的宽度和高度，对应页面的 4 条边共有 4 个页边距，分别是左页边距、右页边距、上页边距和下页边距。Word 2010 默认的页面设置是以 A4（21 厘米×29.4 厘米）为大小的页面，按纵向格式编排与打印文档。如果不合适，可以通过页面设置进行改变。

1. 设置纸型

纸型是指用什么样的纸张大小来编辑、打印文档，这一点很关键，因为我们编辑的文档最终要打印到纸上，只有根据用户对纸张大小的要求来排版和打印，才能满足用户的要求。设置纸张大小的方法是：切换到"页面布局"选项卡，在如图 3-107 所示的"页面设置"组中，单击"纸张大小"按钮，在列表框中选择合适的纸张类型。或者，在如图 3-107 所示的"页面设置"组中，单击右下角"页面设置"按钮，显示"页面设置"对话框，出现如图 3-108 所示的"页面设置"对话框。单击"纸张"选项卡，选择合适的纸张类型。

图 3-107　"页面设置"组

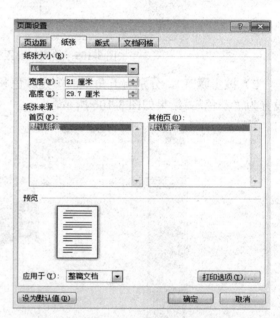

图 3-108　"页面设置"对话框

2. 设置页边距

页边距是指对于一张给定大小的纸张，相对于上、下、左、右 4 个边界分别留出的边界尺寸。通过设置页边距，可以使 Word 2010 文档的正文部分跟页面边缘保持比较合适的距离。在 Word 2010 文档中设置页面边距有两种方式：

1）在如图 3-109 所示"页面设置"组中，单击"页边距"按钮，并在打开的常用页边距列表框中选择合适的页边距。

2）在如图 3-110 所示的"页面设置"对话框中，切换到"页边距"选项卡，在"页边距"区域分别设置上、下、左、右的数值。

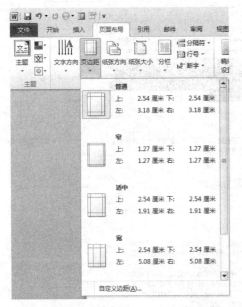

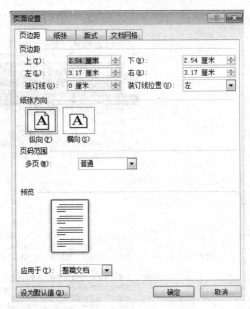

图 3-109　"页面设置"组—"页边距"　　　　图 3-110　"页边距"选项卡

3.5.2　设置分栏

有时根据排版和美观的需要，需要将一段或几段文字分成几栏显示。具体操作步骤如下：

1）选择需要分栏的段落。如果不选择，默认为整个文档。

2）方法一，切换到"页面布局"选项卡，单击"页面设置"组中的"分栏"按钮，在打开的分栏样式面板中选择合适的分栏样式。如图 3-111 所示。

方法二，选中"分栏"下的"更多分栏"，会出现"分栏"对话框，也可以实现分栏的设置，如图 3-112 所示。设置各选项，然后单击"确定"按钮即可。

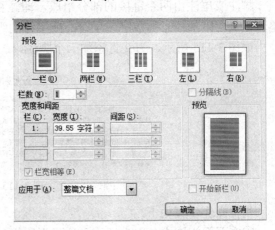

图 3-111　"页面设置"组—"分栏"　　　　图 3-112　"分栏"对话框

例：如想将图 3-113 中的第二段和第三段分成两栏显示，首先选择这两段。然后在"分栏"对话框中"预设"选项下选择"两栏"，其他设置采用默认，也可根据需要自行调整。然后单击"确定"按钮，结果如图 3-114 所示。

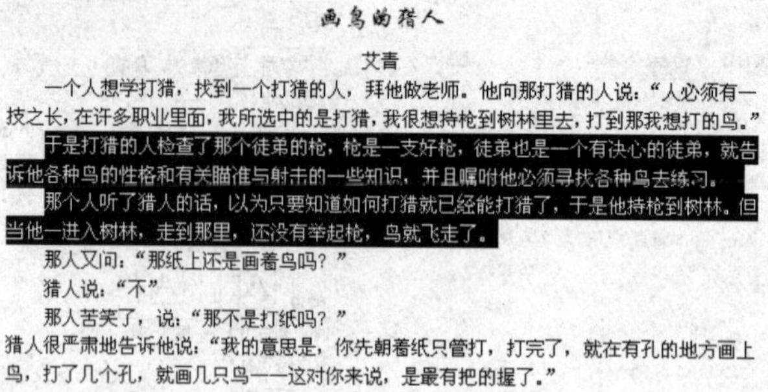

画鸟的猎人

艾青

　　一个人想学打猎，找到一个打猎的人，拜他做老师。他向那打猎的人说："人必须有一技之长，在许多职业里面，我所选中的是打猎，我很想持枪到树林里去，打到那我想打的鸟。"

于是打猎的人检查了那个徒弟的枪，枪是一支好枪，徒弟也是一个有决心的徒弟，就告诉他各种鸟的性格和有关瞄准与射击的一些知识，并且嘱咐他必须寻找各种鸟去练习。

那个人听了猎人的话，以为只要知道如何打猎就已经能打猎了，于是他持枪到树林。但他一进入树林，走到那里，还没有举起枪，鸟就飞走了。

　　那人又问："那纸上还是画着鸟吗？"

　　猎人说："不"

　　那人苦笑了，说："那不是打纸吗？"

猎人很严肃地告诉他说："我的意思是，你先朝着纸只管打，打完了，就在有孔的地方画上鸟，打了几个孔，就画几只鸟——这对你来说，是最有把的握了。"

图 3-113　设置分栏前

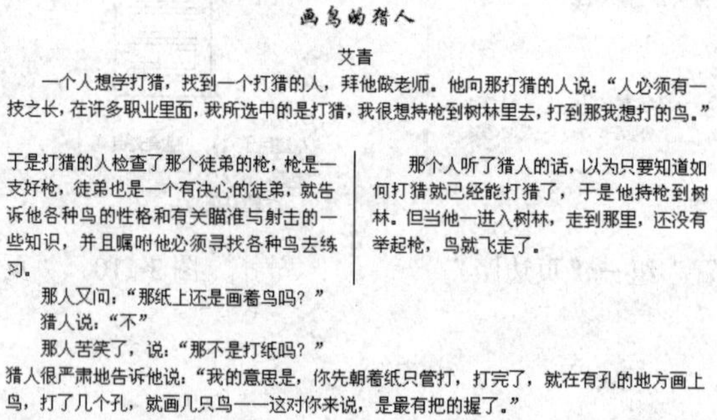

画鸟的猎人

艾青

　　一个人想学打猎，找到一个打猎的人，拜他做老师。他向那打猎的人说："人必须有一技之长，在许多职业里面，我所选中的是打猎，我很想持枪到树林里去，打到那我想打的鸟。"

于是打猎的人检查了那个徒弟的枪，枪是一支好枪，徒弟也是一个有决心的徒弟，就告诉他各种鸟的性格和有关瞄准与射击的一些知识，并且嘱咐他必须寻找各种鸟去练习。

那个人听了猎人的话，以为只要知道如何打猎就已经能打猎了，于是他持枪到树林。但他一进入树林，走到那里，还没有举起枪，鸟就飞走了。

　　那人又问："那纸上还是画着鸟吗？"

　　猎人说："不"

　　那人苦笑了，说："那不是打纸吗？"

猎人很严肃地告诉他说："我的意思是，你先朝着纸只管打，打完了，就在有孔的地方画上鸟，打了几个孔，就画几只鸟——这对你来说，是最有把的握了。"

图 3-114　设置分栏后

3.5.3　添加脚注和尾注

　　脚注和尾注用于在打印文档中为文档中的文本提供解释、批注以及相关的参考资料。可用脚注对文档内容进行注释说明，而用尾注说明引用的文献。

　　脚注或尾注由两个链接的部分组成，即注释引用标记（注释引用标记：用于指明脚注或尾注已包含附加信息的数字、字符，或字符的组合。）及相应的注释文本。

　　如图 3-115 所示，为艾青添加一个脚注。

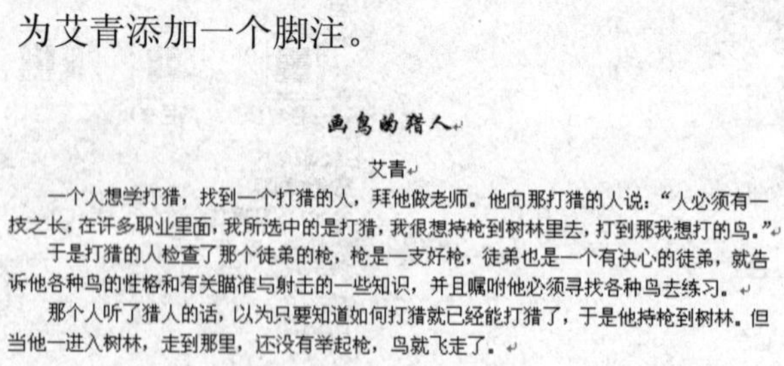

画鸟的猎人

艾青

　　一个人想学打猎，找到一个打猎的人，拜他做老师。他向那打猎的人说："人必须有一技之长，在许多职业里面，我所选中的是打猎，我很想持枪到树林里去，打到那我想打的鸟。"

　　于是打猎的人检查了那个徒弟的枪，枪是一支好枪，徒弟也是一个有决心的徒弟，就告诉他各种鸟的性格和有关瞄准与射击的一些知识，并且嘱咐他必须寻找各种鸟去练习。

　　那个人听了猎人的话，以为只要知道如何打猎就已经能打猎了，于是他持枪到树林。但当他一进入树林，走到那里，还没有举起枪，鸟就飞走了。

图 3-115　示例

具体操作步骤如下：

①在页面视图中，单击要插入注释引用标记的位置。

②方法一，选择"引用"选项卡→"脚注"组，单击"插入脚注"按钮，如图 3-116 所示。

　　方法二，选中"脚注组"下的小箭头，会出现"脚注和尾注"对话框，也可以实现脚注和尾注的设置，如图 3-117 所示。

③键入注释文本。如图 3-118 所示。

图 3-116　"脚注"组－"插入脚注"

图 3-117　"脚注和尾注"对话框

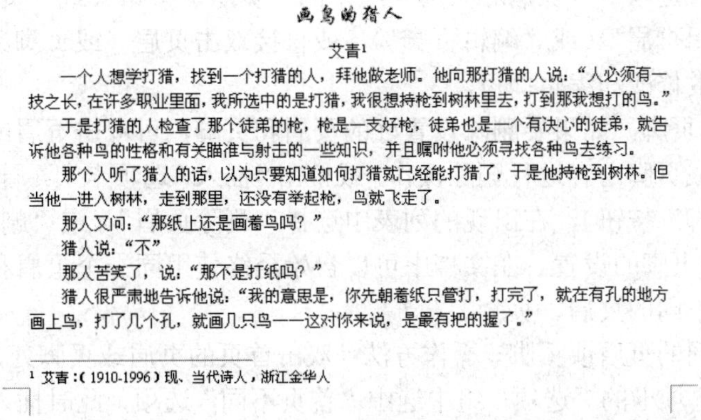

画鸟的猎人

艾青[1]

一个人想学打猎，找到一个打猎的人，拜他做老师。他向那打猎的人说："人必须有一技之长，在许多职业里面，我所选中的是打猎，我很想持枪到树林里去，打到那我想打的鸟。"

于是打猎的人检查了那个徒弟的枪，枪是一支好枪，徒弟也是一个有决心的徒弟，就告诉他各种鸟的性格和有关瞄准与射击的一些知识，并且嘱咐他必须寻找各种鸟去练习。

那个人听了猎人的话，以为只要知道如何打猎就已经能打猎了，于是他持枪到树林。但当他一进入树林，走到那里，还没有举起枪，鸟就飞走了。

那人又问："那纸上还是画着鸟吗？"

猎人说："不"

那人苦笑了，说："那不是打纸吗？"

猎人很严肃地告诉他说："我的意思是，你先朝着纸只管打，打完了，就在有孔的地方画上鸟，打了几个孔，就画几只鸟——这对你来说，是最有把的握了。"

[1] 艾青：（1910-1996）现、当代诗人，浙江金华人

图 3-118　操作结果

提示：在默认情况下，Word 将脚注放在每页的结尾处而将尾注放在文档的结尾处。还可以利用键盘快捷方式，要插入后续的脚注，可按 Ctrl+Alt+F 组合键；要插入后续的尾注，可按 Ctrl+Alt+D 组合键。

3.5.4　设置页眉和页脚

在 Word 2010 文档排版打印时，通常在每页的顶部和底部加入一些说明性信息，称为页眉和页脚。这些信息可以是文字、图形、图片、日期、时间、页码等。例如我们常见杂志的每页顶部一般都有文章标题、书名等信息，底部一般都有日期、页码等信息。页眉和页脚通常用于打印文档。页眉打印在上页边距中，而页脚打印在下页边距中。

在文档中可以自始至终用一个页眉或页脚，也可以在文档的不同部分用不同的页眉和页脚。例如，可以在首页上使用与众不同的页眉和页脚，也可以不使用页眉和页脚，还可以在奇数页和偶数页上使用不同的页眉和页脚，而且文档不同部分的页眉和页脚也可以不同。

1）创建页眉和页脚。在如图 3-119 所示的"插入"选项卡"页眉和页脚"组中，单击"页眉"或"页脚"按钮，在打开的面板中单击"编辑页眉"或"编辑页脚"按钮，定位到文档中的位置，接下来有两种方法可以完成页眉或页脚内容的设置，第一种是从库中添加页眉或页脚内容，另外一种就是自定义添加页眉或页脚内容。设置完单击"页眉和页脚工具→设计"选项卡的"关闭页眉和页脚"即可返回至文档正文。

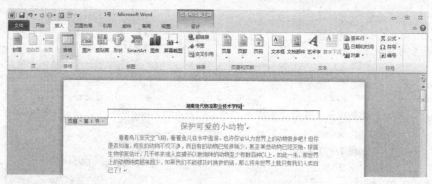

图 3-119　页眉和页脚的设置

2）编辑页眉和页脚。要对已经设置好的页眉和页脚进行修改编辑，可通过以下操作方法实现：单击"插入"选项卡"页眉和页脚"组中的"页眉"按钮（或"页脚"按钮），在出现的列表中选择"编辑页眉"（或"编辑页脚"），或直接双击页眉（或页脚）处，打开页眉和页脚后直接进行相应的修改和编辑即可。

3）删除页眉和页脚。如果要删除设置好的页眉和页脚，可双击页眉或页脚处，进入之后选中要删除的页眉或页脚内容进行删除操作，或单击"插入"选项卡"页眉和页脚"组中的"页眉"按钮（或"页脚"按钮），在出现的列表中选择"删除页眉"（或"删除页脚"）。

4）不同页眉和页脚的设置。在文档中可以自始至终使用同一个页眉和页脚，也可以在文档的不同部分使用不同的页眉、页脚。

①设置首页不同的页眉或页脚。操作方法：双击首页的页眉或页脚处，在弹出的"页眉和页脚工具→设计"选项卡的"选项"组中选中"首页不同"选项，此时插入点自动定位于首页页眉或页脚处，可输入与其他页不同的页眉或页脚。

②设置奇偶页不同的页眉和页脚。双击任意一页的页眉或页脚处，在弹出的"页眉和页脚工具→设计"选项卡的"选项"组中选中"奇偶页不同"选项，然后分别设置奇数页页眉、页脚和偶数页页眉、页脚。

③设置分节页眉、页脚。

- 单击要在其中设置或更改页眉、页脚的页面开头。
- 切换到"页面布局"选项卡，单击"页面设置"组中的"分隔符"，选择"下一页"。
- 双击页眉区域或页脚区域，打开"页眉和页脚工具"→"设计"选项卡，在"设计"的"导航"组中，单击"链接到前一节"以禁用它，如图 3-120 所示。

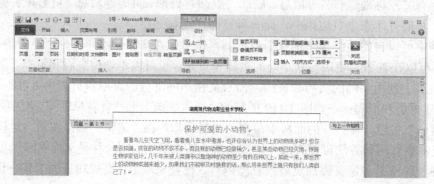

图 3-120　分节的页眉、页脚

- 选择页眉和页脚，然后按 Delete 键。
- 若要返回至文档正文，单击"设计"选项卡上的"关闭页眉和页脚"。

由于页眉和页脚在文档分节后默认"与上一节相同"，因而本节的页眉和页脚还会被下面的各节继承。这就需要逐节编辑不同的页眉和页脚。

3.5.5　插入页码

页码是页眉和页脚中的一部分，可以放在页眉或页脚中，对于一个长文档，页码是必不可少的，因此为了方便，Word 2010 单独设立了"插入页码"功能。

可以只向文档的某一部分添加页码，也可以在文档的不同部分中使用不同的编号格式。例如，用户可能希望对目录和简介采用 i、ii、iii 编号，对文档的其余部分则采用 1、2、3 编号，而不对索引采用任何页码。

如果用户希望每个页面都显示页码，并且不希望包含任何其他信息（例如，文档标题或文件位置），可以快速添加库中的页码，也可以创建自定义页码。

（1）从库中添加页码

切换到"插入"选项卡，在如图 3-121 所示的"页眉和页脚"组中，单击"页码"按钮，选择所需的页码位置，然后滚动浏览库中的选项，单击所需的页码格式即可。若要返回至文档正文，只要单击"页眉和页脚工具"→"设计"选项卡的"关闭页眉和页脚"即可。

（2）添加自定义页码

双击页眉区域或页脚区域，出现"页眉和页脚工具"→"设计"选项卡，在如图 3-122 所示的"位置"组中，单击"插入'对齐方式'选项卡"可以设置对齐方式。若要更改页码编号格式，单击"页眉和页脚"组中的"页码"按钮，在"页码"面板中单击"页码格式"命令可以设置格式。设置完成单击"页眉和页脚工具"→"设计"选项卡的"关闭页眉和页脚"即可返回至文档正文。

图 3-121　"页眉和页脚"组

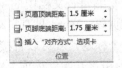
图 3-122　"位置"组

若要选择编号格式或起始编号，单击"页眉和页脚"组中的"页码"，单击"设置页码格式"，再单击所需格式和要使用的"起始编号"，然后单击"确定"按钮。

3.5.6　使用分隔符

分隔符是指在节的结尾插入的标记。通过在 Word 2010 文档中插入分隔符，可以将 Word 文档分成多个部分。每个部分可以有不同的页边距、页眉或页脚、纸张大小等页面设置。如果不再需要分隔符，可以将其删除，删除分隔符后，被删除分隔符的页面间将自动应用分隔符后面的页面设置。分隔符分为"分节符"和"分页符"两种。

（1）插入分隔符

将光标定位到准备插入分隔符的位置。在如图 3-123 所示的"页面布局"下的"页面设置"组中单击"分隔符"按钮，在打开的分隔符列表中，选择合适的分隔符即可。

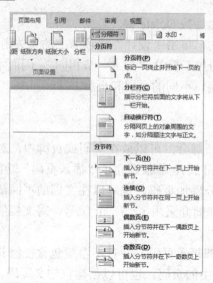

图 3-123　"页面设置"组—"分隔符"

（2）删除分隔符

①打开已经插入分隔符的 Word 2010 文档，在"文件"选项卡中单击"选项"按钮，打开"Word 选项"对话框。

②切换到"显示"选项卡，在"始终在屏幕上显示这些格式标记"区域选中"显示所有格式标记"复选框，并单击"确定"按钮。

③返回 Word 2010 文档窗口，在"开始"选项卡中，单击"段落"组中的"显示/隐藏编辑标记"按钮以显示分隔符，在键盘上按 Delete 键即可删除分隔符。

3.5.7　创建目录

编排目录是编辑长文档中的一项非常重要的工作，其作用是列出文档中的各级标题和每个标题所在的页码。Word 具有自动创建目录的功能。创建了目录以后，只要按住 Ctrl 键并单击目录中的某个标题，就可以直接跳转到该标题所对应的页面中。其具体操作如下：

1）首先单击"开始"选项卡中"样式"组右下角的按钮，如图 3-124 所示。

图 3-124　"开始"—"样式"组

2）调出如图 3-124 所示的"样式"面板，为相应级别的标题分别应用"标题 1"、"标题 2"、"标题 3"等样式。

3）单击要生成目录的地方，一般是文档的第二页（第一页是封面，第二页是目录），单击"引用"选项卡→"目录"按钮，选择"自动生成目录"。如图 3-126 所示。自此就完成了所有的操作，操作结果如图 3-127 所示。如果对文章内容进行了修改，想相应的修改目录的话，只需在目录上右击更新域即可。

图 3-125　显示"样式"下拉列表

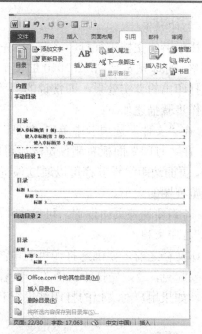

图 3-126　"引用"—"目录"组

图 3-127　操作结果

3.5.8　预览与打印

在新建文档时，Word 对纸型、方向、页边距以及其他选项应用默认的设置，但用户还可以随时改变这些设置，以排出丰富多彩的版面格式。

打印文档可以说是制作文档的最后一项工作，要想打印出满意的文档，就需要设置各种相关的打印参数。Word 2010 提供了一个非常强大的打印设置功能，它可以轻松地打印文档，可以做到在打印之前预览文档，选择打印区域，一次打印多份，对版面进行缩放，逆序打印，也可以指定打印文档的奇数页和偶数页，还可以在后台打印，以节省时间，并且打印出来的文档和在打印预览中看到的效果完全一样。

1. 打印预览

对排版后的文档进行打印之前，应先对其打印效果进行预览，以便决定是否还需要对版式进行调整，打印预览是 Word 2010 的一个重要功能。利用该功能，用户观察到的文档效果实际上就是打印出的真实效果，即常说的"所见即所得"功能，以及时调整页边距、分栏等设置，具体操作步骤描述如下：

1）在"文件"选项卡中单击"打印"按钮，打开"打印"面板，如图 3-128 所示。

2）在"打印"面板右侧预览区域可以查看 Word 2010 文档打印预览效果，用户所做的纸张方向、页面边距等设置都可以通过预览区域查看效果，还可以通过调整预览区域下面的滑块改变预览视图的大小。

3）若需要调整页面设置，可单击"页面设置"按钮调整到合适打印效果。

2. 打印文档

打印文档之前，要确定打印机的电源已经接通，并且处于联机状态，已经安装好打印纸。为了稳妥起见，最好先打印文档的一页看实际效果，确定没有问题后，再将文档的其余部分打印出来，如果用户对文档的打印结果很有把握也可以直接打印。具体打印步骤如下：

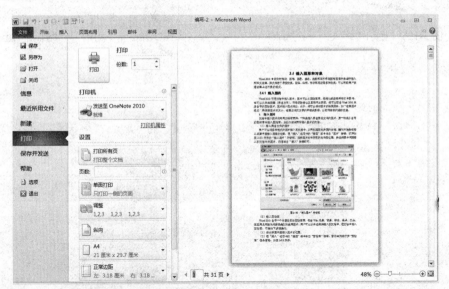

图 3-128　"打印"面板

1）打开要打印的 Word 2010 文档。

2）打开如图 3-128 所示的"打印"面板，在"打印"面板中单击"打印机"下拉按钮，选择电脑中已经安装的打印机。

3）若仅想打印部分内容，在"设置"项选择打印范围，在"页数"文本框中输入页码范围，用逗号分隔不连续的页码，用连字符连接连续的页码。例如，要打印 2，5，6，7，11，12，13，可以在文本中输入"2，5-7，11-13"。

4）如果需要打印多份，在"份数"数值框中设置打印的份数。

5）如果要双面打印文档，设置"手动双面打印"选项。

6）如果要在每版打印多页，设置"每版打印页数"选项。

7）单击"打印"按钮，即可开始打印，直至完成。

同步训练 3.5　文档的版面设置与编排

【训练目的】

- 掌握艺术字的输入与编辑。
- 掌握图片的插入方式。
- 学习设置文档的页眉和页脚；
- 熟悉分栏排版。

【训练任务和步骤】

1. 新建并保存文件

1）单击"开始"按钮，在程序组中单击 Microsoft Word 2010，打开 Word 程序，系统自动创建一个空白文档。使用"文件"菜单中的"新建"选项或按快捷键 Ctrl+N，也可以新建一个文档。

2）选择合适的输入法，输入如图 3-129 所示的"样文 1"的文字、标点符号和特殊符号等内容。

现代奥运会

1894 年 6 月 16 日，巴黎国际会议上通过了第 1 部由顾拜旦倡议和制定的《奥林匹克宪章》。它涉及奥林匹克运动的基本宗旨、原则及其他有关事宜。1921 年在瑞士洛桑奥林匹克会议中，制定了奥林匹克法，包括奥林匹克运动会宪章、国际奥林匹克委员会章程、奥林匹克运动会竞赛规则及议定书、奥林匹克运动会举行通则、奥林匹克议会规则等 5 部分。数 10 年来，奥林匹克法曾多次修改、补充，但由顾拜旦制定的基本原则和精神未变。

在第 2 届 1900 年巴黎奥运会上，有 11 名女子冲破禁令，出现在运动场上。国际奥委会经过数次争论，终于在 1924 年第 22 次会议上，正式通过允许女子参加奥林匹克运动会的决议。此后，女子项目成为奥运会不可缺少的组成部分，参赛的女运动员也越来越多。

1913 年，根据顾拜旦的构思，国际奥委会设计了奥林匹克会旗，白底无边，中央有 5 个相互套连的圆环，分成上下 2 行，自左而右自上而下看，环的颜色为蓝、黑、红、黄、绿。五环象征 5 大洲的团结和全世界运动员以公正、坦率的比赛和友好精神在奥运会上相见。1914 年为庆祝现代奥林匹克运动恢复 20 周年，在巴黎举行的奥林匹克会上会旗首次使用。1920 年安特卫普奥运会时，在运动场上升起第一面五环会旗，这以后历届奥运会开幕式上都有会旗交接仪式和升旗仪式。为了宣传奥林匹克精神、鼓励参赛运动员，由顾拜旦提议，1913 年经国际奥委会批准，将"更快、更高、更强"作为奥林匹克格言。奥运会开始前，在奥林匹亚希腊女神赫拉（宙斯之妻）庙旁用凹面镜聚集阳光点燃火炬后，进行火炬接力，于奥运会开幕前 1 天到达举办城市。在开幕式上由东道国运动员接最后 1 棒点燃塔上火焰，闭幕式时火焰熄灭。

图 3-129　样文 1

3）选择"文件"→"保存"命令，或按 Ctrl+S 快捷键，将文档保存到练习文件夹中（如果没有该文件夹，则在保存文档时创建），文档名为"现代奥运会.doc"。

2. 设置页面

1）选择"页面布局"选项卡，单击"页面设置"组右下角的设置按钮，打开"页面设置"对话框，选择"纸张"选项卡，如图 3-130 所示。

2）在"纸张大小"下拉列表中选择"自定义大小"，在"宽度"文本框中选择或输入"23 厘米"，在"高度"文本框中选择或输入"30 厘米"。

3）在对话框中选择"页边距"选项卡，如图 3-131 所示，在"上"、"下"、"左"、"右"文本框中选择或输入"3 厘米"、"3 厘米"、"3.5 厘米"、"3.5 厘米"。

3. 设置艺术字

1）选中文档的标题"现代奥运会"，注意不要选择后面的段落标记，单击"插入"选项卡→"文本"组→"艺术字"按钮，在如图 3-132 所示的艺术字样式库中，选择第 1 行第 2 列的样式。

图 3-130　设置纸型

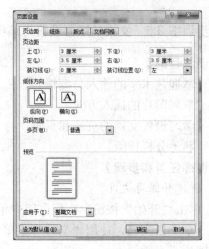

图 3-131　设置页边距

3）设置艺术字的阴影。单击"艺术字样式"组→"文字效果"按钮，单击"阴影"→"向左偏移"按钮，设置阴影效果向左偏移。

4）设置艺术字的填充颜色。单击"艺术字样式"组→"文本填充"下拉按钮，选择"渐变"→"其他渐变"，弹出如图 3-133 所示对话框，在对话框中单击选择"渐变填充"单选按钮，在"预设颜色"下拉列表中选择"金乌坠地"填充颜色，单击"关闭"按钮。

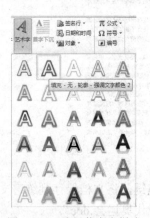

图 3-132　选择艺术字样式

图 3-133　"设置文本效果格式"对话框

5）设置艺术字的环绕方式。单击"排列"组→"自动换行"按钮，从下拉列表中选择"四周型环绕"命令。

4．设置分栏

1）在文档中选中最后一段，执行"页面布局"选项卡→"页面设置"组→"分栏"，在下拉列中单击"更多分栏"，打开"分栏"对话框，如图 3-134 所示。

2）在"预设"选项区域单击"三栏"样式，选中"分隔线"复选框，单击"确定"按钮。

5．设置边框和底纹

1）在文档中选中第 2 段，选择"页面布局"选项卡→"页面设置"组→"页边距"，在打开的下拉列表中选择"自定义边距"，在打开的对话框中选择"版式"选项卡，单击"版式"选项卡下方的"边框"按钮，打开"边框和底纹"对话框，选择"底纹"选项卡，如图 3-135 所示。

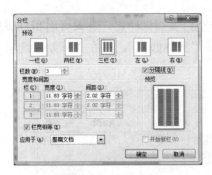

图 3-134 设置分栏　　　　　　　　　　　　　图 3-135 设置底纹

2）在"填充"选项区域的颜色下拉列表框中选择"浅绿"色，在"应用于"下拉列表框中选择"段落"选项，单击"确定"按钮。

6. 插入图片

1）将插入定位在第一段末，执行"插入"选项卡→"图片"命令，打开"插入图片"对话框，如图 3-136 所示。在本地计算机中选择一幅图片，单击"确定"按钮。

2）单击选中插入的图片，单击"排列"组→"自动换行"按钮，从下拉列表中选择"四周型环绕"命令。如图 3-137 所示。利用鼠标拖动图片到合适位置。

图 3-136 "插入图片"对话框　　　　　　　图 3-137 设置图片环绕方式

7. 添加脚注和尾注

1）在文档中选中正文第 2 段第 1 行"奥运会"文本，选择"引用"选项卡→"脚注"组右下脚的设置按钮，打开"脚注和尾注"对话框，如图 3-138 所示。

2）在"位置"选项区域单击"尾注"单选按钮，单击"确定"按钮返回到文档中，在光标所在位置输入内容"奥林匹克运动会（简称奥运会）是国际奥林匹克委员会主办的包含多种体育运动项目的国际性运动会，每四年举行一次。"。

8. 设置页眉和页脚

1）将插入点定位在文档中的任意位置，执行"插入"

图 3-138 "脚注和尾注"对话框

选项卡→"页眉和页脚"组→"页眉"命令，选择"空白页眉"样式，进入页眉和页脚编辑模式，如图 3-139 所示，在"页眉"处的左端输入文字"奥林匹克"。并在"开始"选项卡中将其设置为"左对齐"。

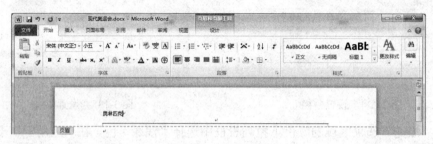

图 3-139　添加页眉

2）执行"插入"选项卡→"页眉和页脚"组→"页码"命令，选择"普通数字 3"样式，在插入的页码"1"前输入文本"第"，在其后输入文本"页"。

3）设置完成后关闭页和眉页脚视图。

最终结果如图 3-140 所示。

图 3-140　已排版样文

3.6　Word 2010 高级应用

3.6.1　录制宏

宏是一系列命令和指令的组合，可以作为单个命令执行来自动完成某项任务。可以通过创建宏自动执行频繁使用的任务。

宏的常见用途有：
- 加快常规编辑和格式设置的速度；
- 组合多条命令，例如，插入具有特定尺寸、边框并且具有特定行数和列数的表；
- 使对话框中的选项更易于访问；
- 自动执行一系列复杂的任务。

具体操作步骤如下：

①单击"视图"选项卡→"宏"组→"录制新宏"，如图 3-141 所示，打开如图 3-142 所示的对话框。

图 3-141　"视图"—"宏"

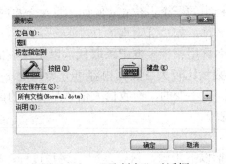

图 3-142　"录制宏"对话框

②在"宏名"文本框中，键入宏名称。

③在"将宏保存在"下拉列表中，选择要将宏保存在其中的模板或文档。

④在"说明"文本框中，键入对该宏的描述。

⑤若要开始录制宏而不将其指定到快速访问工具栏上的按钮或者快捷键，单击"确定"开始录制宏。

若要将宏指定到键盘快捷键，可单击"键盘"，在打开的"自定认键盘"对话框中，在"命令"框中，单击所录制的宏。在"请按新快捷键"文本框中，键入所需的键序列，然后单击"指定"，再单击"关闭"开始录制宏。

提示： 在录制宏时，可以单击命令和选项，但不能选择文本。必须使用键盘来选择文本。若要停止录制操作，可在"宏"工具栏中单击"停止录制"按钮。

3.6.2　邮件合并

在日常工作中，常有大量的信函或报表文件需要处理。有时这些文件的大部分内容基本相同，只是其中的一些数据有所变化。例如，某部门要举办一场学术报告会，需要向其他部门或个人发出邀请函。邀请函的内容除了被邀请对象不同外，基本内容（如会议时间、主题等）都是相同的。为简化这一类文档的创建操作，提高工作的效率，可以使用 Word 2010 提供的"邮件合并"功能来对每一个被邀请者生成一份单独的邀请函。邮件合并是 Word 2010 中非常有用的工具，正确地加以运用，可以有效地提高工作质量和效率。使用"邮件合并"可以创建套用信函、邮件标签、信封、目录和大量电子邮件和传真。

1. 基本概念

邮件合并这个名称最初是从批量处理"邮件文档"时提出的。具体地说，就是在邮件文档（主文档）的固定内容中，合并与发送信息相关的一组通信资料（如 Excel 表、Access 数据表等数据源），批量生成需要的邮件文档，从而大大提高工作的效率。

主文档是指在 Word 的邮件合并操作中，所含文本和图形对合并文档的每个版本都相同的文档，例如套用信函中的寄信人的地址和称呼等。通常新建立的主文档应该是一个不包含其他内容的空文档。

数据源是指包含要合并到文档中的信息的文件。例如，要在邮件合并中使用的名称和地址列表。必须连接到数据源，才能使用数据源中的信息。

数据记录是指对应于数据源中一行信息的一组完整的相关信息。例如，客户邮件列表中的有关某位客户的所有信息为一条数据记录。

合并域是指可插入主文档中的一个占位符。例如，插入合并域"城市"，让 Word 插入"城市"数据字段中存储的城市名称，如"济南"。

套用就是根据合并域的名称用相应数据记录取代，以实现成批信函、信封的录制。

适用范围：需要制作的数量比较大且文档内容可分为固定不变的部分和变化的部分（比如打印信封，寄信人信息是固定不变的，而收信人信息是变化的部分），变化的内容来自数据表中含有标题行的数据记录表。

2. 邮件合并方法

邮件合并的基本过程包括以下步骤，只要理解了这些过程，就可以得心应手地利用邮件合并来完成批量作业。"邮件合并向导"用于帮助用户在 Word 2010 文档中完成信函、电子邮件、信封、标签或目录的邮件合并工作，采用分步完成的方式进行，因此更适用于使用邮件合并功能的普通用户。

（1）向导法

下面以使用"邮件合并向导"创建邮件合并信函为例，操作步骤如下所述：

①打开 Word 2010 文档窗口，切换到"邮件"选项卡，在"开始邮件合并"组中单击"开始邮件合并"按钮，从打开的菜单中选择"邮件合并分步向导"命令。

②打开"邮件合并"任务窗格，在"选择文档类型"向导页选中"信函"单选按钮，并单击"下一步：正在启动文档"超链接。

③在打开的"选择开始文档"向导页中，选中"使用当前文档"单选按钮，并单击"下一步：选取收件人"超链接。

④打开"选择收件人"向导页，选中"从 Outlook 联系人中选择"单选按钮，并单击"选择'联系人'文件夹"超链接。

⑤在打开的"选择配置文件"对话框中选择事先保存的 Outlook 配置文件，然后单击"确定"按钮。

⑥打开"选择联系人"对话框，选中要导入的联系人文件夹，单击"确定"按钮。

⑦在打开的"邮件合并收件人"对话框中，可以根据需要取消选中联系人。如果需要合

并所有收件人，直接单击"确定"按钮。

⑧返回 Word 2010 文档窗口，在"邮件合并"任务窗格"选择收件人"向导页中单击"下一步：撰写信函"超链接。

⑨打开"撰写信函"向导页，将插入点光标定位到 Word 2010 文档顶部，然后根据需要单击"地址块"、"问候语"等超链接，并根据需要撰写信函内容。撰写完成后单击"下一步：预览信函"超链接。

⑩在打开的"预览信函"向导页可以查看信函内容，单击"上一个"或"下一个"按钮，可以预览其他联系人的信函。确认没有错误后单击"下一步：完成合并"超链接。

⑪打开"完成合并"向导页，用户即可以单击"打印"超链接开始打印信函，也可以单击"编辑单个信函"超链接对个别信函进行再编辑。

（2）自主法

邮件合并不只是可以使用以上模板完成，还可以不受任何模板的约束，根据数据源和主文档自主完成制作的整个过程。以信封为例，叙述步骤如下：

1）建立主文档。主文档是指邮件合并内容的固定不变部分，如信函中的通用部分、信封上的落款等。建立主文档的过程就和平时新建一个 Word 2010 文档一模一样，在进行邮件合并之前它只是一个普通的文档。唯一不同的是，如果正在为邮件合并创建一个主文档，可能需要考虑，这份文档要如何写才能与数据源更完美地结合，满足要求（在合适的位置留下数据填充的空间）。

①建立空白文档，设置页面方向为横向。单击"页面布局"选项卡"页面设置"组中的"纸张方向"按钮，选择"横向"，如图 3-143 所示。

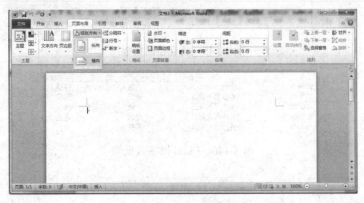

图 3-143　设置文档为横向

②选择信封的尺寸或自定义信封的大小，单击"页面布局"选项卡"页面设置"组中的"纸张大小"按钮，选择其中的一种尺寸或自定义其他页面大小，如图 3-144 所示。

③建立信封模板，输入不变部分，并排好版，变化部分留出空白，如图 3-145 所示。

2）准备数据源。新建一个 Excel 文件，在其中输入相关信息，如邮编、收信人地址、收信人姓名、称谓等内容，如图 3-146 所示。

3）连接数据源和信封模板。在默认情况下，在"选取表格"对话框中连接至数据源。如果已有可使用的数据源（如 Microsoft Excel 数据表或 Microsoft Access 数据库），则可以直接从"开始邮件合并"选项卡连接至数据源，如图 3-147 所示。

图 3-144　设置纸张大小

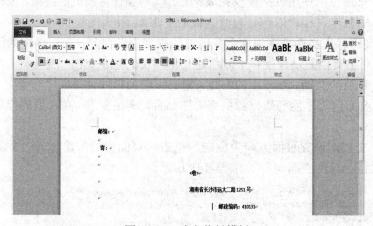

图 3-145　建立信封模板

	A	B	C	D
1	邮编	收信人地址	收信人姓名	称谓
2	410001	长沙市芙蓉区	张三	先生
3	410002	长沙市雨花区	李强	先生
4	410003	长沙市岳麓区	赵六	先生
5	410004	长沙市开福区	王芸	女士

图 3-146　Excel 准备数据源

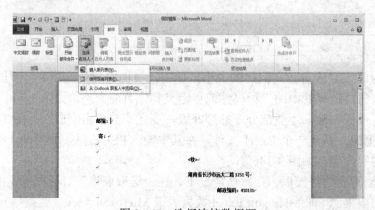

图 3-147　选择连接数据源

在弹出的"选择表格"对话框中单击"确定"按钮，完成数据源的连接。如图 3-148 所示。

图 3-148　选择表格

4）在信封模板中插入域。在信封中插入相应的域，如图 3-149 所示。插入域后，可对插入的内容进行字体、字号等的设置，效果如图 3-150 所示。

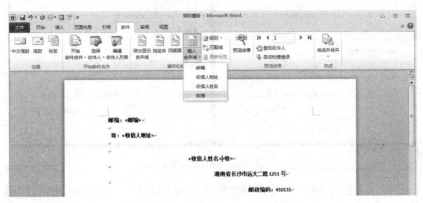

图 3-149　选择插入域

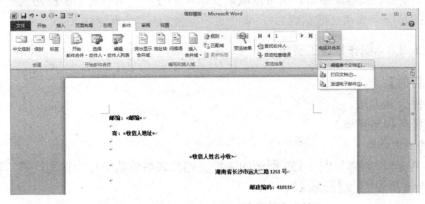

图 3-150　插入域，选择"编辑单个文档"

5）将数据源合并到主文档中。利用邮件合并工具，可以将数据源合并到主文档中，得到目标文档。合并完成的文档的份数取决于数据表中记录的条数。

单击"邮件"选项卡"完成"组中的"完成并合并"按钮，选择"编辑单个文档"，在如图 3-151 所示的"合并到新文档"对话框中选择合并记录的方式，最后，单击"确定"按钮完成邮件的合并，效果如图 3-152 所示。

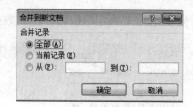

图 3-151　"合并到新文档"对话框

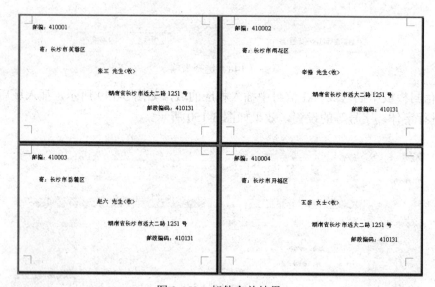

图 3-152　邮件合并结果

数据源只是提供了批量制作相同类型文档所依据的数据，具体制作出的信函（或信封）样式取决于主文档。在真正提取数据进行邮件合并之前，可以调整文本框的大小，设置文本以及域的字体、字号、段落间距等，也可以取消文本框的使用，所有对主文档格式的设置会作用于后来生成的每一个信函（或信封）。

同步训练 3.6　制作批量工资条

【训练目的】
掌握邮件合并方法。

【训练任务和与步骤】

1. 创建主文档

首先在 Word 中创建如图 3-153 所示的主控文档，表格的第一行为标题，第二行为空，保存为"D:\Word 练习\主文档.docx"。

编号	姓名	岗位工资	薪级工资	绩效工资	扣税	五险一金	实发数

图 3-153　"主文档.docx"效果图

2. 组织数据源

在 Word 中创建如图 3-154 所示的数据源，保存为"D:\Word 练习\工资清单.docx"。

编号	姓名	岗位工资	薪级工资	绩效工资	扣税	五险一金	实发数
0001	刘丽军	700	300	3000	20	780	3200
0002	王思义	710	310	3000	20	780	3220
0003	谢艳梅	720	320	3000	20	780	3240
0004	刘香丽	730	330	3000	20	780	3260
0005	王武	740	340	3000	20	780	3280
0006	龚芳	750	350	3000	20	780	3300
0007	黄志超	760	360	3000	20	780	3320
0008	王珂达	770	370	3000	20	780	3340
0009	刘刚	780	380	3000	20	780	3360

图 3-154　"工资清单.docx"效果图

3．邮件合并

1）打开主文档，单击"邮件"选项卡→"开始邮件合并"组→"开始邮件合并"按钮。从弹出的菜单中选择"目录"命令。

2）在"开始邮件合并"组单击"选择收件人"按钮，从弹出的菜单中选择"使用现有列表"，弹出如图 3-155 所示的"选取数据源"对话框，在地址栏中定位到"工资清单.docx"数据源，单击"打开"按钮。

注释：因为之前已编辑好数据源"工资清单.docx"，所以选择"使用现有列表"，如果事前没有数据源，则选择"键入新列表"命令。

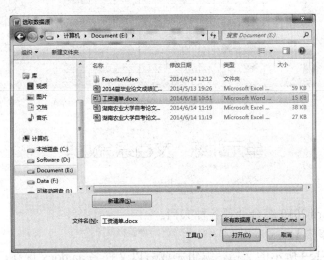

图 3-155　"选取数据源"对话框

3）使用"编写和插入域"组"插入合并域"按钮，在主文档的相应位置插入"编号"、"姓名"等合并域，插入合并域后的效果如图 3-156 所示。

编号	姓名	岗位工资	薪级工资	绩效工资	扣税	五险一金	实发数
《编号》	《姓名》	《岗位工资》	《薪级工资》	《绩效工资》	《扣税》	《五险一金》	《实发数》

图 3-156　插入合并域

4）单击"完成"组→"完成并合并"按钮，在弹出的菜单中选择"编辑单个文档"命令，打开"合并到新文档"对话框，如图 3-157 所示。选择"合并记录"为"全部"，单击"确定"按钮，完成邮件合并。

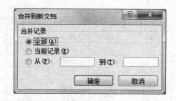

图 3-157 "合并到新文档"对话框

5）完成合并后，产生默认名字为"目录 1.docx"的 Word 文档，保存为"D:\Word 练习\广州正和公司工资条.docx"。效果如图 3-158 所示。合并类型为"目录"的效果是合并后的文档多条记录在同一页中显示。

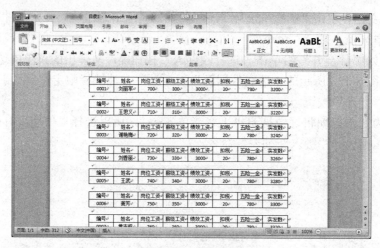

图 3-158 合并结果

单元训练　文档综合处理

【训练目的】

能灵活应用 Word 2010 综合处理各种文档。

【训练任务和步骤】

1）录入如图 3-159 所示的文档，编辑完成后以文件名 aa.docx 保存，各部分的格式要求如下：

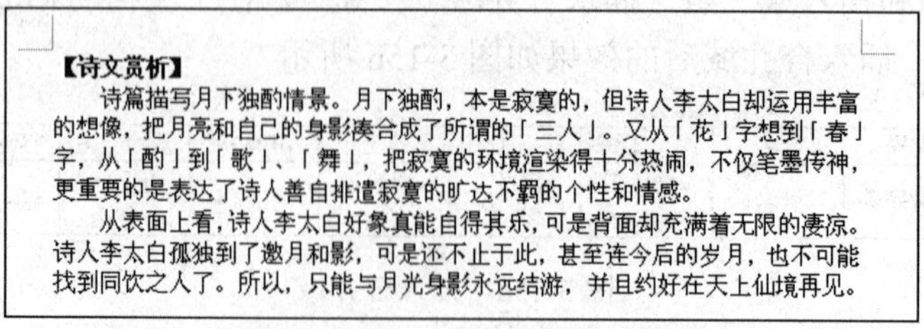

【诗文赏析】
　　诗篇描写月下独酌的情景。月下独酌，本是寂寞的，但诗人李太白却运用丰富的想像，把月亮和自己的身影凑合成了所谓的「三人」。又从「花」字想到「春」字，从「酌」到「歌」、「舞」，把寂寞的环境渲染得十分热闹，不仅笔墨传神，更重要的是表达了诗人善自排遣寂寞的旷达不羁的个性和情感。
　　从表面上看，诗人李太白好象真能自得其乐，可是背面却充满着无限的凄凉。诗人李太白孤独到了邀月和影，可是还不止此，甚至连今后的岁月，也不可能找到同饮之人了。所以，只能与月光身影永远结游，并且约好在天上仙境再见。

图 3-159 aa.docx 文档效果图

①第一段文字宋体，小四，加粗。

②第二段和第三段文字宋体，小四；首行缩进 2 个字符。

③第三段段后间距 1 行。

2）录入如图 3-160 所示的文档，编辑完成后以文件名 bb.docx 保存，各部分的格式要求如下：

①第一、二、十七、十八段文字为宋体，小四；第十七段文字加粗；第三至十六段（即诗词内容）文字为隶书，小四，加粗。

②第十八段首行缩进两个字符，段后间距 1 行；第三至十六段 0.9 倍行距；第一至十六段居中对齐。

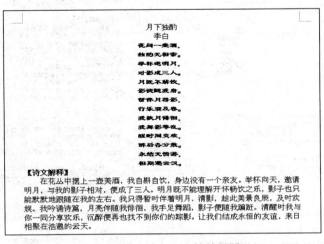

图 3-160　bb.docx 文档效果图

3）打开 aa.docx 文档，在其后插入文件 bb.docx，完成以下操作，编辑完成后以文件名 cc.docx 保存，效果如图 3-161 所示。

①调整段落次序，将 aa.docx 文档的第一至三段内容移至 cc.docx 文档的最后。

②将文件中所有的"李太白"三字替换为"李白"，且格式为倾斜。

③插入一个竖排文本框，将 bb.docx 文档中第三至十六段内容放在文本框内，将文本框线条颜色设置为浅蓝，填充效果为"白色大理石"。

④将"月下独酌"设置艺术字样式：选择艺术字样式库中的第 4 行第 3 列的样式；字体：楷体，36 号；文字效果：转换为"两端远"；阴影：右上斜偏移；填充色为"金乌坠地"；环绕方式：上下型并按样张版式排列，适当调整艺术字大小和位置。

⑤插入图片素材文件夹下的 p31.jpg，缩放比例为 90%，设置四周型的环绕方式。

⑥如图 3-161 所示，在"李白"文字后添加脚注，脚注内容"⊗李白(701-762)，字太白，号青莲居士，祖籍陇西成纪（今甘肃秦安东），是我国唐代的伟大诗人。"，并将脚注内容设置为宋体，小五号，脚注标记为 Wingdings，字符代码用⊗。

⑦设置"明月"、"影子"下划线（双波浪线），分别添加尾注"I 月亮远在天边，它只能挂在高高的苍穹，不能和李白同酌共饮。"，"II 影子虽然近在咫尺，但也只会默默地跟随，无法进行真正的交流。"，并将尾注内容设置为宋体，小五号。

4）打开 cc.docx 文档，完成以下操作，编辑完成后以文件名 dd.docx 保存。

①添加页眉文字"古诗词欣赏"和插入域"第 x 页，共 y 页"，页眉格式如图 3-162 所示，在页脚中插入当前日期（要求使用域）并左对齐。

图 3-161　cc.docx 文档效果图　　　　　图 3-162　dd.docx 文档效果图

②设置上、下边距各 2 厘米，左、右边距各为 3.5 厘米，页眉、页脚距边界各 1 厘米，纸张为 A4。

5）用 Word 按下列要求制作出如图 3-163 所示的表格。

①各单元格的列宽：第一列 2.7 厘米，第二列 1.8 厘米，第三列 1.8 厘米，第四列 1.8 厘米，金额中的各列分别为 0.7 厘米。

②各行的行高均为固定值 18 磅。

③除最后一行的两个单元格为中部两端对齐外，其余各行中各单元格的内容均为水平居中对齐，所有单元格的文本为宋体，五号。

④文档以 ee.docx 文件名保存。

商品				金额							
名称	单位	数量	单价	十	万	千	百	十	元	角	分
总计金额	拾		万	仟		佰	拾		元	角	分

图 3-163　ee.docx 文档效果图

6）利用邮件合并制作一份发货单。

①创建主文档，如图 3-164 所示，保存为 h1.docx。

您好！感谢您对我们的支持和信任，现将其价格传给您，谢谢！

产品名称	产品型号	产品编号	机身编号	单价(RMB)/台

如果您需要该产品，请与我们联系。

顺颂

商祺！

业务部
2007 年 9 月 12 日

图 3-164　h1.docx 文档效果图

②创建数据源，如图 3-165 所示，保存为 h2.docx。

客户姓名	产品名称	产品型号	产品编号	机身编号	单价(RMB)/台
天傅	MESSKO 油温指示器	MT-AT160F	66508-412	05882172	1, 2000
张勇	传送器	Conti well	690010	08941953	11000
巫伟	MESSKO 绕组指示器	MJ-STW160F2	60016-412	00000569	2300
王刚	平稳调压器	VPR	688066	08651978	3400

图 3-165　h2.docx 文档效果图

③在主文档中插入合并域，将合并后的结果保存为 hh.docx，效果如图 3-166 所示。

天傅：
您好！感谢您对我们的支持和信任，现将其价格传给您，谢谢！

产品名称	产品型号	产品编号	机身编号	单价(RMB)/台
MESSKO 油温指示器	MT-AT160F	66508-412	05882172	1, 2000

如果您需要该产品，请与我们联系。
顺颂
商祺！

业务部
2007 年 9 月 12 日

张勇：
您好！感谢您对我们的支持和信任，现将其价格传给您，谢谢！

产品名称	产品型号	产品编号	机身编号	单价(RMB)/台
传送器	Conti well	690010	08941953	11000

如果您需要该产品，请与我们联系。
顺颂
商祺！

业务部
2007 年 9 月 12 日

巫伟：
您好！感谢您对我们的支持和信任，现将其价格传给您，谢谢！

产品名称	产品型号	产品编号	机身编号	单价(RMB)/台
MESSKO 绕组指示器	MJ-STW160F2	60016-412	00000569	2300

如果您需要该产品，请与我们联系。
顺颂
商祺！

业务部
2007 年 9 月 12 日

王刚：
您好！感谢您对我们的支持和信任，现将其价格传给您，谢谢！

产品名称	产品型号	产品编号	机身编号	单价(RMB)/台
平稳调压器	VPR	688066	08651978	3400

如果您需要该产品，请与我们联系。
顺颂
商祺！

业务部
2007 年 9 月 12 日

图 3-166　hh.docx 文档效果图

第 4 章　电子表格处理软件 Excel 2010

Excel 是 Microsoft 开发的一款优秀的电子表格软件。直观的界面、出色的数据处理功能和图表工具，使 Excel 成为最流行的微型计算机数据处理软件。Excel 2010 的操作与 Word 2010 的操作有许多相似之处。在学习时，一方面要将相同的操作借鉴过来，但同时也要注意两者的不同，以免造成混淆。

通过本章的学习，要求能熟练运用 Excel 2010 来处理各种数据。

4.1　Excel 2010 概述

4.1.1　Excel 2010 的窗口组成

1. 启动 Excel 2010

方法一：单击"开始"→"所有程序"→Microsoft Office→Microsoft Excel 2010 命令，启动 Excel 并建立一个新的工作簿。

方法二：双击一个已有的 Excel 工作簿，也可启动 Excel 并打开相应的工作簿。

方法三：双击桌面上的 Excel 快捷图标。

2. Excel 2010 的工作界面

Excel 工作界面（即 Excel 窗口）中的许多元素与其他 Windows 程序的窗口元素相似。Excel 工作界面中的各部分简单介绍如下：

快速访问工具栏：此工具栏上的命令始终可见。可根据需要在此工具栏中添加常用命令。

标题栏：标题栏包括编辑工作簿的名称、应用程序名称（如 Microsoft Excel）以及右上角的控制按钮。控制按钮用于控制窗口大小，包括"最小化" ▭ 、"最大化" ▢ （或"向下还原" ▣ ）和"关闭"按钮。

"文件"选项卡：单击"文件"选项卡可进入 Backstage 视图，在此视图中可以打开、保存、打印和管理 Excel 文件。若要退出 Backstage 视图，可单击任何功能区选项卡。

功能区选项卡：单击功能区上的任何选项卡可显示出其中的按钮和命令。

功能区组：每个功能区选项卡都包含多个组，每个组都包含一组相关命令。例如："开始"选项卡上的"数字"组包含用于将数字显示为货币、百分比等形式的命令。功能区可调整其外观以适合计算机的屏幕大小和分辨率。在较小的屏幕上，一些功能区组可能只显示它们的组名，而不显示命令。在此情况下，只需单击组按钮上的小箭头，即可显示出命令。

对话框启动器 ▫ ：在功能区组标签旁边如有对话框启动器图标，单击它则可打开一个包含针对该组的更多选项的对话框。

隐藏功能区 ▲ ：单击此图标可隐藏功能区，图标变为 ▼ ，再单击即展开功能区。或按 Ctrl+F1 组合键可隐藏或显示功能区。

"全选"按钮：用于选择工作表中的所有单元格。

名称框：显示活动单元格的地址。

编辑栏：显示活动单元格的内容。

状态栏：位于程序窗口的下边缘，用于对当前选定文本的说明。

在视图间切换 ：单击这些按钮可在"普通"、"页面布局"或"分页预览"视图中显示当前工作表。

滚动条：包括水平滚动条和垂直滚动条及四个滚动箭头，都用于显示工作表的不同区域。

工作表标签：显示打开的工作簿中工作表的名称。Excel 一个工作簿中可以有多个工作表，可根据需要添加或删除，最多可达 255 个，分别用标签 Sheet1、Sheet2、Sheet3 等表示，工作表标签可以修改。

工作表：也称为电子表格，工作表由排列成行或列的单元格组成。工作表存储在工作簿中。

活动单元格：就是选定单元格，可以向其中输入数据。一次只能有一个活动单元格。活动单元格四周的边框加粗显示，同时该单元格的地址或名称显示在编辑栏的名称框里。

"缩放比例"按钮 100% ：单击"缩放比例"按钮可选择一个缩放级别，或左右拖动缩放滑块。

上下文功能区选项卡：些选项卡仅在需要时才会出现在功能区上。例如，如果插入或选择一个图表，将会看到"图表工具"选项卡，其中包含另外三个选项卡："设计"、"布局"和"格式"。

打开 Excel 2010 时，将显示出功能区的"开始"选项卡。此选项卡包含许多 Excel 中最常用的命令。

4.1.2　工作簿、工作表和单元格

1. 工作簿

工作簿是处理和存储数据的文件，每个工作簿中可以包含多张工作表，在默认状态下，每个新工作簿中包含 3 张工作表，如图 4-1 所示。在使用过程中，3 张工作表往往不能满足需要，因此，一张工作簿中可以包含很多张工作表，最多可以包含 255 张工作表。

2. 工作表

工作表是由单元格组成的，Excel 中一张工作表是由 256×65536 个单元格组成。每张工作表下方分别显示了工作表的名称，依次为：Sheet1、Sheet2、Sheet3。在使用 Excel 时，很多工作都是在工作表中完成的，每张工作表中的内容相对独立，可以通过单击窗口下方的工作表标签在不同的工作表之间进行切换。使用工作表可以显示和分析数据，并且可以对不同工作表的数据进行相互引用计算。

3. 单元格

Excel 2010 中的每一张工作表都是由多个长方形的"存储单元"所组成，这些长方形的"存储单元"即为"单元格"。

1）单元格名称框。名称框中显示的是当前活动单元格的名称，可以用名称表示单元格，命名方法：①选择要命名的单元格；②单击单元格名称框；③输入新的名称；④按回车键确认。

2）行号和列号。单元格的左侧为行号，从 1 至 256。上部为列号，由 26 个英文字母按序排列组合，共 65536 列。行号和列号组成单元格名称，如 A1。

3）行编辑栏。右边是编辑栏，选中单元格后可以在编辑栏中输入单元格的内容，如公式或文字及数据等。

4）单元格区域。行号和列号交叉点即为单元格区域。如果输入的是字符型或数值型数据，则此区域显示的输入值；如果输入的是公式或函数，默认显示计算结果。

4.2　Excel 2010 基本操作

4.2.1　工作簿的基本操作

1. 新建工作簿

新建工作簿即创建 Excel 文档，可用如下方法：

1）启动 Excel 2010 时，系统将自动产生一个新的工作簿，名称默认为"工作簿 1"。

2）在已经启动 Excel 的情况下，单击"文件"→"新建"菜单项，出现图 4-1 所示的对话框。选择"空白工作簿"选项，然后双击。或者单击右侧空白工作簿下方的"创建"按钮。

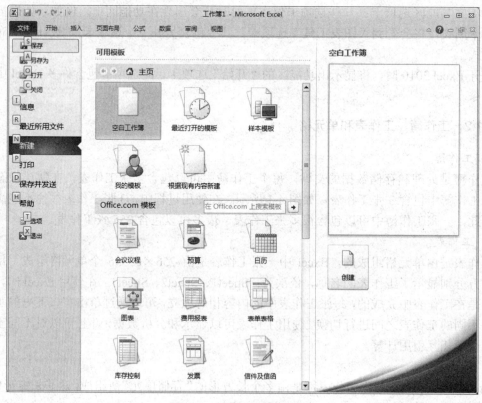

图 4-1　新建工作簿对话框

2. 打开工作簿

打开已有的工作簿，可以先单击"文件"→"打开"菜单项，系统会打开"打开文件"对话框，如图 4-2 所示，选择要打开的文件名后单击"打开"按钮，或直接双击要打开的文件名。

图 4-2　打开文件对话框

3. 保存工作簿

保存工作簿即保存 Excel 文件，常用方法有：

1）单击"文件"→"保存"菜单项或"另存为"菜单项，在第一次保存工作簿时，两个菜单项的功能是相同的，都会打开"另存为"对话框，如图 4-3 所示。

图 4-3　保存文件对话框

"另存为"命令项是将保存过的文件以新的文件名保存，如果想将文件以其他类型保存，只需要在保存文件对话框中的"保存类型"下拉列表中选择相应的类型。

2）单击"文件"选项卡中"保存"按钮。

3）关闭应用程序窗口或关闭工作簿窗口时，当系统提示"是否保存修改的内容"，选择"保存"。如图 4-4 所示。

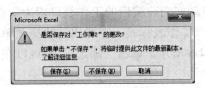

图 4-4　提示保存对话框

4. 保护工作簿

对于工作簿的保护，系统提供了 6 种不同级别，单击"文件"菜单，选"信息"，则显示当前工作簿详细信息，包括工作簿的保护，检查问题，管理版本，属性，相关日期及人员。如图 4-5 所示。单击保护工作簿，会弹出 6 种选项的具体保护级别，分别是：标志为最终状态（即只读），用密码进行加密，保护当前工作表，保护工作簿结构，按人员限制权限及添加数字签名，如图 4-6 所示。

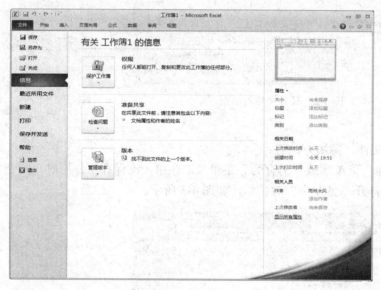

图 4-5　工作簿信息

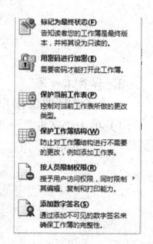

图 4-6　"保护工作簿"菜单

5. 关闭工作簿

1）打开"文件"→"退出"命令。

2）单击应用程序最右上角的"关闭"按钮。

3）双击工作窗口左上角的控制菜单框。

4）按 Alt+F4 快捷键。

如果退出时 Excel 2010 中的工作簿没有保存，Excel 会给出未保存的提示框，选择"保存"或"不保存"都会退出 Excel 2010，选"取消"则不保存，回到编辑状态。

4.2.2　工作表的基本操作

1. 插入工作表

1）直接按 Shift+F11 组合键。

2）单击工作表标签后的"插入工作表"标签，如图 4-7 所示，就可以在工作表最后面插入一个新的工作表，而且会自动把当前编辑的工作表设置为新建的工作表。

3）插入工作表。右击某一工作表标签，在弹出的快捷菜单中选"插入"命令，在弹出的对话框中选"工作表"，如图 4-8 所示，单击"确定"。则可以在当前编辑的工作表前面插入一个新的工作表。

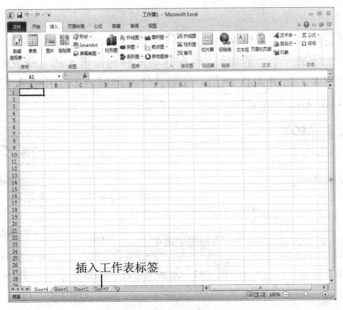

图 4-7 插入工作表 1

图 4-8 插入工作表 2

2. 删除工作表

选中要删除的工作表，右击，在弹出的快捷菜单中选择"删除"，就可以把当前编辑的工作表删除了。

3. 移动工作表

1）在要移动的表的标签上按下鼠标左键，然后拖动鼠标，在拖动鼠标的同时可以看到鼠标的箭头上多了一个文档的标记，同时在标签栏中有一个黑色的三角指示着工作表拖到的位置，在目标位置松开鼠标左键，就完成了工作表的移动。如图 4-9 所示。

图 4-9 移动工作表示意图

2）在要移动的工作表标签右击，在弹出的快捷菜单上选"移动或复制"，打开如图 4-10 所示的"移动或复制工作表"对话框，选定要移动到工作簿及工作表的位置，单击"确定"。

4．复制工作表

同移动工作表是相对应的，用鼠标拖动要复制的工作表的标签，同时按下 **Ctrl** 键，此时，鼠标上的文档标记会增加一个小的加号，现在拖动鼠标到要增加新工作表的地方，就把选中的工作表制作了一个副本。如图 4-11 所示。或者在"移动或复制工作表"对话框中选中左下侧的"建立副本"，如图 4-12 所示。

图 4-10　移动工作表

图 4-11　复制工作表示意图

图 4-12　复制工作表

5．重命名工作表

除了双击工作表的标签栏外，还可以右击要更改名称的工作表，在弹出的菜单中选择"重命名"命令，然后在标签处输入新的工作表名。

6．保护工作表

有时我们自己制作的工作表不希望被别人修改，就需要对工作表进行保护。选择"审阅"选项卡"保护工作表"按钮，如图 4-13 所示。或者是右击相应工作表标签，选择"保护工作表"，都会出现如图 4-14 所示的对话框。设置需要保护的内容，并输入取消保护时的密码，单击"确定"，在弹出的"确认密码"对话框中（如图 4-15 所示）再输入一次即可。如果要取消保护，就在当前工作表快捷菜单中选"撤销工作表保护"菜单项，会弹出"撤销工作表保护"对话框，输入密码，单击"确定"按钮就可以了。

图 4-13　"审阅"选项卡

图 4-14　"保护工作表"对话框

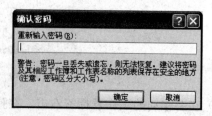

图 4-15　"确认密码"对话框

7. 隐藏工作表

有时我们自己制作的工作表不希望被别人看见，这时可以对工作表进行隐藏。右击相应工作表标签，选快捷菜单中"隐藏"即可对当前工作表隐藏。

如果想把隐藏的工作表再还原回去，可在任一工作表标签上右击，选快捷菜单中的"取消隐藏"，出现如图 4-16 所示的对话框。选中想恢复的工作表并单击"确定"。

8. 选定工作表

工作簿通常由多个工作表组成。想对单个或多个单元格操作必须先选取工作表，工作表的选取可以用单击工作表的标签来实现。

单击要操作的工作表标签，该工作表的内容出现在工作簿的窗口，标签栏中相应标签变为白色，名称下出现下划线。当工作表标签过多而下在标签栏显示不下时，可通过标签滚动按钮前后翻阅标签名。

选取多个连续的工作表，可先单击第一个工作表，然后按下 Shift 键单击最后一个工作表。选取多个不连续的工作表，可先单击第一个工作表，然后按下 Ctrl 键单击其他工作表。多个选中的工作表组成一个工作组，在标题栏中显示"工作组"的字样。

还有一种选择工作表的方法：右击标签滚动条，将显示工作表标签名称的列表，如图 4-17 所示，在列表中单击要选择的工作表。

图 4-16　"取消隐藏"对话框

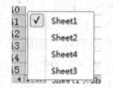

图 4-17　工作表标签

9. 工作表窗口操作

（1）窗格的拆分

使用视面管理器可以方便地观看工作表的页面效果和分页情况，不过这在表比较小的时候才有用，而在表太大时，比例设置小了往往会看不清楚，而我们平时查看的通常都是比较大的工作表，这样就会出现一种情况：对表中两个部分的数据进行比较时没有办法同时看到两部分的数据。

对于这种情况用窗格的拆分来解决。单击"视图"→"拆分窗格"项，在工作表当前选中单元格的上面和左边就出现了两条拆分线，整个窗格分成了 4 部分，而垂直和水平滚动条也都变成了两个，如图 4-18 所示。或者把鼠标指向垂直或水平滚动条两侧小长方形处，鼠标指针会变成 ➕，按下鼠标左键拖动到相应单元格位置松开，也同样可以拆分。

也可以只是水平或垂直拆分窗格，如图 4-19 所示为垂直拆分。

拖动上面的垂直滚动条，可以同时改变上面两个窗格中的显示数据；单击左边的水平滚动条，则可以同时改变左边两个窗格显示的数据，这样就可以通过这 4 个窗格分别观看不同位置的数据了。还可以用鼠标拖动这些分隔线，把鼠标放到分隔线上，可以看到鼠标变成了 ➕，按下左键，拖动鼠标，就可以改变分隔线的位置了。

图 4-18　窗格拆分示意图

图 4-19　垂直窗格拆分示意图

取消这些分隔线时，只要双击分割线，就可以撤销窗格的拆分了。或者拖动竖向的分隔线到右边，可以去掉竖向的分隔线，拖动水平的分隔线（在视图的右下角）到表的顶部则可以去掉水平的分隔线。

（2）窗格的冻结

在查看表格时还会经常遇到这种情况：不小心改变了分隔条位置，或者在拖动滚动条查看工作表后面的内容时看不到行标题和列标题，给查阅带来不便；现在使用拆分可以很容易地解决这个问题。不过这样还是有缺点，当把滚动条拖到边的时候会出现表头，看起来感觉不是很好，因此单击"视图"选项卡→"冻结窗格"按钮，现在窗口中的拆分线就消失了，取而代之的是两条较粗的黑线，如图 4-20 所示，滚动条也恢复了一个的状态，现在单击这个垂直滚动条，改变的只是下面的部分，改变水平滚动条的位置，可以看到改变的只是右边的部分，就和拆分后的效果一样，不同的只是不会出现左边和上面的内容了。

除了可以冻结和拆分窗格，2010 版 Excel 还可以冻结首行和首列，给用户查看数据提供了极大方便。如图 4-21 所示。

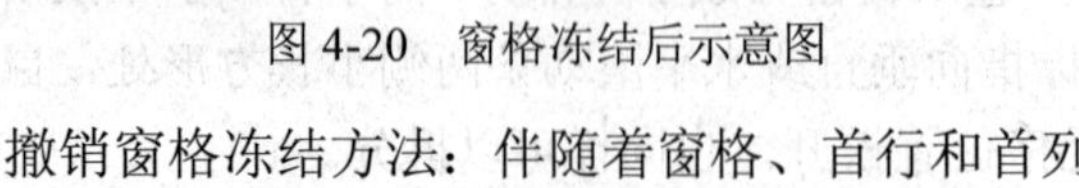

图 4-20　窗格冻结后示意图 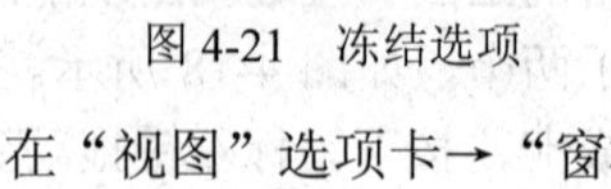　　　　　　　　图 4-21　冻结选项

撤销窗格冻结方法：伴随着窗格、首行和首列的冻结，在"视图"选项卡→"窗格冻结"项中"冻结拆分窗格"会变成"取消冻结窗格"，单击就可以把这个窗格的冻结撤销了。

冻结和拆分的关系密切，互为依托并可独立存在。选中第一个数据单元格，使用"视图"选项卡中的"拆分"命令将窗格进行拆分，如果只改变右下的滚动条位置，其作用就和冻结相当了，而且我们所做的拆分可以直接成为冻结：先选中另外一个单元格，打开"视图"→"冻结窗格"→"冻结拆分窗格"，所冻结的就不是选中单元格左边和上边的单元格，而是拆分出来的左边和上边的单元格了；此时单击"视图"→"冻结窗格"→"取消窗口拆分"，就可以把冻结和拆分一起撤销掉了。

4.3　单元格的编辑和格式化

4.3.1　单元格的选定

单元格的选择是单元格操作中的常用操作之一，它包括单个单元格、多个单元格的选择和整行、整列的选择及全部选择。

1. 单个单元格的选择

1）直接单击要激活的单元格。

2）在名称框中输入要激活的单元格的名称或位置。

3）按下"→"、"←"、"↑"方向键可以选择当前活动单元格右边、左边和上方的单元格，按下回车键可选择下方的单元格。

2. 多个单元格的选择

如果选择连续单元格时会遇到要选择的单元格在一屏上无法全部显示的情况，如果用拖动鼠标的方式很难准确选择，这时可以使用键盘的 Shift 键配合鼠标的单击来进行单元格的选择。先选中要选择连续区域的开始单元格，使用滚动条翻动到末尾的单元格，按住 Shift 键单击要选择区域的结束单元格，就可以选择这些单元格了。

如果要选定不连续的多个单元格，可按住 Ctrl 键，再单击要选择的单元格。

3. 整行整列单元格的选择

连续的整行和整列的选择：先单击行号或列号选定单行或单列，按住 Shift 键然后单击连续行或列区域最后一行或一列的行号或列号，或将鼠标指向要选择区域的行号或列号直接拖动。

不连续的整行和整列的选择：方法同上，只需将 Shift 键换成 Ctrl 键。

4. 所有单元格的选择

将鼠标指向工作表左上角行号与列号相交处的"全选"按钮，或按 Ctrl+A 组合键。

4.3.2　输入数据

输入数据是建立工作表 Excel 的重要操作之一，可以通过选中单元格以后直接输入文字；或通过编辑栏输入，即选中单元格后在编辑栏中输入数据。Excel 2010 中的数据有 4 种类型：文本类型、数值类型、逻辑类型和出错值。

1. 文本类型

单元格中的文本包含任何字符、数字和键盘符号，每个单元格最多可包含 32010 个字符。如果单元格的列宽容纳不下文本字符串，且相邻单元格无内容的情况下，可占用相邻的单元格。否则，就截断显示。文本输入时默认向左对齐。有些数字如电话号码、邮政编码常当成字符处理，此时只需要在输入的数字前加上一个单引号。

2. 数值类型

数字数除了可包括的数字 0～9 之外，还可包括+、-、E、e、$、%及小数点（.）和千分位符号（,）等特殊字符。数据默认靠右对齐，如果数据的位数较多，单元格容纳不下时就用科学计数法的方法显示该数据。

日期和时间也是数字，它们有特殊的格式：日期用连字符分隔日期的年、月、日部分：例如，可以键入"2006-9-5"或"5-Sep-06"。如果按 12 小时制输入时间，可在时间数字后空一格，并键入字母 a（上午）或 p（下午），例如，9:00 p。否则，如果只输入时间数字，Microsoft Excel 将按 AM（上午）、PM（下午）处理。如果要输入当前的时间，可按 Ctrl+Shift+:（冒号）组合键。

分数的输入有些特殊，例如果直接输入"2/5"，系统会将其变为"2 月 5 日"，因为这是日期显示的一种类型，解决办法是：先输入"0"，然后输入空格，再输入分数"2/5"。

3．逻辑类型

逻辑数据只有两个值：True 和 False，逻辑值经常用于书写条件公式，一些公式也返回逻辑值。例如，在单元格中输入式子=3>5，按回车键后单元格中显示逻辑值 False。

4．出错值

在使用公式时单元格中可能出现错误的结果，例如在公式中用一个数除以 0，单元格中就会显示#DIN/0！出错值。

4.3.3　自动填充

Excel 可以自动输入一些有规律的数据，如等差序列、等比序列及预设序列。

在 Excel 中可以用填充柄实现自动填充。填充柄是位于活动单元格右下角上的一个黑色小方块，将光标指向填充柄位置的时候，光标会变成黑色的十字形状。

用鼠标向上、向下、向左、向右拖动进行填充，如果将填充柄向回拖动，可以将单元格自身的内容清除。此填充分为如下几种情况：

1）初始值为纯数字或字符，填充相当于数据复制。

2）初始值为字符和数字的混合体，填充时字符不变，数字增加。

3）按预设的序列填充。如初始值为甲，填充时将产生乙、丙、丁……癸。如图 4-22 所示。

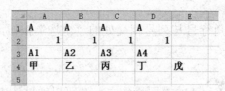

图 4-22　自动填充效果

4.3.4　数据编辑

1．移动

将已经输入的内容移动到目标单元格中，可以使用剪贴板工具进行剪切和复制的方法来完成。也可以选中单元格，将光标移动到该单元格的黑色边框线上，光标的形状会变为 Windows 中常见的箭头形状，拖动鼠标将出现一个虚线框，将其移动到目标位置，松开鼠标也可以实现单元格的移动。

2．复制

与移动的操作类似，可以使用剪切板工具，只是将剪切操作改为复制。在移动单元格的过程中，按住 Ctrl 键，在光标箭头的右上角会 出现一个"+"号，移动到目标位置之后，先松开鼠标再松开 Ctrl 键就可以实现单元格的复制。

单元格的移动和复制既可以对单独的一个单元格进行，也可以对一个单元格区域进行操作。

3. 修改

单击单元格，输入内容时，原单元格内容将被删除，以新输入的内容代替。但有时候我们只是需要修改里面的个别符号，这是我们只要双击单元格，鼠标指针会定位在里面的具体内容上，改动指针到相应位置修改即可。

4. 清除

选中单元格后再单击 Delete 键，即可清除这个单元格中的内容，或者是在单元格上右击鼠标，在弹出的快捷菜单中选择"清除内容"命令。

5. 删除

要删除一个单元格，则在单元格上右击鼠标，在弹出的快捷菜单中选择"删除"命令。在弹出的对话框中选择一种删除形式，然后单击"确定"按钮。

清除与删除的不同在于，清除内容后，原单元格的位置是会保留的，而删除之后原单元格的位置被其他的单元格替代。

4.3.5　单元格的编辑

1. 插入单元格、行、列

在使用表格时，经常会遇到输入时少了一个单元格、一行或者一列的情况，需要在相应的位置插入。可以在相应的位置上右击鼠标，选择"插入"命令。会弹出如图 4-23 所示的插入对话框，按需求选择即可。如果想在某行（列）前插入行（列），则可以直接选定行（列）号，右击，在快捷菜单中单击插入，就会在相应行（列）上（左）方插入一行（列），此法更为方便。

2. 删除单元格、行、列

相应的在使用表格是我们也经常会遇到输入时多了一个单元格、一行或者一列的情况，需要删除。可以在相应的位置上右击鼠标，选择"删除"命令。会弹出如图 4-24 所示的删除对话框，按需求选择即可。如果想把某行（列）删除，则可以直接选定行（列）号，右击，在快捷菜单中单击删除即可。

3. 行高和列宽

1）行高和列宽值的设置。在相应行号或列号上右击，在快捷菜单上选行高或列宽，会弹出相应行高或列宽对话框，直接在里面填上相应行高或列宽值，如图 4-25 所示默认行高为 18.75。

图 4-23　"插入"对话框　　　　图 4-24　"删除"对话框　　　　图 4-25　行高对话框

2）隐藏行高和列宽。若一个表太长或太宽，我们可以把这个表中的一些行或列隐藏起来以方便查看：隐藏列，选定要隐藏的列，在快捷菜单上单击"隐藏"命令，就可以把这一列隐藏起来；行的隐藏也是一样的；如果要取消隐藏，只要单击快捷菜单上的"取消隐藏"命令就可以。

4.3.6　设置单元格格式

工作表建立和编辑后就可以对工作表中的单元格的数据进行格式化的设置，使工作表的外观更漂亮，排列更整齐，重点更突出。

单元格数据格式主要有 6 个方面的内容：数字格式、对齐格式、字体、边框线、填充及保护的设置。格式的设置有两种方法：选中要进行格式化的单元格，

在"开始"选项卡中，单击"数字"组右下角的设置按钮，即可打开如图 4-29 所示的对话框。

1）设置数字格式。单击"单元格格式"对话框中的"数字"选项卡，在对话框左边的"分类"列表框中单击数字格式的类型，右边显示该类型的格式，在"示例"框中可以预览设置效果。在格式工具栏中也提供了一些数字格式设置的按钮。例如：货币样式、百分比样式等。设置数值型数据的小数位数和负数表示形式等，并可把数字当文本处理。

2）设置对齐格式。单击"单元格格式"对话框中的"对齐"选项卡，如图 4-37 所示。

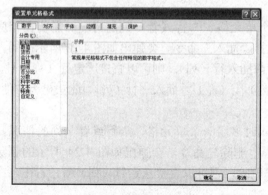

图 4-26　格式对话框

图 4-27　"对齐"选项卡

单击"水平对齐"列表框的下拉按钮，显示水平对齐方式列表，"水平对齐"方式包括：常规、左缩进、居中、靠左、填充、两端对齐、跨列居中、分散对齐。

单击"垂直对齐"列表框的下拉按钮，显示垂直对齐方式列表，"垂直对齐"方式包括：靠上、居中、靠下、两端对齐、分散对齐。

单元格中的数字较长时，可用对话框下面的复选框来解决。"自动换行"：对输入的文本根据单元格列宽自动换行；"缩小字体填充"：减小单元格中字符的大小，使数据的宽度与列宽相同；"合并单元格"：将多个单元格合并为一个单元格，与"水平对齐"方式中的"居中"联合使用可以实现标题居中，相当于"格式"面板中的"合并居中"按钮；"方向"框用来改变单元格中文字旋转的角度。

3）设置字体格式。字体的格式的设置与 Word 2010 中字体的格式设置的方法一样。

4）设置边框格式。默认情况下表格线都是统一的淡虚线。这种边框打印时不会打印出来，

用户可以给它加上一些类型的边框。单击"单元格格式"对话框中的"边框"标签,如图 4-28 所示。

选择需要进行格式化的单元格,选择"边框"选项卡,根据需要选择各个选项。边框线可以设置在所选区域各单元格的上、下、左、右外框和斜线,线条的样式有:点虚线、实线、粗实线、双线等,在颜色列表框中还可以选择边框的颜色。

5)设置填充格式。图案就是指区域的颜色和阴影,设置合适的图案可以使工作表显得更加漂亮。

单击"设置单元格格式"对话框中的"填充"选项卡,如图 4-29 所示。

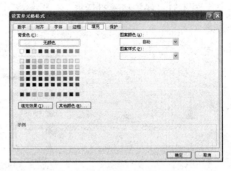

图 4-28　"边框"选项卡　　　　　　　　图 4-29　"填充"选项卡

在"填充"选项卡中可以选择单元格的底纹颜色,单击"图案样式"下拉列表,并选择合适的底纹。

6)设置保护格式。单元格的保护有两种:锁定、隐藏,如图 4-30 所示。只有在工作表被保护时,锁定的单元格或隐藏公式才有效。所以应在保护单元格前将当前工作表保护。

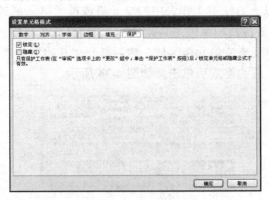

图 4-30　"保护"选项卡

4.3.7　设置单元格的条件格式

我们通过"开始"→"条件格式"设置单元格的条件格式。如图 4-31 所示。可突出显示符合条件的单元格,数据条,按色阶填充列,设置单元格图标,种类繁多,如果这些都没符合,客户还可自行建立规则,单击"新建规则",打开格式规则对话框,如图 4-32 所示,详细设置符合条件的格式。规则不用后,可随时清除,单击"开始"→"条件格式"→"清除规则"即可,如图 4-33 所示,可清除所选单元格或是整个工作表的格式。

 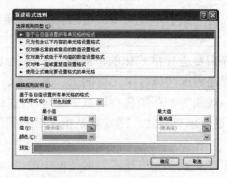

图 4-31　保护格式对话框　　　　图 4-32　"新建格式规则"对话框

图 4-33　"格式规则"下拉列表

4.3.8　套用表格格式

我们除了可以利用以上方法对工作表中的单元格或单元格区域进行格式化，还可以利用 Excel 提供的浅色系、中等深浅和深色系共计 56 套表格格式进行格式化，也可自行设计。方法：先选择要格式化的单元格或单元格区域，然后打开"开始"→"套用表格样式"，在打开的下拉列表中选择一种合适的格式后单击，如图 4-34 所示。

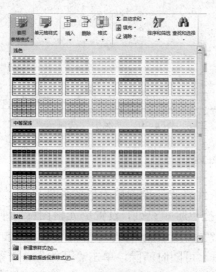

图 4-34　套用表格格式图

如果想取消格式的设置，只需选中相应的单元格或单元格区域后打开"开始"选项卡→"清除"，在打开的下拉列表中单击"清除格式"选项，如图 4-35 所示。

4.3.9　设置单元格样式

方法：先选择要设置样式的单元格或单元格区域，然后打开"开始"选项卡→"单元格样式"，在打开的下拉列表中选择一种合适的格式后单击，如图 4-36 所示。

图 4-35　清除表格格式

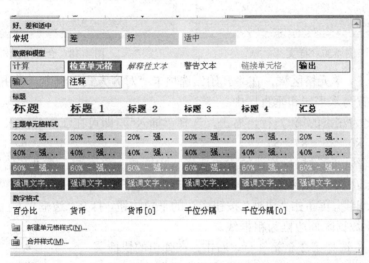

图 4-36　单元格样式

同步训练 4.3　工作表的基本操作

【训练目的】

- 掌握单元格的合并。
- 掌握单元格的对齐方式。
- 掌握单元格的插入。

【训练任务和步骤】

1）新建并保存文件

①单击"开始"按钮，在程序组中单击 Microsoft Excel 2010，打开 Excel 程序，系统自动创建一个空白工作簿。使用"文件"选项卡中的"新建"命令或按快捷键 Ctrl+N，也可以新建一个工作簿。

②选择合适的输入法，输入如图 4-37 所示的"样文"中的内容。

③选择"文件"选项卡→"保存"命令，或按 Ctrl+S 快捷键，将工作簿保存到练习文件夹中（如果没有该文件夹，则在保存工作簿时创建），文档名为"练习 4-3.doc"。

2）选择 A1:E1 单元格区域，在"开始"选项卡"对齐方式"组中，单击"合并居中"按钮，将单元格合并居中，并在"开始"选项卡"字体"组中设置字体为隶书，字号为 18，颜色为蓝色。结果如图 4-38 所示。

图 4-37　样文

图 4-38　合并单元格

3）选择 A2:E9 单元格区域，在"开始"选项卡"对齐方式"组中，单击 ▤ 和 ▤ 按钮，将单元格内容设置为水平居和垂直居中。

4）选择姓名为江杰的第 7 行，右击，选择"插入"，即可在江杰前插入一个空行，输入如下记录"张强　80　75　87　57　"。

5）设置边框线。通过鼠标拖选的方式选择 A2:E9 单元格区域。在"开始"选项卡的"字体"组，单击"边框"按钮旁边的下拉按钮，打开"边框"下拉列表，单击"所有框线"，则所有边框设置为细线。再单击"边框"按钮旁边的下拉按钮，打开"边框"下拉列表，单击"粗匣框线"，即设置数据区外边框为粗框线。

6）设置行高。选择第 2 至第 9 行，右击，在弹出的快捷菜单中选择"行高"，在"行高"对话框中将行高设置为 15，如图 4-39 所示。

图 4-39　设置行高

7）选择 A2:E2 区域，单击"开始"选项卡"对齐方式"组中右下角的设置按钮 ▣，打开"设置单元格格式"对话框，如图 4-40 所示，在"填充"选项卡中将背景色设置为"橙色"，在"字体"选项卡中，将字体设置为加粗，在"边框"选项卡中将其下边线设置为双实线，如图 4-41 所示。

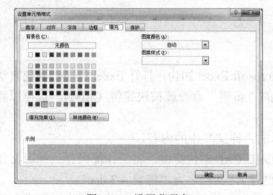

图 4-40　设置背景色

图 4-41　设置边框

8）操作完成，结果如图 4-42 所示。

学生英语成绩登记表

姓名	口语	语法	听力	作文
刘华	70	90	73	90
张军莉	80	60	75	40
王晓军	56	50	68	50
李小丽	80	70	85	50
张强	80	75	87	57
江杰	68	70	50	78
李来群	90	80	96	85
平均分				

图 4-42　打印预览效果

4.4　公式与函数

在 Excel 2010 中，可以利用公式和函数对数据进行分析和计算。公式是函数的基础，它是单元格中的一系列数值、单元格引用、名称或运算符的组合，通过运算可以产生新的值。函数是 Excel 预定义的内置公式，可以进行数学、文本、逻辑的运算或者查找工作表的信息，与直接使用公式进行计算相比较，使用函数进行计算的速度更快，同时减少了错误的发生。

4.4.1　公式

公式是单元格中的一系列以等号（=）开始的值、单元格引用、名称或运算符的组合，使用公式可以生成新的值。

1. 公式的组成

Excel 2010 中的公式由主要由等号（=）、操作符、运算符组成。公式以等号 (=) 开始，用于表明之后的字符为公式。紧随等号之后的是需要进行计算的元素（操作数），各操作数之间以运算符分隔。

公式=(A2+67)/SUM(B2:F2)说明如图 4-43 所示。

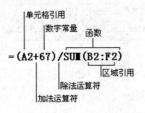

图 4-43　公式举例

2. 公式的运算符的类型与优先级

1）公式中的运算符。运算符是指对公式中进行特定运算的符号，在 Excel 2010 中，允许公式使用多种运算符号来完成数值计算，主要用到 4 种类型的运算符，即算术运算符、比较运算符、文本运算符、引用运算符。

算术运算符：算术运算符用于完成基本运算，例如加法、减法、乘法等。Excel 2010 中使用的算术运算符有"+"、"-"、"*"、"/"、"^"、"%"。

文本运算符：使用文本运算符"&"可以连接一个或者多个字符，产生一个较长的文本。例如，在一个单元格中输入公式="新年"&"快乐"产生"新年快乐"。

比较运算符：比较运算符用来比较两个数的大小，当使用比较运算符比较两个数值时，返回的是一个逻辑值：True 或 False，即给出的两个数值的大小是否满足比较运算符的条件。Excel 2010 中的比较运算符有：“=”、“>”、“<”、“>=”、“<=”、“<>”。例如，在一个单元格中输入公式“=5>9”，返回的结果是 True。

日期运算符：+（加法），-（减法）。需要注意的是，日期与日期只能相减，结果得到两者之间相差的天数；日期与数值相加减，结果得到另外一个日期。

引用运算符：引用运算符（:）是用于将多个单元格进行合并。例如，SUM(A1:A5)表示引用 A1:A5 这 5 个单元格中的内容。“,”将多个引用合并为一个引用。例如，SUM(A1:A7,B1:B7)表示分别引用两个单元格区域 A1:A7 以及 B1:B7，共 14 个单元格的内容。

2）运算符的优先级。Excel 2010 中公式遵循一个特定的语法和次序，最简单的规则就是从左到右计算，先乘除后加减，有括号时先算括号。在 Excel 2010 中没有中括号、大括号的概念，无论多么复杂的运算，用到括号的地方一律用小括号，运算规则是先内后外。

例如图 4-43 中公式的运算顺序是：①将 A2 单元格中的数值加上 67；②计算 B2 单元格到 F2 单元格的和，即 B2+C2+D2+E2+F2；③将①的结果除以②的结果。

3. 公式的基本操作

在使用公式时，首先应该掌握公式的基本操作，包括输入、显示、复制以及删除等。

1）输入公式。在 Excel 2010 中输入公式的方法与输入文本的方法类似，具体操作步骤为：选择要输入公式的单元格，然后在编辑栏中直接输入=符号，接着输入公式内容，按 Enter 键，即可将公式运算的结果显示在所选单元格中。

例 4-1 在 Sheet1 工作表中 F14 单元格中输入公式，操作步骤如下：

①打开 Sheet1 工作表。

②选择 F14 单元格，然后在编辑栏中（或单元格内）输入公式“=B14+C14+D14+E14”，如图 4-44 所示。

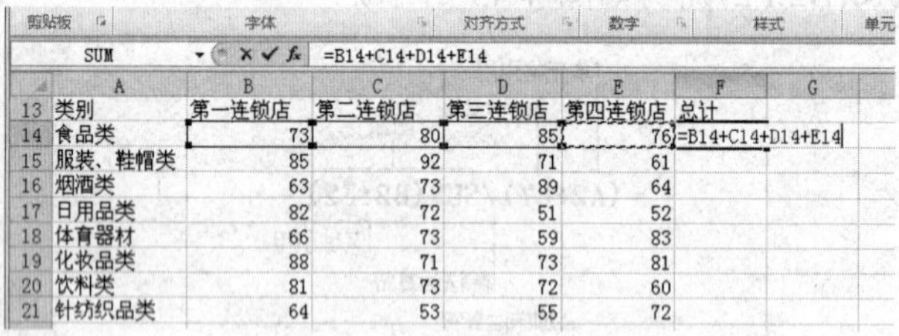

	A	B	C	D	E	F	G
13	类别	第一连锁店	第二连锁店	第三连锁店	第四连锁店	总计	
14	食品类	73	80	85	76	=B14+C14+D14+E14	
15	服装、鞋帽类	85	92	71	61		
16	烟酒类	63	73	89	64		
17	日用品类	82	72	51	52		
18	体育器材	66	73	59	83		
19	化妆品类	88	71	73	81		
20	饮料类	81	73	72	60		
21	针纺织品类	64	53	55	72		

图 4-44 编辑输入公式

③按 Enter 键，即可在 F14 单元格中显示运算结果，如图 4-45 所示。

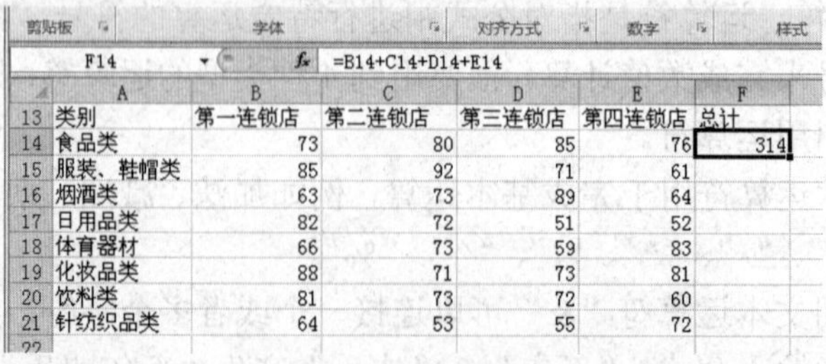

	A	B	C	D	E	F
13	类别	第一连锁店	第二连锁店	第三连锁店	第四连锁店	总计
14	食品类	73	80	85	76	314
15	服装、鞋帽类	85	92	71	61	
16	烟酒类	63	73	89	64	
17	日用品类	82	72	51	52	
18	体育器材	66	73	59	83	
19	化妆品类	88	71	73	81	
20	饮料类	81	73	72	60	
21	针纺织品类	64	53	55	72	

图 4-45 显示公式计算结果

2）显示公式。默认设置下，在单元格中只显示公式计算的结果，而公式本身则只显示在编辑栏中。为了方便用户检查公式的正确性，可以设置在单元格中显示公式。

例4-2　将上面例子中 I2 单元格中的公式显示，操作步骤如下：

①打开 Sheet1 工作表，选择 I2 单元格。

②打开"公式"选项卡，在"公式审核"组中的单击"显示公式"按钮，如图 4-46 所示，即可设置在单元格中显示公式。

图 4-46　显示公式

3）复制公式。通过复制公式操作，可以快速地为其他单元格输入公式。复制公式的方法与复制数据的方法相似，在 Excel 2010 中复制公式往往与公式的相对引用结合使用，以提高输入公式的效率，下面举例说明。

例4-3　将 Sheet1 工作表中 I2 单元格中的公式复制到 I3:I14 单元格区域中，具体操作步骤如下：

①打开 Sheet1 工作表。

②选中 I2 单元格，打开"开始"选项卡，在"剪贴板"组中单击"复制"按钮，复制 I2 单元格中的内容。

③选中 I3:I14 单元格区域，在"开始"选项卡的"剪贴板"组中单击"粘贴"按钮，即可将公式复制到 I3:I14 单元格区域。

4）删除公式。在 Excel 2010 中，当使用公式计算出结果后，则可以设置删除该单元格中的公式，并保留结果，下面举例说明。

例4-4　删除 Sheet1 工作表中 I2 单元格中的公式但保留计算结果，具体操作步骤如下：

①打开 Sheet1 工作表。

②右击 I2 单元格，在弹出的快捷菜单中选择"复制"命令，然后打开"开始"选项卡，在"剪贴板"组中单击"粘贴"下拉按钮，从弹出的下拉列表中选择"选择性粘贴"命令。

③打开"选择性粘贴"对话框，在"粘贴"选项区域中，选中"数值"单选按钮，如图 4-47 所示。

④单击"确定"按钮，即可删除 I2 单元格中的公式但保留结果，如图 4-48 所示。

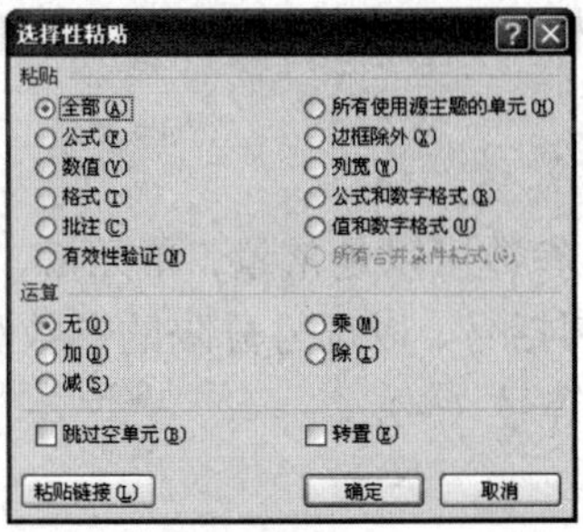

图 4-47　"选择性粘贴"对话框 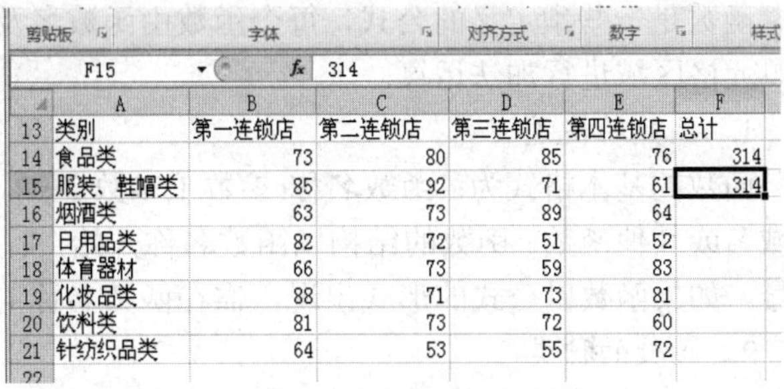　　　　　　图 4-48　删除公式

4.4.2 单元格引用

引用是标识工作表的单元格或单元格区域，其作用在于指明公式中使用的数据的位置。通过引用，可在公式中引用工作表不同单元格中的数据，也可引用同一工作簿中不同工作表的单元格。引用分为相对引用、绝对引用和混合引用三种。

1）相对引用。相对引用包含了当前单元格与公式所在单元格的相对位置。默认设置下，Excel 2010 使用的都是相对引用，当改变公式所在单元格的位置，引用也随之改变。

例 4-5 将 Sheet1 工作表中设置 J2 单元格中的公式为=(E2+F2+G2+H2)/4，并将公式相对引用到单元格区域，具体步骤如下：

①打开 Sheet1 工作表。

②选定 I2 单元格，在单元格中输入公式=(E2+F2+G2+H2)/4，按 Enter 键，显示结果。

③将光标移动至 I2 单元格边框，当光标变为十字形状时，拖动鼠标选择 I3:I9 单元格区域。

④释放鼠标，即可将 I2 单元格中的公式相对引用至 I3:I9 单元格区域中，如图 4-49 所示。

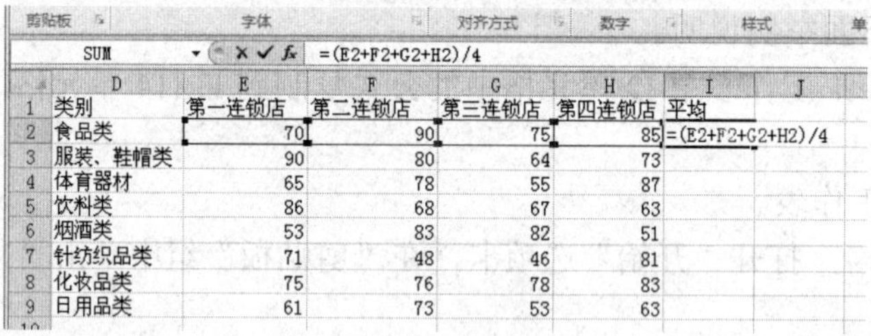

	D	E	F	G	H	I	J
1	类别	第一连锁店	第二连锁店	第三连锁店	第四连锁店	平均	
2	食品类	70	90	75	85	=(E2+F2+G2+H2)/4	
3	服装、鞋帽类	90	80	64	73		
4	体育器材	65	78	55	87		
5	饮料类	86	68	67	63		
6	烟酒类	53	83	82	51		
7	针纺织品类	71	48	46	81		
8	化妆品类	75	76	78	83		
9	日用品类	61	73	53	63		

图 4-49 相对引用

2）绝对引用。绝对引用中引用的是公式单元格的精确地址，与包含公式的单元格的位置无关。它在列标和行号前分别加上美元符号“$”，例如，$B$5 表示单元格 B5 绝对引用。

绝对引用与相对引用的区别在于：复制公式时，若公式中使用相对引用，则单元格引用会自动随着移动的位置相对变化；若公式中使用绝对引用，则单元格引用不会发生变化。

3）混合引用。混合引用指的是在一个单元格引用中既有绝对引用，同时也包含相对引用，即混合引用绝对列和相对行，或绝对行和相对列。绝对引用列采用$B1 的形式，混合引用行采用 A$1 的形式。如果公式所在单元格的位置改变，则相对引用改变，而绝对引用不变。如果多行或多列地复制公式，相对引用自动调整，而绝对引用不做调整。

4.4.3 函数

函数是一些预定义的公式，每个函数由函数名及其参数构成。例如，SUM 函数对单元格或单元格区域进行加法运算。

1. 函数的格式

函数的基本格式为：函数名称(参数 1,参数 2…)。其中的参数可以是常量、单元格、区域、区域名或其他函数。函数的结构以函数名称开始，后面是左圆括号、以逗号分隔的参数和右圆括号。如果函数以公式的形式出现，需在函数名称前面键入等号（=）。

2. 函数的种类

Excel 2010 提供了许多内置函数，为用户对数据进行运算和分析带来了极大方便。这些函数涵盖范围包括：财务、时间与日期、数学与三角函数、统计、查找与引用、数据库、文本等。

1）常用函数。在 Excel 2010 中，常用函数包含求和、求平均值等函数。常用函数包括：SUM、AVERAGE、IF、MAX、MIN、SUMIF、COUNT 等。

在常用函数中最常用的就是 SUM 函数，其作用是返回某一个单元格区域中所有数字之和，例如"=SUM(A1:A5)"，表示对 A1、A2、A3、A4、A5 五个单元格中的值求和。

2）数学与三角函数。在 Excel 2010 中，系统内置的数学和三角函数包括 ABS、ASIN、COMBINE、COSLOG 等。

3）日期和时间函数。日期和时间函数主要用于分析和处理日期值和时间值，主要包括 DATE、DATEVALUE、DAY、HOUR、TIME、TODAY、WEEKDAY 和 YEAR 等。

4）统计函数。统计函数用来对数据区域进行统计分析，其中常用的函数包括 AVERAGE、COUNT、MAX 以及 MIN 等。

5）财务函数。财务函数用于财务的计算，它可以根据利率、贷款金额和期限计算出所要支付的金额。财务函数主要包括 DB、DDB、SYD 以及 SLN 等

3．插入函数

在 Excel 2010 中，使用"插入函数"对话框可以插入 Excel 2010 内置的任意函数，下面通过几个例子介绍函数的使用方法。

例 4-6　求 Sheet1 工作表中各商品的总计。具体操作步骤如下：

1）打开 Sheet1 工作表。

2）选定 I2 单元格，然后打开"公式"选项卡，在"函数库"组中单击"插入函数"按钮，打开"插入函数"对话框，如图 4-50 所示。

3）在"或选择类别"下拉列表中选择"常用函数"选项，然后在"选择函数"列表框中选择 SUM 选项，单击"确定"，打开"函数参数"对话框，设置 Number1 参数为 E2:H2，如图 4-51 所示。

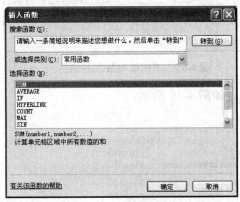
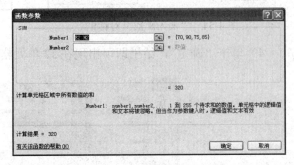

图 4-50　"插入函数"对话框　　　　　图 4-51　"函数参数"对话框

4）单击"确定"，结果即可出现在 I2 单元格中，如图 4-52 所示。

5）其余商品的总计，可以使用复制函数的方法得到，具体方法：选中 I2 单元格，将鼠标放在此单元格的右下角，当鼠标变为黑色十字形时，按下鼠标左键向下拖动，直至所有学生的总分全部求得，如图 4-53 所示。

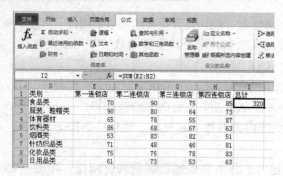

图 4-52　SUM 函数求和结果 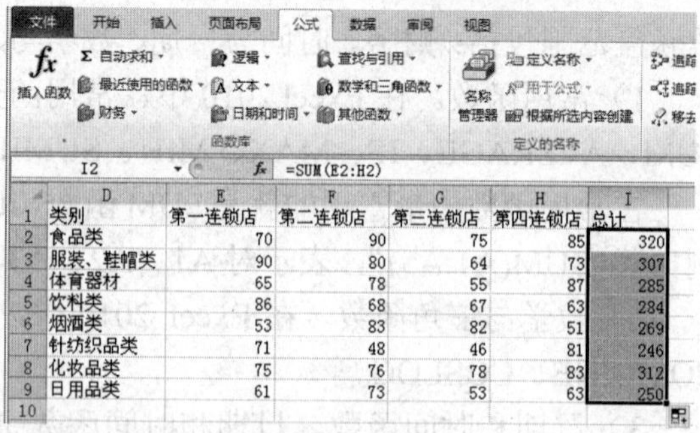　　　　　　　　　图 4-53　复制函数

例 4-7　求 Sheet2 工作表中各商品的平均值。具体操作步骤如下：

1）打开 Sheet2 工作表。

2）选定 J2 单元格，然后打开"公式"选项卡，在"函数库"组中单击"插入函数"按钮，打开"插入函数"对话框，如图 4-54 所示。

3）在"或选择类别"下拉列表中选择"常用函数"选项，然后在"选择函数"列表框中选择 AVERAGE 选项，单击"确定"，打开"函数参数"对话框，设置 Number1 参数为 E2:H2，如图 4-55 所示。

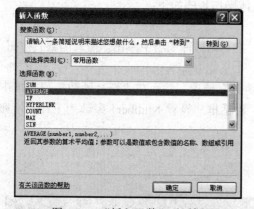

图 4-54　"插入函数"对话框

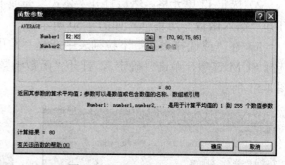

图 4-55　"函数参数"对话框

4）单击"确定"，结果即可出现在 J2 单元格中，如图 4-56 所示。

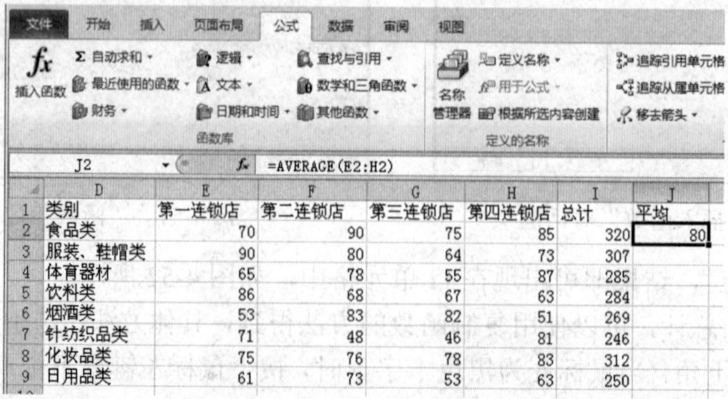

图 4-56　求平均值

5）其余商品的平均值，可以使用复制函数的方法得到，具体方法：选中 J2 单元格，将鼠标放在此单元格的右下角，当鼠标变为黑色十字形时，按下鼠标左键向下拖动，直至所有商品的平均值全部求得，如图 4-57 所示。

	D	E	F	G	H	I	J	K
				J2		fx	=AVERAGE(E2:H2)	
1	类别	第一连锁店	第二连锁店	第三连锁店	第四连锁店	总计	平均值	
2	食品类	70	90	75	85	320	80	
3	服装、鞋帽类	90	80	64	73	307	76.75	
4	体育器材	65	78	55	87	285	71.25	
5	饮料类	86	68	67	63	284	71	
6	烟酒类	53	83	82	51	269	67.25	
7	针纺织品类	71	48	46	81	246	61.5	
8	化妆品类	75	76	78	83	312	78	
9	日用品类	61	73	53	63	250	62.5	
10								

图 4-57 复制函数

例 4-8 求 Sheet3 工作表中学生的等级。具体操作步骤如下：

1）打开 Sheet3 工作表。

2）选定 I3 单元格，然后打开"公式"选项卡，在"函数库"组中单击"插入函数"按钮，打开"插入函数"对话框，如图 4-57 所示。

3）在"或选择类别"下拉列表中选择"常用函数"选项，然后在"选择函数"列表框中选择 IF 选项，单击确定，打开"函数参数"对话框，设置 Logical_test 参数为 G3>=300；Value_if_ture 为"合格"；Value_if_false 为"不合格"，如图 4-59 所示。

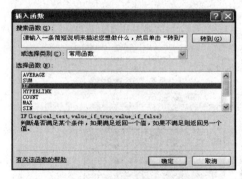

图 4-58 "插入函数"对话框

图 4-59 "函数参数"对话框

4）单击"确定"，结果即可出现在 I3 单元格中，如图 4-60 所示。

	A	B	C	D	E	F	G	H	I
				I3		fx	=IF(G3>=300,"合格","不合格")		
1			恒大中学高二考试成绩表						
2	姓名	班级	语文	数学	英语	政治	总分	平均分	等级
3	李平	高二（一）班	72	75	69	80	296	74	不合格
4	麦孜	高二（一）班	85	88	73	83	329	82.25	合格
5	张江	高二（一）班	97	83	89	88	357	89.25	合格
6	王硕	高二（二）班	76	88	84	82	330	82.5	合格
7	刘梅	高二（三）班	72	75	69	63	279	69.75	不合格
8	江海	高二（二）班	92	86	74	84	336	84	合格
9	李朝	高二（三）班	76	85	84	83	328	82	合格
10	许如润	高二（一）班	87	83	90	88	348	87	合格
11	张玲铃	高二（三）班	89	67	92	87	335	83.75	合格
12	赵丽娟	高二（二）班	76	78	97	97	318	79.5	合格
13	高峰	高二（二）班	92	87	74	84	337	84.25	合格
14	刘小丽	高二（三）班	76	85	84	83	328	82	合格
15	各科平均分		82.5	79.25	80.5	84.5	326.75		
16									

图 4-60 结果显示

5）其余学生的等级，可以使用复制函数的方法得到，具体方法：选中 K2 单元格，将鼠标放在此单元格的右下角，当鼠标变为黑色十字形时，按下鼠标左键向下拖动，直至所有学生的等级全部求得。

同步训练 4.4　计算学生成绩

【训练目的】

● 掌握公式和函数的应用。

● 理解单元格的引用。

【训练任务和步骤】

1）新建并保存文件。

①单击"开始"按钮，在程序组中单击 Microsoft Excel 2010，打开 Excel 程序，系统自动创建一个空白工作簿。使用"文件"选项卡中的"新建"命令或按快捷键 Ctrl+N，也可以新建一个工作簿。

②选择合适的输入法，输入如图 4-61 所示的"样文"中的内容。

③选择"文件"选项卡→"保存"命令，或按 Ctrl+S 快捷键，将工作簿保存到练习文件夹中（如果没有该文件夹，则在保存工作簿时创建），文档名为"练习 4-4.doc"。

2）利用"自动求和"按钮 Σ 求总分。单击 B3:F14 单元格区域，然后 在"开始"选项卡的"编辑"组中，单击"自动求和"按钮 Σ，即在单元格区域 F3:F14 计算出每位学生的成绩总分数。如图 4-62 所示。

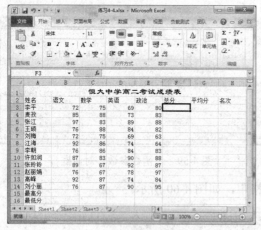

图 4-61　样文

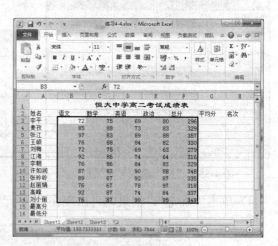

图 4-62　求每位学生成绩总分

3）求"平均分"。将插入点定位在 G3 单元格，单击编辑栏左侧的"插入函数"按钮 f_x，弹出"插入函数"对话框，在"选择函数"列表框中单击选择 AVERAGE 函数，如图 4-63 所示，单击"确定"按钮。弹出"函数参数"对话框，在 Number1 框中输入 B3:E3，如图 4-64 所示，单击"确定"按钮。即在 G3 单元格中显示出第一个学生的平均分，编辑栏中显示公式为=AVERAGE(B3:E3)。将鼠标指针移动到 G3 单元格右下角的填充柄处，鼠标指针变为黑色粗十字形状时，按住鼠标左键垂直拖动鼠标到"平均分"列的 G14 单元格，松开鼠标，即平均值公式复制到拖动覆盖的每个单元格内，并计算出每位学生的平均分，如图 4-65 所示。

图 4-63　"插入函数"对话框　　　　　　　　图 4-64　"函数参数"对话框

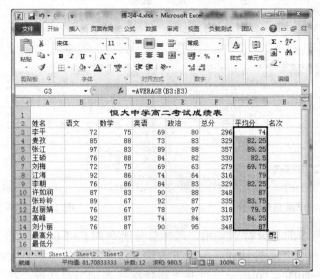

图 4-65　通过填充柄完成平均分计算

4）计算学生"名次"。单击单元格 H3，输入"=RANK.EQ(F3,$F$3:$F$14)"，按 Enter 键，即显示出本行学生的名次，如图 4-66 所示。再将鼠标指针移至单元格 H3 右下角的填充柄，拖动到 H14 单元格，即计算出每位学生的排名。如图 4-67 所示。

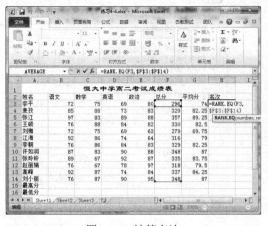

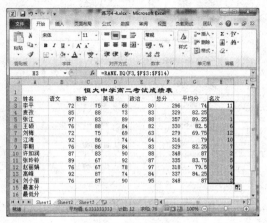

图 4-66　计算名次　　　　　　　　　　　图 4-67　排名结果

5）计算出"最高分"。在单元格 B15 中输入"=max(B3:B14)"，然后按 Enter 键。将鼠标指针移动单元格 B15 右下角的填充柄，水平拖动到 E14 单元格，即计算对应各列中的最高分。

6）计算出"最低分"。在单元格 B16 中输入"=min(B3:B14)"，然后按 Enter 键。将鼠标指针移动单元格 B16 右下角的填充柄，水平拖动到 E16 单元格，即计算对应各列中的最高分。结果如图 4-68 所示。

7）添加批注。右击名次为 1 的学生姓名所在单元格 H5，打开快捷菜单，单击"插入批注"命令。该单元格右边出现批注框，在此框中输入"第 1 名"，如图 4-69 所示。然后在任一单元格中单击，完成添加批注。

图 4-68　求最高最低分　　　　　　　　　图 4-69　插入批注

8）将班级总分前 5 的总分特别显示。选择总分所在列 F3:F14 单元格区域。在"开始"选项卡中"样式"组，单击"条件格式"按钮下方箭头，在打开的下拉列表中单击"项目选取规则"→"其他规则"，如图 4-70 所示。打开"新建格式规则"对话框，在"为以下排名内的值设置格式"选项中设置为"前"，并在其后文本框中输入 5，然后单击"格式"按钮，在打开的对话框中将字体颜色设置为"红色"并加粗，完成后单击"确定"按钮返回，如图 4-71 所示，再单击"确定"按钮。

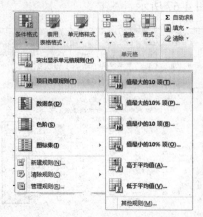

图 4-70　"条件格式"工具菜单　　　　　图 4-71　"编辑格式规则"对话框

9）设置边框线。通过鼠标拖选的方式选择 A2:H16 单元格区域。在"开始"选项卡的"字体”组，单击边框按钮⊞旁边的箭头，打开“边框”下拉列表，单击“所有框线”，则所有边框设置为细线。再单击边框按钮⊞旁边的箭头，打开“边框”下拉列表，单击“粗匣框线”，即设置数据区外边框为粗框线。

10）全部操作完成，结果如图 4-72 所示。

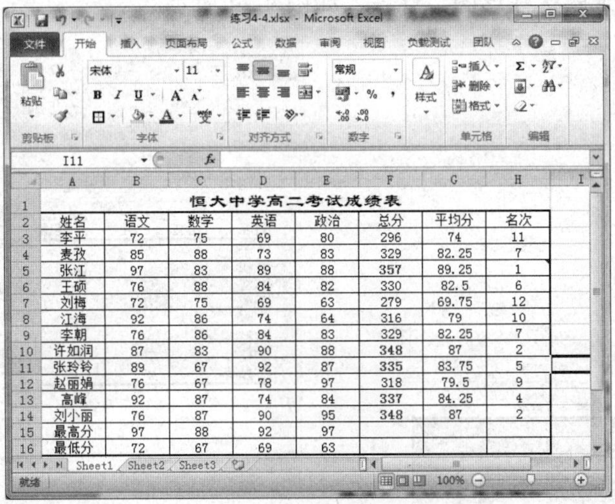

恒大中学高二考试成绩表

姓名	语文	数学	英语	政治	总分	平均分	名次
李平	72	75	69	80	296	74	11
麦孜	85	88	73	83	329	82.25	7
张江	97	83	89	88	357	89.25	1
王硕	76	88	84	82	330	82.5	6
刘梅	72	75	69	63	279	69.75	12
江海	92	86	74	64	316	79	10
李朝	76	86	84	83	329	82.25	7
许如润	87	83	90	88	348	87	2
张玲铃	89	67	92	87	335	83.75	5
赵丽娟	76	67	78	97	318	79.5	9
高峰	92	87	74	84	337	84.25	4
刘小丽	76	87	90	95	348	87	2
最高分	97	88	92	97			
最低分	72	67	69	63			

图 4-72　完成效果图

4.5　图表

图表是信息的图形化表示，为了能更加直观地表达表格中的数据，可将数据以图表的形式表示出来。通过图表可以清楚地了解各个数据的大小以及数据的变化情况，方便对数据进行对比和分析。而且还可以为重要的图形部分添加色彩和其他的视觉效果。

4.5.1　插入图表

Excel 2010 内置了多种类型的图表，如柱形图、折线图、饼图、条形图、面积图和散点图等，各种图表各有优点，用户可根据不同的需求选用适当的图表类型。Excel 2010 中的图表分两种，一种是嵌入式图表，它和创建图表的数据源放置在同一张工作表中，打印的时候同时打印；另一种是图表工作表，它是一张独立的图表工作表，打印的时候将会与数据分开打印。无论是哪种图表，创建图表的依据都是工作表的数据。当工作表中的数据发生变化时，图表便会自动更新。

Excel 2010 图表是根据 Excel 2010 工作表中的数据创建的，所以在创建图表之前，首先要组织好工作表中的数据，然后创建图表。使用 Excel 2010 提供的图表向导，可以方便、快速地建立一个标准类型或自定义类型的图表。

1. 创建嵌入式图表

插入图表的最基本方法是，首先选择图表所需要的数据区域，然后选择“插入”选项卡中的“图表”组或“迷你图”组上某个图表类型，即可在数据所在表中插入一个相应的图表。下面举例说明。

例4-9　在"学生成绩表"工作簿中创建嵌入式图表，操作步骤如下：

1）打开"学生成绩表"工作簿中的 Sheet4 工作表，选定 A2:E9 单元格区域，如图 4-73 所示。

2）打开"插入"选项卡，在"图表"组中单击"柱形图"按钮，从弹出的"三维柱形图"选项区域中选择"三维簇状柱形图"样式，如图 4-74 所示。

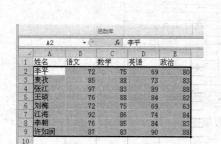

图 4-73　选择数据区域

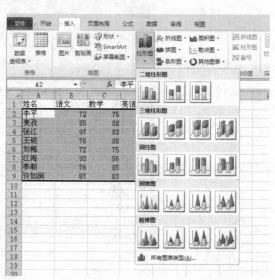

图 4-74　图表样式

3）此时三维簇状柱形图将自动插入到工作表中，效果如图 4-75 所示。

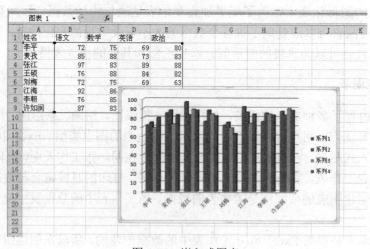

图 4-75　嵌入式图表

2. 创建图表工作表

Excel 2010 默认的图表类型是柱形图，在工作簿中创建图表工作表的方法很简单，先在工作表中选定用于创建图表的数据区，再按 F11 键，便会得到一个图表工作表。下面举例说明。

例4-10　为"学生成绩表"工作簿中的 Sheet4 工作表中的 A2:E9 单元格区域，创建图表工作表。具体操作步骤如下：

选择图 4-73 中单元格区域,再按 F11 键,便会得到如图 4-76 所示的名为 Chart1 的工作表。

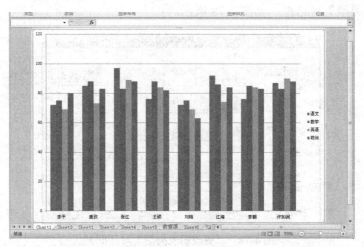

图 4-76　图表工作表

需要注意的是,嵌入式图表和图表工作表之间是可以相互转换的,具体方法是,打开需要转换的图表,选择"图表工具"的"设计"选项卡"位置"组中的"移动图表",在打开的"移动图表"对话框中进行相应的选择即可。

4.5.2　编辑图表

图表创建完成后,Excel 2010 会自动打开"图标工具"的"设计"、"布局"和"格式"选项卡。若已经创建好的图表不符合用户要求,Excel 2010 允许在建立图表之后对整个图表进行编辑,如更改图表类型,在图表中添加数据系列,删除数据系列以及设置图表的样式和布局等。

1. 更改图表类型

若图表的类型无法确切地展现工作表数据所包含的信息,如使用折线图来表现数据的走势等,此时就需要更改图表类型。下面举例说明。

例 4-11　将"学生成绩表"工作簿中的图表修改为折线图,具体操作步骤如下:

1)打开"学生成绩表"工作簿 Sheet4 工作表,并选定其中的图表,如图 4-77 所示。

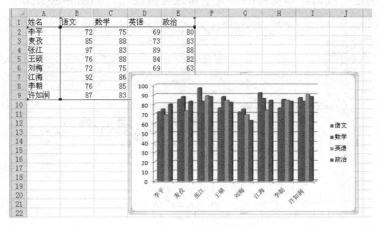

图 4-77　选中图表

2）打开"图表工具"的"设计"选项卡，在"类型"组中单击"更改图表类型"按钮，打开"更改图表类型"对话框，如图 4-78 所示。

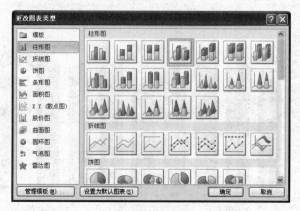

图 4-78   "更改图表类型"对话框 1

3）在左侧的类型列表框中选择"折线图"选项，然后在右侧的样式列表框中选择"带数据标记的折线图"样式，如图 4-79 所示。

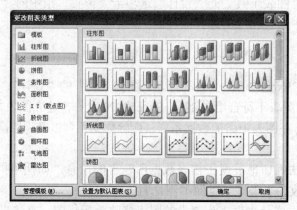

图 4-79   "更改图表类型"对话框 2

4）单击"确定"按钮，即可将图表类型修改为折线图，如图 4-80 所示。

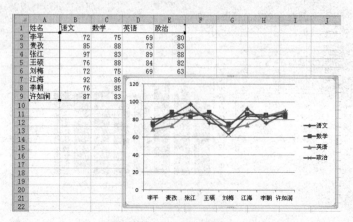

图 4-80   折线图表

2. 增加数据系列

如果在图表中增加数据系列，可直接在原有图表上增添数据源，具体操作步骤如下：

1）选中需要修改的图表，出现"图表工具"功能区，单击"设计"选项卡中的"数据"组中的"选择数据"按钮，如图 4-81 所示。

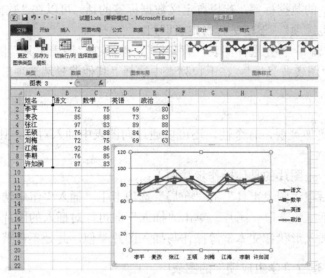

图 4-81　"图表工具"功能区

2）弹出"选择数据源"对话框，如图 4-82 所示。

3）单击"添加"按钮，弹出"编辑数据系列"对话框，如图 4-83 所示，在"系列名称"项中设置：体育；在"系列值"中设置：{70,80,90,60,75,85,80,90}，单击"确定"按钮即可。

图 4-82　"选择数据源"对话框

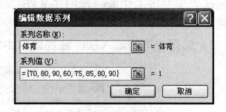

图 4-83　编辑数据系列

3. 删除数据系列

如果在图表中需删除数据系列，可直接在原有图表上删除数据源，操作方法如下。

在"选择数据源"对话框的"图形项（系列）"列表框中选中某个系列后，单击"删除"按钮，可删除该数据系列。

4. 设置图表的样式和布局

为了让图表更加美观，还可以对图表进行格式化处理。例如对图表标题、数据标签、背景等项进行设置。下面举例进行说明。

例 4-12　为图表添加图表标题、纵横坐标标题、数据便签。操作步骤如下：

1）添加图表标题：首先选择图表，然后在"图表工具"的"布局"选项卡"标签"组中的"图表标题"下拉列表中选择"图表上方"，系统会在图表的上方添加一个标题框，这时再输入标题内容即可。

2）添加"语文"的数据标签：首先在图表中选择数据系列"语文"，然后在"图表工具"的"布局"选项卡中"标签"组中的"数据标签"下拉列表中选择"显示"，系统会在"语文"数据系列上显示默认的数据标签，若想自定义数据标签的话，可以在"数据标签"下拉列表中选择"其他数据标签选项"，然后进行自定义即可。

3）设置"背景墙"：首先选择图表"背景墙"，然后在"图表工具"的"布局"选项卡中"背景"组中选择"图表背景墙"，在下拉列表中选择"其他背景墙选项"，在打开的对话框中进行自定义即可。

5. 插入对象

为了使得图表更加美观，有个性，还可以通过向图表中插入对象，比如插入图片，插入形状，插入文本框。

向图表中插入一张图片的具体操作步骤如下：

打开图表，然后在"图表工具"的"布局"选项卡中"插入"组中选择"图片"，在打开的"插入图片"对话框中选取一图片，单击"插入"即可，对插入的图片还可以进一步调整。

对于在图表中插入形状和文本框等操作与插入图片类似，此处不再赘述。

同步训练 4.5　建立"学生成绩"的图表

【训练目的】

掌握图表的建立、修改、删除。

【训练任务和步骤】

（1）新建并保存文件

1）单击"开始"按钮，在程序组中单击 Microsoft Excel 2010，打开 Excel 程序，系统自动创建一个空白工作簿。使用"文件"选项卡中的"新建"命令或按快捷键 Ctrl+N，也可以新建一个工作簿。

2）选择合适的输入法，输入如图 4-84 所示的"样文"中的内容。

图 4-84　样文

3）选择"文件"选项卡→"保存"命令，或按 Ctrl+S 快捷键，将工作簿保存到练习文件夹中（如果没有该文件夹，则在保存工作簿时创建），文档名为"练习 4-5.doc"。

（2）创建三维簇状柱形图

1）选择包含要用于图表的数据的单元格。选择数据区 A1:E12。

提示：如选择一个单元格，则 Excel 会自动将紧邻该单元格且包含数据的所有单元格绘制到图表中。如果要绘制到图表中的单元格数据在不连续的单元格区域，只要选择的区域为矩形，便可以选择不相邻的单元格或区域。根据需要，可将不需显示在图表中的行或列隐藏。

2）插入图表。在"插入"选项卡的"图表"组，如图 4-85 所示，单击"柱形图"，打开"柱形图"列表。单击"三维簇状柱图形"，如图 4-86 所示，在当前图表中插入图表，如图 4-87 所示。

图 4-85　"图表"组　　　　　　　图 4-86　"柱形图"列表

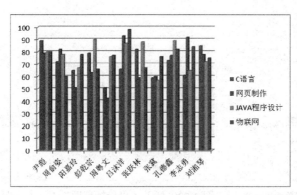

图 4-87　三维簇状柱图形

3）设置图标标题。在新插入的图表区域中单击。这时 Excel 选项卡区右侧显示"图表工具"，如图 4-88 所示。在"布局"选项卡的"标签"组，单击"图表标题"，打开下拉列表，如图 4-89 所示。再单击"图表上方"，在图表上方显示"图表标题"框，在该框中输入"成绩表"，如图 4-90 所示。

图 4-88　"图表工具"选项卡

图 4-89   图表标题菜单

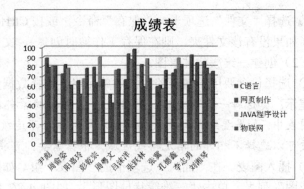

图 4-90   插入图表标题

4）添加横坐标轴和纵坐标轴标题。在"图表工具"的"布局"选项卡，单击"标签"组的"坐标轴标题"按钮，打开下拉列表，如图 4-91 所示。单击中"主要横坐标轴标题"→"坐标轴下方标题"。在图表的横坐标轴下方出现"坐标轴标题"框，在此框中输入"姓名"。再单击"标签"组的"坐标轴标题"按钮，单击"主要纵坐标轴标题"→"竖排标题"，在图表的纵坐标轴左侧出现"坐标轴标题"框，在此框中输入"成绩"，结果如图 4-92 所示。

5）设置图例位置。单击"标签"组的"图例"按钮，打开"图例"下拉列表，如图 4-93所示。单击"在底部显示图例"。

图 4-91   坐标轴标题菜单

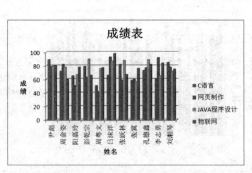

图 4-92   插入"坐标轴标题"

图 4-93   "图例"下拉列表

（3）创建饼图

1）选择创建图表所需数据。选择数据区 A2:B12，如图 4-94 所示。

2）插入图表。在"插入"选项卡的"图表"组，单击"饼图"按钮，打开"饼图"下拉列表，单击"三维分离型饼图"，如图 4-95 所示。在工作表中插入三维分离型饼图，如图4-96 所示。

3）修改标题。在图表标题"C 语言"处单击，添加文字，改为"C 语言成绩情况。"

4）添加百分比显示。在"图表工具"的"设计"选项卡"图表布局"组，如图 4-97 所示。单击"布局 2"按钮，这时饼图上显示各等级相应人数百分比。

图 4-94　选择数据区

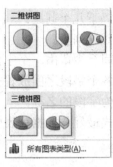

图 4-95　饼图列表

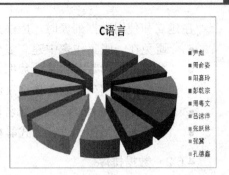

图 4-96　饼图

5）将饼图移到一新工作表中。在"设计"选项卡"位置"中，单击"移动图表"按钮，打开"移动图表"对话框，单击"新工作"项，如图 4-98 所示，单击"确定"按钮。即将饼图移至名为 Char1 的新工作表中。

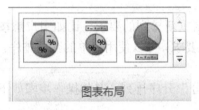

图 4-97　"图表布局"组

图 4-98　"移动图表"对话框

4.6　数据处理

Excel 2010 中文版具有强大的数据处理功能，用户既能在 Excel 2010 中建立大型的数据表格，也能使用在其他数据表软件中建立的数据表数据，如 Access、FoxPro、SQL Server 等。

Excel 2010 中文版为用户提供了许多操作和处理数据的有力工具，如排序、筛选、分类汇总等操作。

4.6.1　记录编辑

在 Excel 2010 的工作簿中建立工作表是十分简单的，在工作表中输入的数据没有很多的约束条件，但是在 Excel 2010 中，要进行数据排序、筛选数据记录以及分类汇总的操作需要通过"数据列表"来进行，因此在操作前应先创建好"数据列表"，数据列表是一个二维的表格，是由行和列构成的，图 4-99 就是一个数据列表。

下面介绍几个术语。

字段：数据列表的一列称为字段。

记录：数据列表的一行称为记录。

字段名：在数据表的最顶行通常会有字段名，字段名是字段内容的概括和说明。

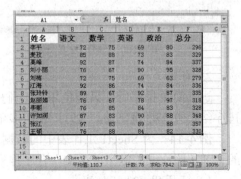

图 4-99　数据列表

在建立和使用数据列表时，应注意以下几个问题：

- 避免在一张工作表中建立多个数据列表。
- 数据列表的数据和其他数据之间至少留出一个空白行和一个空白列。
- 避免在数据列表的各条记录或各个字段之间放置空白行和空白列。
- 最好使用列名，而且把列名作为字段的名称。
- 字段名的字体和对齐方式等格式最好与数据列表中其他数据相区别。

4.6.2　数据排序

在查阅数据的时候，我们会希望表中的数据可以按一定的顺序排列，以方便查看。数据排序是指按一定规则对数据进行重新整理、排列，这样可以为进一步处理数据做好准备。排序方法是指按照字母的升序或降序以及数值顺序来重新组织数据，Excel 2010 提供了多种对数据进行排序的方法，如升序、降序，也可以自己定义排序方法。

1. 简单数据排序

实际运用过程中，用户往往有按一定次序对数据重新排列的要求，比如用户想按总分从高到低的顺序排列数据。对于这种按单列数据排序的要求，可以使用简单的数据排序。下面举例说明。

例 4-13　为 Sheet6 工作表中的数据，按照"总分"升序排列。具体操作步骤如下：

1）打开 Sheet6 工作表。

2）选择"总分"列中的任意一个单元格，如图 4-100 所示。

3）选择"数据"选项卡"排序和筛选"组中的"升序"按钮，工作表中的数据将按照总分由低到高的顺序排列。如图 4-101 所示。

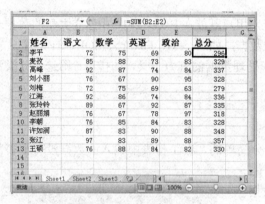

图 4-100　选择 F2 单元格

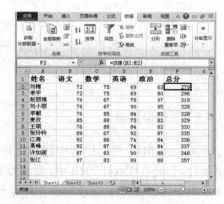

图 4-101　"升序"排序结果

2. 自定义排序

进行简单排序时，只能使用一个排序条件，在实际操作过程中，对关键字进行排序后，排序结果中有并列记录，这时可使用多条件方式进行排序，下面举例说明。

例 4-14　为 Sheet1 工作表中的数据，首先按照主要关键字"总分"降序排列，总分相同的记录按照次要关键字"语文"升序排列。具体操作步骤如下：

1）打开 Sheet1 工作表。

2）选择"总分"列中的任意一个单元格。

3）选择"数据"选项卡"排序和筛选"组中的"排序"按钮，如图 4-102 所示。

4）打开"排序"对话框，在"主要关键字"下拉列表中选择"总分"选项，在"排序依据"下拉列表中选择"数值"选项，在"次序"下拉列表中选择"降序"选项，如图 4-103 所示。

图 4-102　"数据"选项卡

图 4-103　"主要关键字"设置

5）单击"添加条件"按钮，添加新的排序条件。在"次要关键字"下拉列表中选择"语文"选项，在"排序依据"下拉列表中选择"数值"选项，在"次序"下拉列表中选择"升序"选项，如图 4-104 所示。

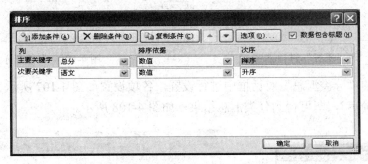

图 4-104　"次要关键字"设置

6）单击"确定"按钮，即可完成排序。

注意：Excel 2010 在默认排序时是根据单元格中的数据进行排序的。在按升序排序时，Excel 使用如下顺序：

- 数值从最小的负数到最大的正数排序。
- 文本和数字的文本则按从 0～9、a～z、A～Z 的顺序排列。
- 逻辑值 False 排在 True 之前。
- 所有错误值的优先级相同。
- 空格排在最后。

4.6.3　分类汇总

前面已经学习了排序操作，但在数据表格中只知道这些操作是不够的。分类汇总是一种很重要的操作，它是分析数据的一项有力的工具，在 Excel 2010 中使用分类汇总可以十分轻松地汇总数据，分类汇总前必须对分类字段进行排序。

1. 简单的分类汇总

简单分类汇总是只对一个字段分类且只采用一种汇总方式的分类汇总。分类汇总前必须对分类字段进行排序。下面举例说明。

例 4-15　以 Sheet1 工作表中的数据为例，统计不同班级的人数。具体操作步骤如下：

1）打开 Sheet1 工作表中的数据列表。

2）选中数据列表中的"班级"字段名，以"班级"为主关键字进行降序排列，如图 4-105 所示。

3）选中数据列表中任意一个单元格，单击"数据"选项卡，在"分级显示"组中选择"分类汇总"，如图 4-106 所示。

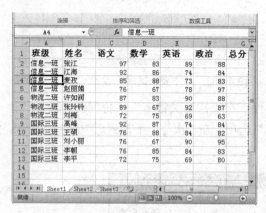

图 4-105　对"班级"进行排序　　　　　图 4-106　分级显示

4）在弹出的"分类汇总"对话框中进行设置，各项设置如图 4-107 所示。

5）单击"确定"，即可得到分类汇总结果，如图 4-108 所示。

图 4-107　"分类汇总"对话框 1　　　　　图 4-108　分类汇总结果

如果要取消分类汇总效果，需要再次打开"分类汇总"对话框，单击"全部删除"按钮即可。

2. 创建多级分类汇总

多级分类汇总是指有多个分类字段或有多个汇总方式或多个汇总项的情况，有时是多种情况的组合。下面举例说明。

例 4-16　在例 4-15 分类汇总基础上，再找出同一班级中总分最高的。具体操作步骤如下：

1）选中数据列表中的任意单元格，单击"数据"选项卡，在"分级显示"组中选择"分类汇总"，在弹出的"分类汇总"对话框中设置"汇总方式"为"最大值"，在"选定汇总项"列表框中选择"出生日期"，取消对"替换当前分类汇总"复选项的选择，如图 4-109 所示。

2）单击"确定"，即可得到分类汇总结果，如图 4-110 所示。

图 4-109　"分类汇总"对话框 2　　　　　　　　　图 4-110　多级分类汇总结果

4.6.4　数据筛选

当数据表格中记录非常多时，如果只对其中的一部分数据感兴趣，可以使用 Excel 2010 筛选数据，即将不感兴趣的记录隐藏起来，只显示感兴趣的符合条件的记录。Excel 2010 有自动筛选和高级筛选，使用自动筛选是筛选数据表极简便的方法，而使用高级筛选可以规定很复杂的筛选条件，下面分别介绍。

1. 自动筛选

自动筛选功能提供了快速访问数据的功能，通过简单的操作，就可以筛选掉那些不想看到或不想打印的数据。下面举例说明。

例 4-17　使用筛选功能将 Sheet2 工作表的性别为"女"的记录筛选出来。具体操作步骤如下：

1）打开 Sheet2 工作表。

2）选中工作表中的任意一个单元格，打开"数据"选项卡，在"排序和筛选"组中单击"筛选"按钮，进入筛选模式，如图 4-111 所示。

3）在"性别"列中单击"性别"标题单元格右侧的下拉按钮，在弹出的下拉列表中的"文本筛选"项（如图 4-112 所示）中勾选"女"。

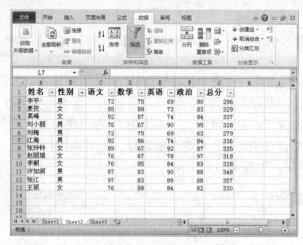

图 4-111　自动筛选

图 4-112　设置筛选条件 1

4）单击"确定"按钮，即可完成筛选，如图 4-113 所示。

例 4-18　使用筛选功能将 Sheet2 工作表的英语成绩大于 60 分的记录筛选出来。具体操作步骤如下：

1）打开 Sheet2 工作表。

2）选中工作表中的任意一个单元格，打开"数据"选项卡，在"排序和筛选"组中单击"筛选"按钮，进入筛选模式。

3）在"英语"列中单击"英语"标题单元格右侧的下拉按钮，在弹出的下拉列表中的单击"数字筛选"，在弹出的菜单中选择"大于"，如图 4-114 所示。

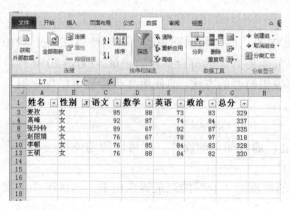

图 4-113　自动筛选结果

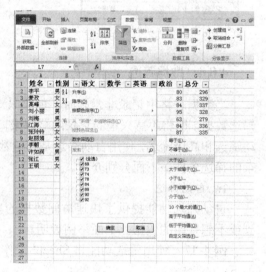

图 4-114　设置筛选条件 2

4）在弹出的"自定义自动筛选方式"对话框中输入 60，如图 4-115 所示。

5）单击"确定"按钮，即可完成筛选，如图 4-116 所示。

如果要清除筛选设置，单击筛选条件单元格旁边的按钮，在弹出的下拉列表中选择相应的清除筛选命令即可。

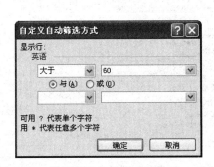

图 4-115　设置筛选条件"英语大于 60 分"

图 4-116　自定义筛选结果

2. 高级筛选

如果数据列表的字段很多，那么使用自动筛选来选出各个字段符合条件的记录将更为费事，但如果掌握了高级筛选的方法，就不会这样麻烦了。下面介绍怎样使用 Excel 2010 的高级筛选。

如果要使用高级筛选，一定要先建立一个条件区域。条件区域用来指定筛选的数据必须满足的条件，在条件区域的首行中包含的字段名必须拼写正确，要与数据表中的字段名一致。条件区域中并不要求包含数据列表中所有的字段名，只要求包含作为筛选条件的字段名。

需要注意的是，条件区域和数据列表不能连接，必须用至少一行的空将其隔开。如图 4-117 所示建立一个条件区域。

例 4-19　通过高级筛选选出 Sheet3 工作表中英语和数学成绩同时在 80 分以上的所有学生。具体操作步骤如下：

1）打开 Sheet3 工作表。

2）建立条件区域：在工作表的 **D16:E17** 单元格区域中输入筛选条件，如图 4-117 所示。

3）单击数据列表中任意单元格（不能单击条件区域与数据列表区域之间的空行）。

4）打开"数据"选项卡，在"排序和筛选"组中单击"高级"按钮，弹出"高级筛选"对话框，按图 4-118 进行设置。

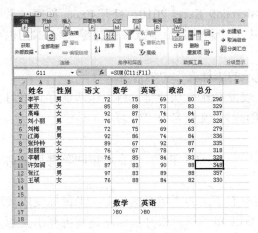

图 4-117　条件区域

图 4-118　"高级筛选"对话框

5）单击"确定"按钮，即可得到筛选结果，如图 4-119 所示。

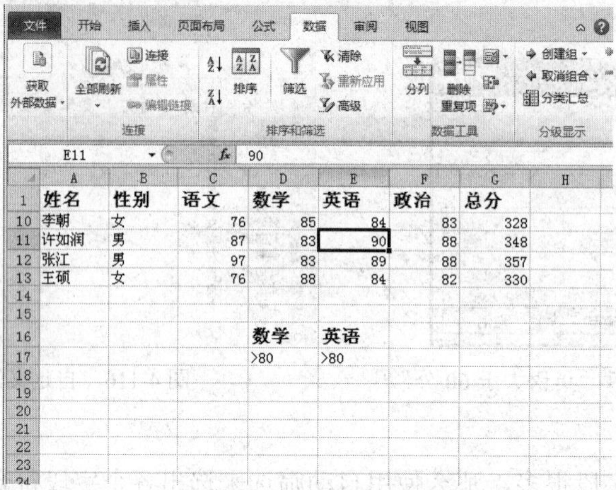

图 4-119　高级筛选结果

如果想清除高级筛选条件，可以直接单击"数据"选项卡中"排序和筛选"组中的"清除"按钮，即可重新显示数据列表的全部数据内容。

同步训练 4.6　电子表格中的数据处理

【训练目的】

- 掌握公式和函数的应用。
- 掌握数据排序的应用。
- 掌握数据筛选的应用。
- 掌握数据合并计算的应用。
- 掌握数据分类汇总的应用。
- 掌握建立数据透视表的方法。

【训练任务和步骤】

（1）新建并保存文件

1）单击"开始"按钮，在程序组中单击 Microsoft Excel 2010，打开 Excel 程序，系统自动创建一个空白工作簿。使用"文件"选项卡中的"新建"命令或按快捷键 Ctrl+N，也可以新建一个工作簿。

2）选择合适的输入法，输入如图 4-120 所示的"样文"中的内容。

3）选择"文件"选项卡→"保存"命令，或按 Ctrl+S 快捷键，将工作簿保存到练习文件夹中（如果没有该文件夹，则在保存工作簿时创建），文档名为"练习 4-6.doc"。

（2）应用公式（函数）

1）选定 G3 单元格，在该单元格中输入公式"=D3+E3+F3"，输完后按回车键算出第 1 个人的"实发工资"。

2）选定 G3 单元格，将鼠标放置单元格边框右下角的"填充柄"上，当鼠标变成较细的实心十字架图标时，按住鼠标左键向下拖动至 G14 单元格，松开鼠标左键即可算出其他人员的实发工资。如图 4-121 所示。

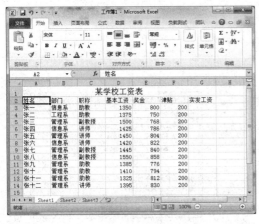

图 4-120　样文

图 4-121　应用公式

（3）数据排序

1）将光标置于表格的任一单元格，在"数据"选项卡"排序和筛选"组中，单击"排序"按钮，打开"排序"对话框，如图 4-122 所示。

图 4-122　"排序"对话框

2）在"主要关键字"下拉列表中选择"基本工资"选项，选择"降序"选项，单击"确定"按钮。

（4）数据筛选

1）选定任一单元格，在"数据"选项卡"排序和筛选"组中，单击"筛选"按钮，即可在每个列字段后出现一个黑三角箭头。

2）单击"部门"后的下拉按钮打开下拉列表，在列表框中只勾选"管理系"，如图 4-123 所示，即可将部门是"管理系"的记录筛选出来。

3）单击"基本工资"后的下拉按钮打开下拉列表，选择"数字筛选"→"自定义筛选"命令，打开"自定义自动筛选方式"对话框，如图 4-124 所示。

4）在"基本工资"下拉列表中选择"大于或等于"命令，并在后面的条件列表框中输入 1400，单击"确定"按钮。结果如图 4-125 所示。

（5）数据合并计算

1）再次单击"数据"选项卡"排序和筛选"组中的"筛选"按钮取消自动筛选。

2）选定 A17 单元格，在"数据"选项卡"数据工具"组中，单击"合并计算"按钮，打开"合并计算"对话框，如图 4-126 所示。

图 4-123　"筛选"选项

图 4-124　"自定义自动筛选方式"对话框

图 4-125　筛选结果

图 4-126　"合并计算"对话框

3）在"函数"下拉列表中选择"平均值"选项，单击"引用位置"后面的折叠按钮，在数据区域选定要进行求平均值合并计算的数据区域 C3:F14，选中"最左列"复选框，单击"确定"按钮。结果如图 4-127 所示。

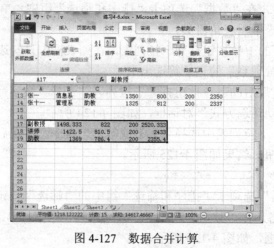

图 4-127　数据合并计算

（6）分类汇总

1）将光标置于表格中的任一单元格，在"数据"选项卡"排序和筛选"组中，单击"排序"按钮排序，以"部门"为主要关键字，升序排列，如图 4-128 所示。

图 4-128　汇总前先排序

2）在"数据"选项卡"分级显示"组中，单击"分类汇总"按钮分类汇总，打开"分类汇总"对话框，如图 4-129 所示。

3）在"分类字段"下拉列表中选择"部门"选项，在"汇总方式"下拉列表中选择"平均值"命令，在"选定汇总项"列表框中选中"基本工资"、"实发工资"两项，选中"汇总结果显示在数据下方"复选框，单击"确定"按钮。结果如图 4-130 所示。

图 4-129　"分类汇总"对话框

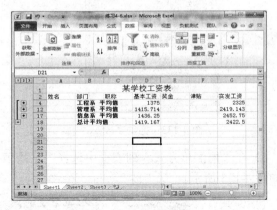

图 4-130　汇总结果

（7）建立数据透视表

1）在（6）的基础上再次选择"数据"选项卡"分级显示"组中的"分类汇总"命令，在打开的如图 4-129 所示的对话框中，单击"全部删除"，删除分类汇总，回到图 4-121 所示的工作表上进行操作。

2）单击数据区域的任一单元格，在"插入"选项卡"表格"组中，单击"数据透视表"按钮，打开"创建数据透视表"对话框。如图 4-131 所示。

3）在"表/区域"中选择 A2:G14 范围，在"选择放置数据透视表的位置"中选择"新工作表"，然后单击"确定"按钮，如图 4-132 所示。

4）在"数据透视表字段列表"对话框中，将"部门"拖到页字段，"职称"拖到行字段，"实发工资"拖到数据字段。如图 4-133 所示。

图 4-131　创建数据透视表

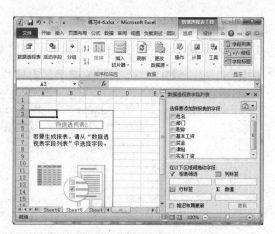

图 4-132　创建数据透视表

5）在"数值"下拉列表中选择"求和项"，在打开的下拉列表中选择"值字段设置"，打开"值字段设置"对话框，如图 4-134 所示。

图 4-133　拖动字段

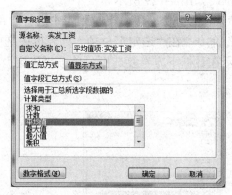

图 4-134　"值字段设置"对话框

6）在"值汇总方式"列表框中选择"平均值"选项，单击"确定"按钮，完成操作。结果如图 4-135 所示。

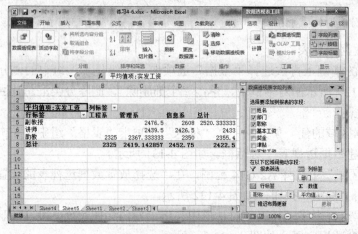

图 4-135　数据透视表

4.7　页面设置和打印

当工作表创建好后，并对其进行相应的修饰后，就可以通过打印机打印输出了。在工作表打印之前，还需要做一些必要的设置，如页面设置，设置页边距，添加页眉和页脚，设置打印区域等。

4.7.1　设置打印区域和分页

1. 设置打印区域

默认情况下，打印工作表时会将整个工作表全部打印输出。如果要打印部分区域或打印整个工作簿，可以通过"文件"选项卡→"打印"中的"设置"选项进行设置。下面举例说明。

例 4-20　打印 Sheet1 工作表中 A1:G12 数据区域，具体操作步骤如下：

1）打开 Sheet1 工作表。

2）选择 A1:G12 数据区域，如图 4-136 所示。

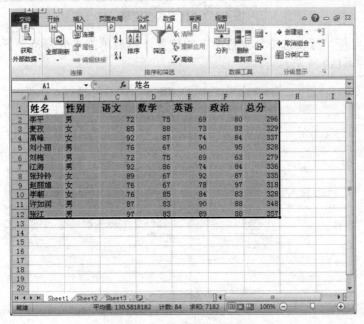

图 4-136　选择数据区域

3）单击"文件"选项卡，在下拉列表中单击"打印"，在"设置"选项区单击"打印活动单元格"右侧的下拉按钮，在弹出的下拉列表中选择"打印选择区域"。如图 4-137 所示。

2. 分页

有时工作表中的数据有很多行，在打印的时候需要分为多个页面，分页的方法是：首先选中要分页的位置（比如某一行），如图 4-138 所示，然后在"页面布局"选项卡中的"页面设置"组中，单击"分隔符"，在弹出的下拉列表中选择"插入分页符"，就会在所选位置插入一条如图 4-138 所示的线。

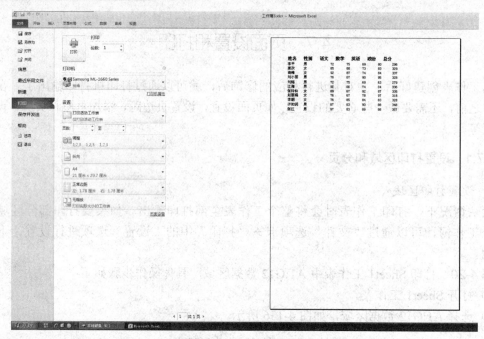

图 4-137　打印选择区域

　　若要取消分页符，可以选中分页符所在的位置，然后单击"分隔符"下拉列表中的"删除分页符"，如图 4-139 所示。

图 4-138　选中一行

图 4-139　插入分页符

4.7.2　页面设置

1. 设置页面

　　在 Excel 2010 中，使用页面设置可以设置工作表的打印方向、缩放比例、纸张大小、页边距等。选择"页面布局"选项卡，在"页面设置"组，对"页面设置"组中各个选项进行设置。

　　1）设置页边距。页边距是正文与页面边缘的距离，在 Excel 2010 中设置页边距的操作步骤如下：

①选择"页面布局"选项卡，在"页面设置"组中单击"页边距"按钮，从下拉列表中选择一种页边距方案，如图 4-140 所示。

②如果要自定义页边距，选择"自定义边距"命令，打开"页面设置"对话框，如图 4-141 所示。切换到"页边距"选项卡，在"上"、"下"、"左"、"右"微调框中调整打印数据与页边缘之间的距离。

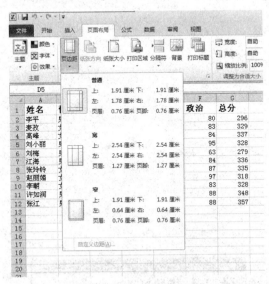

图 4-140　设置页边距

图 4-141　"页面设置"对话框

③ 单击"确定"按钮，页边距设置完成。

2）设置纸张方向。设置纸张方向就是设置页面是横向打印还是纵向打印。若工作表的行较多而列较少，使用纵向打印；若工作表的列较多行较少，使用横向打印。设置纸张方向的方法是：选择"页面布局"选项卡，在"页面设置"组中单击"纸张方向"按钮，从下拉列表中选择"纵向"或"横向"，如图 4-142 所示。

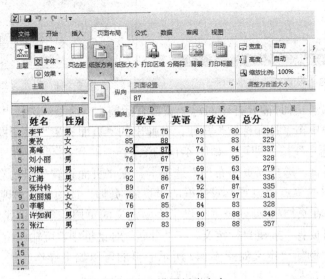

图 4-142　设置纸张方向

　　3）设置纸张大小。设置纸张大小就是设置以多大的纸张进行打印，设置纸张大小的步骤如下：

　　①选择"页面布局"选项卡，在"页面设置"组中单击"纸张大小"按钮，从下拉列表中选择所需的纸张，如图4-143所示。

　　②如果要自定义纸张大小，选择"其他纸张大小"命令，打开"页面设置"对话框，切换到"页面"选项卡进行设置，如图4-144所示。

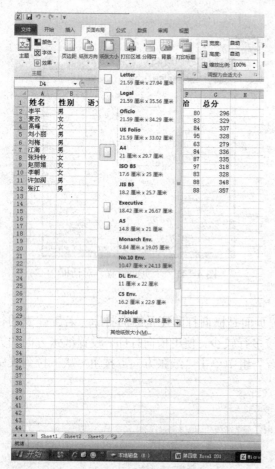

图4-143　设置纸张大小

图4-144　自定义纸张大小

　　4）设置打印标题。有时需要打印的每一页都有标题，方法是：选择"页面布局"选项卡，在"页面设置"组中单击"打印标题"按钮，在弹出的"页面设置"对话框中设置打印标题区域，完成后单击"确定"按钮即可。如图4-145所示。

　　5）设置页眉/页脚。选择"页面布局"选项卡，在"页面设置"组的右侧，单击"页面设置"小图标，在弹出的"页面设置"对话框的"页眉/页脚"选项卡，出现如图4-146所示的对话框。Excel 2010在页眉/页脚列表框提供了许多定义的页眉、页脚格式。如果用户不满意，可单击"自定义页眉页脚"按钮自行定义，在"页眉"对话框中，可输入位置为左对齐、居中、右对齐的三种页眉。例如要定义如图4-147所示的页眉可以如下操作。

　　①从页眉列表中选择一种相近格式的页眉。

图 4-145　设置打印标题

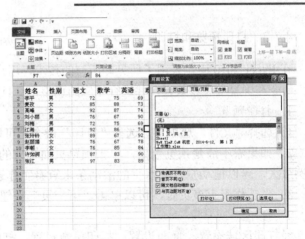

图 4-146　页眉/页脚

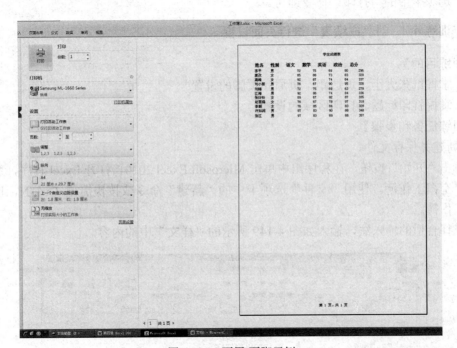

图 4-147　页眉/页脚示例

　　②单击"自定义页眉"按钮,打开"自定义页眉"对话框,在该对话框中修改"中"文本框为"学生成绩表",如图 4-148 所示,单击"确定"按钮。

图 4-148　"页眉"对话框

4.7.3　打印预览和打印

在 Excel 2010 中也采用了所见即所得的技术，用户可以在打印工作表之前，通过"打印预览"命令在屏幕上观察效果，并进行相应的调整，一旦设置正确即可在打印机上正式打印输出。

1．打印预览

1）选择"文件"选项卡，选择"打印"命令，可以在"打印"面板的右侧预览打印效果。

2）如果看不清楚预览效果，单击预览页面下方的"缩放到页面"按钮。此时，预览效果比例放大，可以拖动垂直或水平的滚动条来查看工作表的内容。

3）当工作表有多页时，可以单击"下一页"按钮，预览其他页面。

2．打印

经打印区域设置、页面设置、打印份数设置、打印预览后，工作表可正式打印了。选择"文件"选项卡中的"打印"命令即可。

同步训练 4.7　对"成绩表"进行页面设置

【训练目的】

- 掌握纸张大小、页边距、页眉和页脚的设置
- 掌握打印标题、打印区域的设置

【训练任务和步骤】

1）新建并保存文件。

①单击"开始"按钮，在程序组中单击 Microsoft Excel 2010，打开 Excel 程序，系统自动创建一个空白工作簿。使用"文件"选项卡中的"新建"命令或按快捷键 Ctrl+N，也可以新建一个工作簿。

②选择合适的输入法，输入如图 4-149 所示的"样文"中的内容。

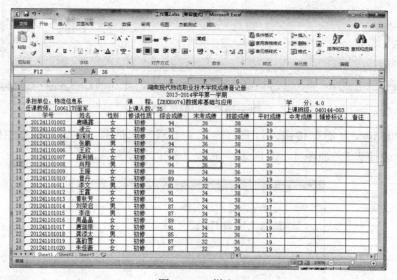

图 4-149　样文

③选择"文件"选项卡→"保存"命令，或按 Ctrl+S 快捷键，将工作簿保存到练习文件

夹中（如果没有该文件夹，则在保存工作簿时创建），文档名为"练习 4-7.doc"。

　　2）设置表标题。单击 A1 单元格，在"开始"选项卡中"字体"组，选择黑体，设置字号为 18，单击"加粗"按钮 **B**；再在"对齐方式"组，单击"合并后居中"按钮。

　　3）设置表标题所在行行高。右击行号 1，打开的快捷菜单，选择"行高"命令。打开"行高"对话框，输入行高为 55，如图 4-150 所示，单击"确定"按钮。

　　4）设置列标题。选择列标题单元格区域 A5:K5，在"字体"组中选择字体为宋体，字号为 12，单击"加粗"按钮、"居中"按钮和"垂直居中"按钮。

　　5）设置行高。右击表格"列标题"所在行行号 5，打开的快捷菜单，选择"行高"命令。打开"行高"对话框，输入行高为"25"，单击"确定"按钮。

　　6）设置列宽。单击"姓名"所在列 B 列并拖动选择至"备注"列 K 列，在选区上右击，打开的快捷菜单，选择"列宽"命令。打开"列宽"对话框，输入行列宽 12，如图 4-151。

图 4-150　"行高"对话框　　　　　　　　图 4-151　"列宽"对话框

　　7）设置数据对齐方式。选择单元格区域 A5:K24，然后在"开始"选项卡的"对齐方式"组，分别单击"居中"按钮和"垂直居中"按钮。

　　8）添加表格线。选择单元格区域 A5:K24，在"开始"选项卡的"字体"组中，单击"边框"选项卡，在打开的"边框"下拉列表中单击"所有框线"。选择单元格区域 A5:K5，将其下边线设置为双实线。

　　9）设置页面方向及大小。打开"页面布局"选项卡，如图 4-152 所示。在"页面设置"组单击"对话框启动器"按钮，打开"页面设置"对话框，单击"页面"选项卡，在"方向"栏选择"横向"单选按钮，在"纸张大小"下拉列表中选择 A4，如图 4-153 所示。

图 4-152　"页面布局"选项卡

　　10）设置页边距。单击"页面设置"对话框中的"页边距"选项卡，分别在"上"、"下"、"左"、"右"数值框中输入 1.8、1.8、2、2，选中"居中方式"选项区中的"水平"复选框，如图 4-154 所示。

　　11）设置页眉和页脚。单击"页面设置"对话框中的"页眉/页脚"选项卡，如图 4-155 所示。单击"自定义页眉"，弹出"页眉"对话框，在"中"文本框中输入"电商 1201 班成绩表"，如图 4-156 所示，单击"确定"。在"页面设置"对话框的"页脚"下拉列表中选择"第 1 页，共? 页"，如图 4-157 所示。单击"确定"按钮，关闭"页面设置"对话框。

　　12）插入分页符。单击行号 25，在"页面布局"选项卡的"页面设置"组中，单击"分隔符"下拉按钮，打开下拉列表，如图 4-158 所示。单击"插入分页符"命令，即在当前行上添加了分页符，打印工作表时，Excel 会从此行前分页。

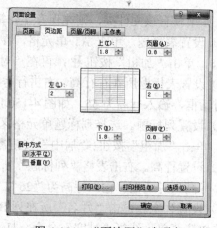

图 4-153　"页面"选项卡　　　　　　　　图 4-154　"页边距"选项卡

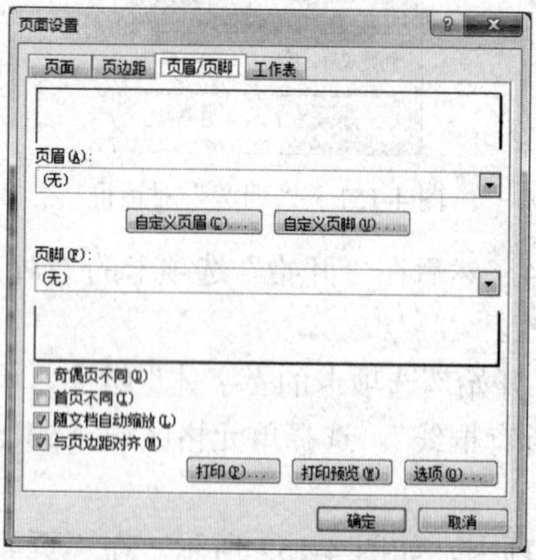

图 4-155　"页眉/页脚"选项卡

图 4-156　"页眉"对话框

图 4-157　设置"页脚"

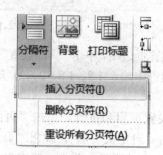

图 4-158　"分隔符"下拉列表

13）设置行 1 至 5 在每页中都打印，即设置工作表的"打印标题"中的"顶端标题行"。单击"页面设置"组中"打印标题"按钮 ，打开"页面设置"对话框的"工作表"选项卡，单击"顶端标题行"后的文本框，用鼠标在行号 1 至 5 上拖动选择行 1:5，选中的行号$1:$5

在"顶端标题行"文本框中显示，如图 4-159 所示；也可直接在文本框输入$1:$5，单击"确定"按钮。

图 4-159　"工作表"选项卡

14）打印预览。在"文件"选项卡中，单击"打印"命令，可以看到打印预览效果，如图 4-160 所示。观看设置效果，符合要求可单击"打印"按钮 🖨 进行打印；如不合适，可在此对话框修改中各项设置。

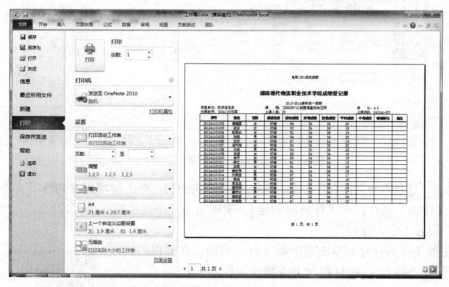

图 4-160　打印预览

15）保存文档。单击快速启动栏上的"保存"按钮 🔲 ，保存文档。

单元训练　Excel 电子数据综合处理

【训练目的】

- 掌握工作表中行与列的操作。

- 掌握单元格字体、字号、颜色、对齐方式的设置。
- 掌握边框和底纹的设置。
- 掌握批注的使用。
- 掌握打印标题的设置。
- 掌握在 Excel 中建立公式的方法。
- 掌握在 Excel 中创建图表的方式。

【训练任务和步骤】

（1）新建并保存文件

1）单击"开始"按钮，在程序组中单击 Microsoft Excel 2010，打开 Excel 程序，系统自动创建一个空白工作簿。使用"文件"选项卡中的"新建"命令或按快捷键 Ctrl+N，也可以新建一个工作簿。

2）选择合适的输入法，输入如图 4-161 所示的"样文"中的内容。

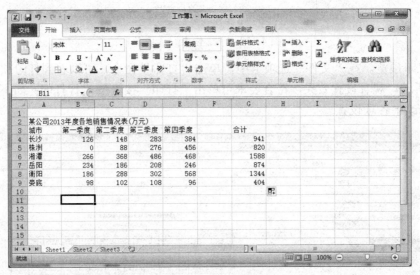

图 4-161　样文

3）选择"文件"→"保存"命令，或按 Ctrl+S 快捷键，将工作簿保存到练习文件夹中（如果没有该文件夹，则在保存工作簿时创建），文档名为"单元训练 4.doc"。

（2）设置工作表行和列

1）在第 3 行的行号上单击选中第 3 行，右击，在弹出的快捷菜单中选择"插入"，在标题行下方插入一行。

2）选中第 3 行，右击，在弹出的快捷菜单中选择"行高"，打开"行高"对话框，如图 4-162 所示，在"行高"文本框中输入 6，单击"确定"按钮。

图 4-162　设置行高

3）选中"岳阳"所在行，右击，在弹出菜单中选择"剪切"，再选择"长沙"所在行，右击，选择"插入已剪切的单元格"，将"岳阳"一行移到"长沙"一行的上方。如图 4-163 所示。

4）在第 F 列列标上单击选中该列，右击，在弹出菜单中选择"删除"，删除该空列。

图 4-163　移动行

（3）设置单元格格式

1）选中单元格区域 A2:F2，打开"开始"选项卡，单击"对齐方式"组右下角的设置按钮，打开"设置单元格格式"对话框，选择"对齐"选项卡。在"水平对齐"下拉列表中选择"居中"，选中"文本控制"下的"合并单元格"复选框，如图 4-164 所示。

2）选择"字体"选项卡，在"字体"下拉列表中选择"华文行楷"，在"字号"列表框中选择 18，在"颜色"列表框中选择"蓝色，强调文字颜色 1"色，单击"确定"按钮。如图 4-165 所示。

图 4-164　"对齐"选项卡

图 4-165　"字体"选项卡

3）选中单元格区域 A4:F10，在"开始"选项卡的"对齐方式"组中，单击"居中"对齐按钮。

4）选中 A2:F3 单元格区域，单击"对齐方式"组右下角的设置按钮，打开"设置单元格格式"对话框，选择"填充"选项卡，如图 4-166 所示。在"背景色"列表框中选择"蓝色，强调文字颜色 1，淡色 80%"色，单击"确定"按钮。

5）同步骤 4）一样，将单元格区域 A4:F4 的背景颜色设置为"黄色"，将单元格区域 A5:F10 的背景颜色设置为"橙色"，单击"确定"按钮。

（4）设置表格边框线

1）选定单元格区域 A4:F10，单击"对齐方式"组右下角的设置按钮，打开"设置单元格格式"对话框，选择"边框"选项卡，如图 4-167 所示。

图 4-166　"填充"选项卡　　　　　　　　　图 4-167　设置单元格边框

2）在"颜色"下拉列表中选择"蓝色"，在"样式"列表框中选择粗实线，在"边框"选项区域单击"上边线"按钮。

3）在"颜色"下拉列表中选择"自动"，在"样式"列表框中选择实线，在"边框"选项区域单击"下、左、右边线"按钮。

4）在"样式"列表框中选择虚线，在"边框"选项区域单击"网格横、竖线"按钮，单击"确定"按钮。

（5）插入批注

选中"0"所在的单元格，打开"审阅"选项卡，在"批注"组中，单击"新建批注"按钮，在该单元格附近打开一批注框，在框内输入批注内容"该季度没有进入市场"，如图 4-168 所示。

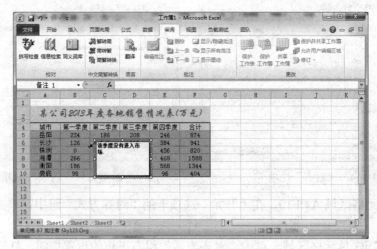

图 4-168　插入批注

（6）重命名并复制工作表

1）在 Sheet1 工作表标签上右击，在打开的快捷菜单中选择"重命名"命令，如图 4-169 所示。此时的 Sheet1 工作表标签呈反白显示，输入新的工作表名"销售情况表"。

2）切换"销售情况表"为当前工作表，按下 Ctrl+A 组合键选中整个工作表，在"开始"选项卡"剪贴板"组中，单击"复制"按钮，切换到 Sheet2 工作表，选中 A1 单元格，执行"开始"选项卡"剪贴板"中的"粘贴"命令。

图 4-169　重命名工作表

（7）设置打印标题

1）在 Sheet2 工作表中选中第 11 行，打开"页面布局"选项卡，在"页面设置"组中单击"分隔符"按钮，在打开的下拉列表中选择"插入分页符"，即可在该行的上方插入分页线，如图 4-170 所示。

2）单击"页面布局"选项卡"页面设置"组右下角的设置按钮，打开"页面设置"对话框，选择"工作表"选项卡，设置顶端打印标题为表格标题所在单元格区域，如图 4-171 所示。

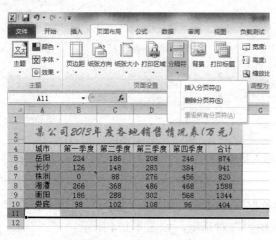

图 4-170　插入分页符

图 4-171　设置打印标题

（8）建立公式

1）在"插入"选项卡中，单击"符号"组中的"公式"按钮，即可进入公式编辑状态，如图 4-172 所示。

2）利用"公式工具"的"设计"选项卡，结合键盘即可输入任意公式。如输入公式：$\dfrac{\Delta Y}{\Delta X} = N$，先在"格式"组中选择"公式"按钮，然后在"符号"组中，选择"运算符"选项，如图 4-173 所示，在下拉列表中选择"Δ"符号，再从键盘上输入大写字母 Y，然后切换到分母框里，照前方法输入，最后将光标移到最右侧，从键盘上输入"＝"和"N"即可。

3）输入完成后，在公式编辑区域外的任意位置单击。

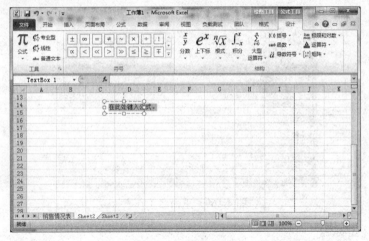

图 4-172　插入公式

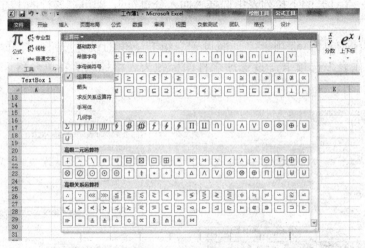

图 4-173　插入特殊符号

（9）创建图表

1）在表格中选中各城市四个季度的销售数据（A4:E10），打开"插入"选项卡，在"图表"组中单击其右下角设置按钮，进入"插入图表"对话框，如图 4-174 所示。

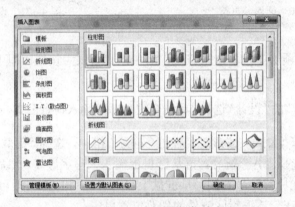

图 4-174　选择图表类型

2）在"图表类型"列表框中选择"柱形图"选项，在"子图表类型"列表框中选择"簇状柱形图"选项，单击"确定"按钮，完成图表创建，如图 4-175 所示。

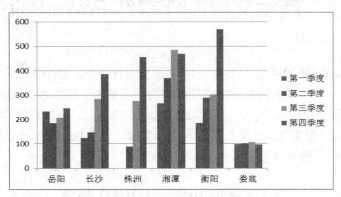

图 4-175　生成图表

3）在"图表布局"组中，选择"布局 1"，如图 4-176 所示。

4）在"图表标题"文本框中输入图表标题"某公司 2013 年度各地市销售情况表"，如图 4-177 所示，完成操作。

图 4-176　图表布局选项

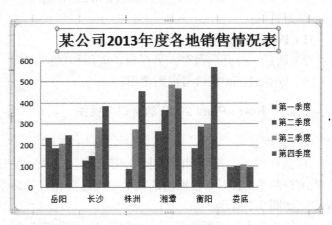

图 4-177　结果

第 5 章　演示文稿制作软件 PowerPoint 2010

Microsoft PowerPoint 2010 是 Office 2010 的重要组件之一，是用于制作演示文稿，广泛运用于学术交流、产品演示、学校教学等领域。在演示文稿中，可以插入文本、图形、艺术字、图表、音频、视频以及超链接等，也可以添加对象的动画效果，添加幻灯片的切换效果，制作图文并茂、色彩丰富、形象生动、赏心悦目的演示文稿。利用 PowerPoint 创建的扩展名为.pptx 的文档称为演示文稿，演示文稿由若干张幻灯片组成。

5.1　PowerPoint 2010 概述

PowerPoint 2010 是微软公司研制开发的 Office 办公软件套件中的一种制作演示文稿的办公软件。是最常用的制作多媒体演示文稿的软件。可以通过文字、图形、图像及声音结合在一起直观而形象、简明而清晰的演示。

通过本章的学习，能运用 PowerPoint 2010 制作各种幻灯片的效果。

学习目标：

1）PowerPoint 的启动与退出；

2）新建、打开、保存、另存为、关闭和保护文档；

3）PowerPoint 窗口与视图使用。

5.1.1　PowerPoint 2010 的窗口与视图

1. 窗口组成

标题栏位于工作界面的最上方，用于显示当前文档的名称以及控制窗口的大小，单击其左侧的控制菜单图标，在弹出的菜单中可选择相应的命令对窗口进行移动、改变大小、关闭等操作，如图 5-1 所示。

功能选项卡位于标题栏下方，包括 10 个功能选项，每个选项中包括与此相关的所有操作命令。

大纲视图：位于幻灯片视区的左侧，主要用于显示幻灯片的文本并负责插入、复制、删除、移动整张幻灯片，可以很方便地对幻灯片的标题和段落文本进行编辑。

幻灯片视区：位于工作界面最中间，主要任务是进行幻灯片的制作、编辑和添加各种效果，还可以查看每张幻灯片的整体效果。

备注区：位于幻灯片视区下方，主要用于给幻灯片添加备注，为演讲者提供更多的信息。

视图切换按钮：通过视图切换按钮可以在普通视图、幻灯片浏览、阅读视图、幻灯片放映之间切换预览演示文稿。

2. 视图方式

PowerPoint 的显示方式称为视图，PowerPoint 提供了普通视图、幻灯片浏览、阅读视图、幻灯片放映 4 种视图方式，依次如图 5-2 所示。

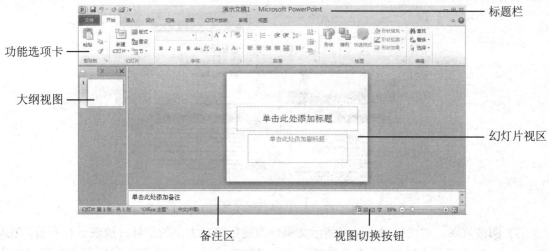

图 5-1　PowerPoint 2010 窗口组成

图 5-2　PowerPoint 提供的视图

1）普通视图是 PowerPoint 的默认视图，在左侧有任务窗格，包含 "幻灯片"和"大纲"两个标签，并在下方显示备注区，在状态栏中显示了当前演示文稿的总页数和当前显示的页数，用户可以使用垂直滚动条上的"上一张幻灯片"和"下一张幻灯片"在幻灯片之间切换。如图 5-3 所示。

图 5-3　普通视图

2）幻灯片浏览视图。幻灯片浏览视图可以显示演示文稿中的所有幻灯片的缩图、完整的图片和文本。可以调整演示文稿的整体显示效果，也可以对每个幻灯片进行调整，比如幻灯片的背景和配色方案、复制幻灯片、添加或者删除幻灯片以及排列幻灯片，但此视图不能编辑幻灯片中的具体内容。如图 5-4 所示。

图 5-4　幻灯片浏览视图

3）阅读视图。阅读视图可以将演示文稿作为适应窗口大小的幻灯片放映进行查看，在页面上单击，即可翻到下一页。用于查看演示文稿和放映演示文稿，方便在窗口中查看演示文稿，并且不用全屏的幻灯片放映视图。如图 5-5 所示。

图 5-5　阅读视图

4）幻灯片放映视图。幻灯片放映视图可用于向观众放映演示文稿并且充满整个电脑屏幕。幻灯片放映视图与播放幻灯片的效果是一样的。按照指定的方式动态的播放幻灯片内容，用户可以看到文本、图片、动画和声音等效果。如图 5-6 所示。

图 5-6　幻灯片放映视图

5.1.2　PowerPoint 2010 的基本操作

1. PowerPoint 2010 的启动

PowerPoint 2010 是随着 Microsoft Office 2010 的安装自动安装到系统中的。启动
PowerPoint 2010 的常用的方法是通过"开始"菜单和桌面快捷
方式启动，另外也可通过打开计算机中已经有的文档形式启动
PowerPoint 2010。

方法 1：通过桌面快捷图标启动。成功安装 Microsoft Office
2010 后，桌面上会出现 Microsoft PowerPoint 2010 快捷图标，如
图 5-7 所示，则可以直接双击该快捷方式图标即可启动。

方法 2："开始"菜单启动。在"开始"菜单程序中选择
Microsoft Office 命令，再从子菜单中选择 Microsoft PowerPoint
2010 即可启动。如图 5-8 所示。

图 5-7　Microsoft PowerPoint
2010 快捷图标

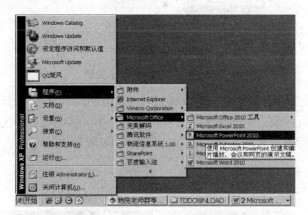

图 5-8　"开始"菜单的子菜单

方法 3：通过打开已有的文档启动。在"计算机"或资源管理器中找到已经创建的演示文
稿，然后双击文档图标即可启动 Microsoft PowerPoint 2010。如图 5-9 所示。

图 5-9　打开已有的演示文稿

2. 创建演示文稿

演示文稿是指一个 PowerPoint 文档，在一个演示文稿中可以包含多张幻灯片，因此要制作幻灯片必须先创建演示文稿，创建方式有以下几种：

1）创建空白演示文稿。空白演示文稿是一种形式最简单的演示文稿，方法主要有两种：启动 PowerPoint 就会自动创建空白演示文稿；使用启动 PowerPoint 的方法都可以自动打开空白演示文稿。如图 5-10 所示。

图 5-10　创建空白演示文稿

2）根据设计模板创建演示文稿。在 PowerPoint 2010 提供了很多设计模板，从演示文稿的样式、风格到幻灯片的背景、装饰图案、文字布局、大小、颜色等都预先设计好了。可以选定的某个模板后，再进行进一步的编辑和修改。如图 5-11 所示。

图 5-11　PowerPoint 2010 中的模板

3）根据现有演示文稿创建。使用现有已存在的文稿创建，可以在"计算机"或"资源管理器"中打开已有的文稿。打开文稿之后，选择"文件"选项卡中"新建"命令即可创建新的文稿。

3. 打开演示文稿

打开已有演示文稿的操作步骤如下：

1）单击"文件"选项卡中"打开"命令，弹出"打开"对话框。

2）在其中选择需要的文件，然后单击"打开"按钮。也可以在"计算机"或"资源管理器"中选择已存在需要的文件。如图 5-12 所示。

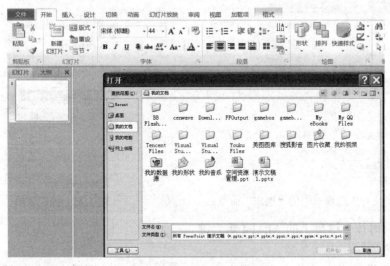

图 5-12　"打开"对话框

4. 保存演示文稿

选择"文件"选项卡中的"保存"命令，可以进行保存当前操作的演示文稿。若创建的演示文稿是第一次保存，当单击"保存"命令时会弹出"另存为"对话框，如图 5-13 所示。在对话框中的"文件名"文本框中输入演示文稿的名称，再单击"保存"按钮。即可实现保存。

图 5-13　"另存为"对话框

5. PowerPoint 2010 关闭文档或程序退出

PowerPoint 2010 的关闭退出方法，可以从以下 4 种方法中执行任意一种实现：

方法 1：单击 PowerPoint 2010 工作窗口标题栏右侧的"关闭"按钮 ✕ 或"文件"选项中的"关闭"即可退出。

方法 2：在 PowerPoint 2010 工作窗口的"文件"选项卡中单击"退出"。如图 5-14 所示。

方法 3：单击标题栏左侧图标 P，在弹出的控制菜单中选择"关闭"按钮。如图 5-15 所示。

图 5-14　"文件"选项卡中的"退出"命令　　　　图 5-15　控制菜单

方法 4：同时按下键盘上的 Alt+F4 组合键。

6. 保护演示文稿

在"文件"选项卡中，单击"信息"命令，再单击"保护演示文稿"按钮，根据保护文件不被查看或是不被更改的要求，把密码输入"加密文档"输入框中，单击"确定"。如图 5-16 和图 5-17 所示。

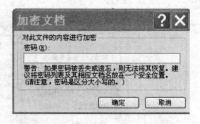

图 5-16　保护演示文稿命令　　　　图 5-17　"加密文档"对话框

同步训练 5.1　制作"学院简介"演示文稿

【训练目的】

通过对"学院简介"的制作，使初学者掌握 PowerPoint 2010 的基本操作，能建立一个完整的演示文稿，包括新建演示文稿、添加幻灯片、选取主题、选取版式、添加文本、保存演示文稿等操作。

【训练任务和步骤】

完成后的效果如图 5-18 所示。

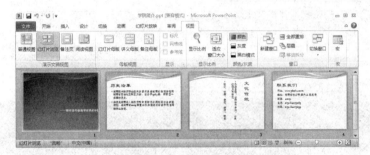

图 5-18 学院简介效果图

1. 启动 PowerPoint 2010

单击"开始"按钮→"所有程序"→Microsoft Office→Microsoft PowerPoint 2010 命令，启动 Microsoft Office PowerPoint 2010，工作界面如图 5-19 所示。

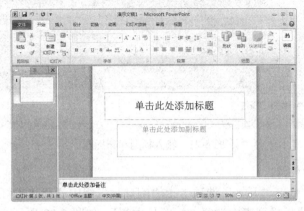

图 5-19 PowerPoint 2010 工作界面

2. 制作学院简介首页

1）选择主题。在"设计"选项卡"主题"组中，单击"流畅"主题，如图 5-20 所示。（可单击"主题"组右边的 ▼ 按钮选择更多不同的主题）。

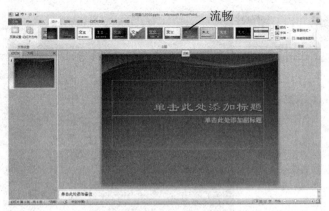

图 5-20 选择"流畅"主题

2）添加文字。分别单击标题占位符和副标题占位符，然后输入标题文本"学院简介"和副标题文本"湖南现代物流职业技术学院"，完成第一张"标题"幻灯片的制作，如图 5-21 所示。

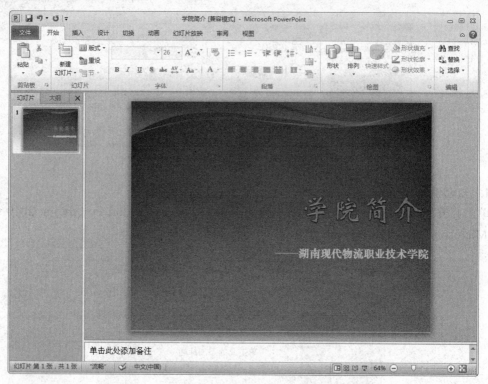

图 5-21　输入标题和副标题

3．制作第二张幻灯片

1）添加幻灯片。单击"开始"选项卡上"幻灯片"组中"新建幻灯片"按钮下方的三角
按钮，在展开的幻灯片版式列表中选择"标题与内容"，如图 5-22 所示。这时便在第一张幻灯
片后添加了一张新幻灯片，如图 5-23 所示。

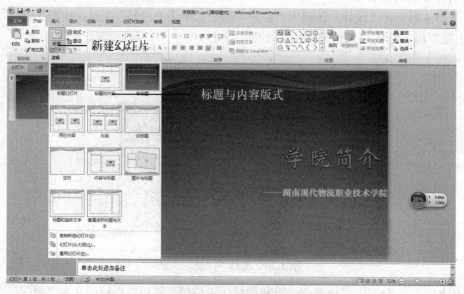

图 5-22　选择"标题与内容"版式

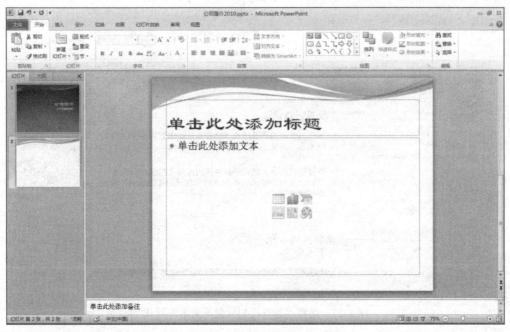

图 5-23　新添加的幻灯片

2）添加文字。在标题占位符处输入文本"历史沿革"，在普通文本占位符中输入第一段文本，按 Enter 键开始新段落，继续输入第二段文本，完成后的效果如图 5-24 所示。

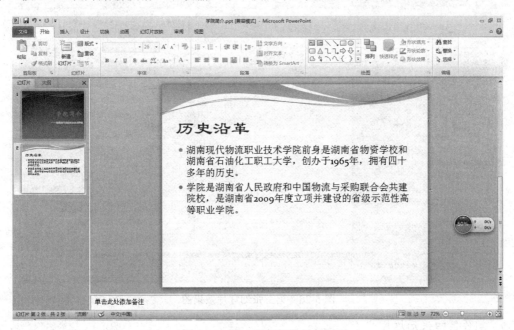

图 5-24　第二张幻灯片效果图

4．制作第三张幻灯片

1）添加幻灯片。单击"开始"选项卡上"幻灯片"组中"新建幻灯片"按钮下方的三角按钮，在展开的幻灯片版式列表中选择"垂直排列标题与文本"，如图 5-25 所示。

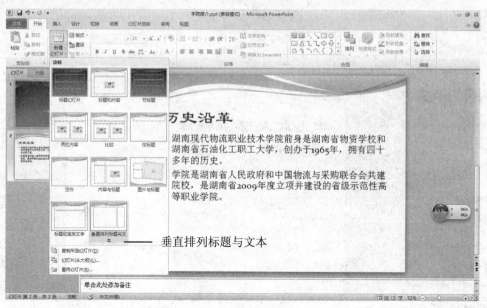

图 5-25　选择"垂直排列标题与文本"版式

2）添加文字。在标题占位符中输入文本"文化传统"，在其下的普通文本占位符中输入第一段文本，然后按 Enter 键进行换行，继续输入其他段落文本，完成后的效果如图 5-26 所示。

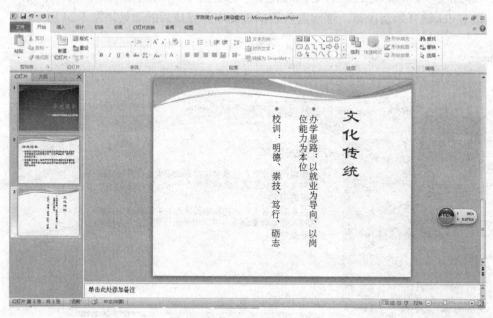

图 5-26　第三张幻灯片效果图

5．制作第四张幻灯片

以第二张幻灯片同样的方法制作第四张幻灯片。

6．保存和关闭演示文稿

1）保存演示文稿。单击"快速访问工具栏"中的"保存"按钮 ，打开"另存为"对话框，在该对话框左侧窗格中选择保存演示文稿的文件夹范围（如某个磁盘），在中间的列表中双击选择保存演示文稿的文件夹，在"文件名"编辑框中输入演示文稿名称，然后单击"保存"按钮即可保存演示文稿，如图 5-27 所示。

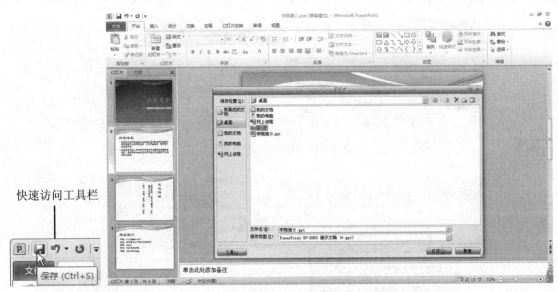

图 5-27　保存演示文稿

2）关闭演示文稿。在"文件"选项卡中选择"关闭"项 📁 ；若希望退出 PowerPoint 2010 程序，可在该界面中单击"退出"按钮 ❎ 。

5.2　编辑演示文稿

演示文稿由"演示"和"文稿"两部分组成，为了很好地拉近与观众之间的距离，更易于表达观点，演示者为达到某种效果而制作的文档，其内容就称作幻灯片，PowerPoint 2010 文件扩展名为.pptx，幻灯片、演讲者备注和旁白等内容称为演示文稿。

通过对本章的学习，能运用 PowerPoint 2010 编辑文稿演示效果。

学习目标：

1）文本及对象或素材的插入与编辑；

2）背景、动画效果的设置；

3）掌握在幻灯片中输入文本的多种方法。

5.2.1　文本的输入与编辑

1．新建幻灯片

新建幻灯片的方法有多种，常用的是以下几种：

方法 1：从"开始"选项卡中单击"新建幻灯片"，选择需要的模板新建幻灯片。如图 5-28 所示。

方法 2：在大纲视图模式下，在需要创建新幻灯片的位置按回车键创建一张幻灯片。如图 5-29 所示。

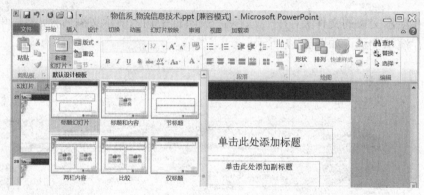

图 5-28　新建幻灯片方法 1

图 5-29　新建幻灯片方法 2

方法 3：把插入点放在目标位置上，右击，在弹出的快捷菜单中选择"新建幻灯片"命令，然后选择版式。如图 5-30 所示。

图 5-30　新建幻灯片方法 3

2.　文本输入

新建了幻灯片之后就要编辑幻灯片，在幻灯片的编辑中，首先要输入文本，向幻灯片输入文本有两种方法：一种是有文本占位符的，单击文本占位符，占位符的虚线框变成粗边线的矩形框，原有文本消失，同时在文本框中出现一个闪烁的 I 形插入光标，表示可以直接输入文本内容。另一种是无文本占位符的，插入文本框即可输入文本，操作与 Word 类似。

方法 1：在文本占位符中输入文本。

在幻灯片中经常可以见到包含"单击此处添加标题"，"单击此处添加文本"等有虚线边框的文本，其实这些文本框都被称为"占位符"，框内已经预设了文字的属性和样式，只要按照自己的需要在相应的占位符中添加内容即可。添加方法是：单击占位符，将插入点置于占位符内，直接输入文本。输入完毕后，单击幻灯片的空白处，即可结束文本输入并且使该占位符的虚线边框消失。

方法 2：使用文本框添加文本。

当需要在幻灯片占位符外添加文本时，可以先插入文本框，然后在文本框中输入文本。插入文本框的方法：在"插入"选项卡"文本"组中，单击"文本框"按钮，如图 5-31 所示。然后在要插入文本框的位置按住鼠标左键不放并拖动，即可绘制一个文本框。

图 5-31　插入文本框

单击"文本框"按钮下侧的三角按钮 ▼ ，系统展开列表，从中选择"垂直文本框"项 ，则可绘制一个竖排文本框，在其中输入的文本将竖排放置。

选择文本框工具后，如果在需要插入文本框的位置单击，可插入一个单行文本框。在单行文本框中输入文本时，文本框可随输入的文本自动向右扩展。如果要换行可按 Enter 键。

选择文本框工具后，如果利用拖动方式绘制文本框，则绘制的是换行文本框。在换行文本框中输入文本时，当文本到达文本框的右边缘时将自动换行，此时若要开始新的段落，可按 Enter 键。

在 PowerPoint 中绘制的文本框默认是没有边框的。要为文本框设置边框，可先单击文本框边缘将其选中，然后单击"开始"选项卡上"绘图"组中的"形状轮廓"按钮右侧的三角按钮，在展开的列表中选择边框颜色和粗细等，如图 5-32 所示。

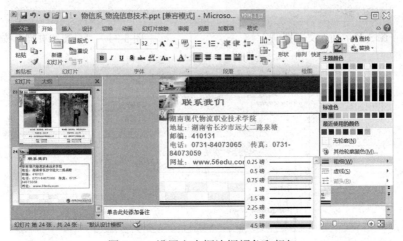

图 5-32　设置文本框边框颜色和粗细

5.2.2　插入和编辑对象

对象是幻灯片的基本组成部分，包括文本对象、可视化对象和多媒体对象三大类，这些对象的操作一般都是在幻灯片视图中进行的。

在 PowerPoint 2010 中新建幻灯片时，只要选择含有内容的版式，就会在内容占位符上出现内容类型的选择按钮。单击某个按钮，即可在这个占位符中添加相应的内容。

1. 文本对象

演示文稿非常重视视觉效果，但正文文本仍然是展示的主要元素。因此，添加文本是制作幻灯片的基础，同时还要对输入的文本进行必要的格式设置。

1）文本框。文本框是一种可移动、可调整大小的文字或图形容器，特性与前面讲到的占位符非常相似。使用文本框，可以在幻灯片中放置多个文字块，也可以使文字按不同的方向排列，还可以打破幻灯片版式的制约，实现在幻灯片中的任意位置添加文字信息的目的。

在 PowerPoint 中可以插入横排文字和竖排文字两种形式的文本框，可以根据自己的需要进行选择。打开"插入"选项卡，在"文本"中选择"文本框"按钮，从弹出的下拉列表中选择"横排文本框"或"竖排文本框"命令，如图 5-33 所示。然后再从幻灯片中按住鼠标左键拖动，绘制文本框，光标自动位于文本框中，此时就可以在其中输入文字。同样在幻灯片的空白处单击，即可退出文字编辑状态。

2）页眉页脚。单击"插入"选项卡的"页眉和页脚"按钮，如图 5-34 所示，弹出"页眉和页脚"对话框，选择"幻灯片"选项卡。通过选择适当的复选框，可以确定是否在幻灯片的下方添加日期和时间、幻灯片编号、页脚等，并可设置选择项目的格式和内容。设置结束后，单击"全部应用"按钮，则所做设置将应用于所有幻灯片；单击"应用"按钮，则所做设置只是应用于当前幻灯片。如果选择"标题幻灯片中不显示"，则所做设置将不应用于第一张幻灯片，如图 5-35 所示。

图 5-33　插入文本框

图 5-34　"页眉和页脚"按钮

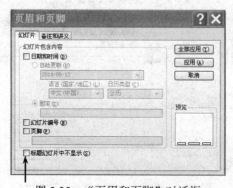

图 5-35　"页眉和页脚"对话框

3）艺术字。在"插入"选项卡中，单击"插入艺术字"按钮，展开"艺术字"选项区，在其中单击需要的样式，在幻灯片编辑区中出现"请在此放置您的文字"艺术字编辑框，如图 5-36 所示。输入艺术字文本内容，可以在幻灯片上看到文本的艺术效果。

图 5-36　艺术字编辑框

选中艺术字后，在"绘图工具"→"格式"选项卡中可以进一步编辑"艺术字"。

4）日期和时间。如果要添加日期和时间，在"插入"选项卡中的"文本"选项组中单击"日期和时间"按钮，在弹出的对话框中选择"日期和时间"复选框，然后选中"自动更新"或"固定"单选按钮。选中"固定"单选按钮后，可以在下方的文本框中输入要在幻灯片中插入的日期和时间。把光标放在你想要插入时间的地方（如果这个地方没有文本框就新建一个或者把别的地方的拖过来），在"文本"选项组中选择"日期和时间"按钮，然后设置想要显示时间的格式，单击"确定"按钮就可以了。如图 5-37 所示。

5）幻灯片编号。选择"插入"选项卡"文本"选项组中的"幻灯片编号"按钮，然后在弹出的"页眉和页脚"对话框中勾选"幻灯片编号"复选框，可以为幻灯片添加编号。如果要为幻灯片添加一些附注性的文字，可以选中"页脚"复选框，然后在下方的文本框中输入文字，再单击"全部应用"按钮，如图 5-38 所示。

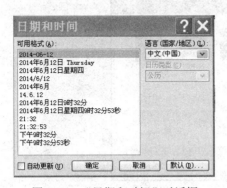

图 5-37　"日期和时间"对话框

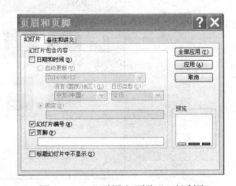

图 5-38　"页眉和页脚"对话框

2. 可视化对象

1）表格。与页面文字相比较，表格更能表现比较性、逻辑性、抽象性较强的内容。

创建表格的方法是打开演示文稿，切换到要插入表格的幻灯片。单击"插入"选项卡，在"表格"组中单击"表格"按钮，在弹出的下拉列表中拖动鼠标选择列数和行数，如图 5-39 所示或者选择"插入表格"命令，打开"插入表格"对话框，设置表格的列数和行数，就可以在当前幻灯片中插入一个表格。如图 5-40 所示。

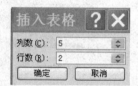

图 5-39　"表格"按钮　　　　　　　　　　图 5-40　"插入表格"对话框

　　插入到幻灯片中的表格不仅可以像文本框和占位符一样被选中、移动、调整大小及删除，还可以为其添加底纹，设置边框样式和应用阴影效果等。如图 5-41 所示。

图 5-41　表格格式设置

　　2）图片。在普通视图中单击要插入图片的幻灯片，选择"插入"选项卡，在"图像"组中单击"图片"按钮，随即弹开"插入图片"对话框。在对话框中选择需要的图片文件，单击"插入"按钮，将图片插入到幻灯片中。如图 5-42 所示。

图 5-42　插入图片

　　3）剪贴画。PowerPoint 中提供的剪贴画可以把演示文稿编辑得更加出色。在幻灯片中插入剪贴画可以先单击"插入"选项卡，在"图像"组中可看到"剪贴画"的按钮。单击该按钮，会打开"剪贴画"任务窗格。在"搜索文字"文本框中输入要插入剪贴画的说明文字，然后单击"搜索"按钮，在搜索结果中单击要插入的剪贴画，将其插入幻灯片中。另外，在含有内容占位符的幻灯片中，单击内容占位符上的"插入剪贴画"图标，也可以在幻灯片中插入剪贴画。如图 5-43 所示。

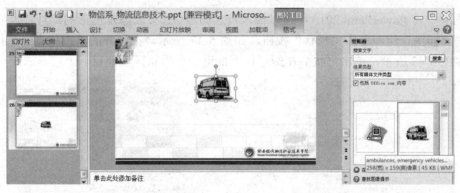

图 5-43　插入剪贴画

4）屏幕截图。PowerPoint 2010 中提供了直接截屏并插入图片的新功能，这在之前的版本中是没有的。有了这个功能，当编辑幻灯片需要插入截屏图片的时候，就不必另外调用 Windows 的截屏功能或者使用单独的截屏软件，直接在 PowerPoint 中截屏和插入图片一次完成。方法是单击"插入"功能卡，即可看到"屏幕截图"的按钮。PowerPoint 2010 的截屏支持窗口截屏和自由截屏模式，如图 5-44 所示。

5）相册。PowerPoint 2010 可以制作电子相册，在幻灯片中新建相册时，只要在"插入"选项卡的"图像"组中单击"相册"按钮，在"相册"对话框中，在本地磁盘的文件夹中选择需要的图片文件，单击"创建"按钮即可。在插入相册的过程中可以更改图片的先后顺序，调整图片的色彩明暗对比与旋转角度，以及设置图片的版式和相框形状等。如图 5-45 和图 5-46 所示。

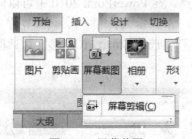

图 5-44　屏幕截图

图 5-45　新建相册

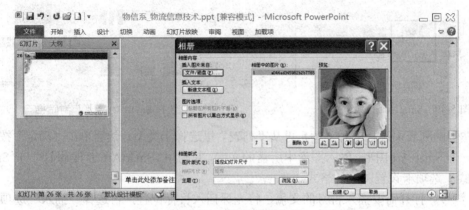

图 5-46　"相册"对话框

6）插图。在 PowerPoint 2010 中可以插入自选图形。选择要添加图形的幻灯片，在"插入"选项卡的"插图"组中单击"形状"按钮，如图 5-47 所示，在打开的下拉列表中选择需要的形状，如图 5-48 所示，单击形状后在幻灯片上拖出一个形状区域即可。

图 5-47　插图选项卡

图 5-48　形状

SmartArt 图形是用户信息的可视表示形式，用户可以从多种不同布局中进行选择，从而快速轻松地创建所需形式，以便有效地传达信息或观点。在 PowerPoint 2010 中可以向幻灯片插入新的 SmartArt 图形对象，包括组织结构图、列表、循环图、射线图等，具体操作是在"插入"选项卡的"插图"组中，单击 SmartArt 按钮，打开"选择 SmartArt 图形"对话框。如图 5-49 和图 5-50 所示。

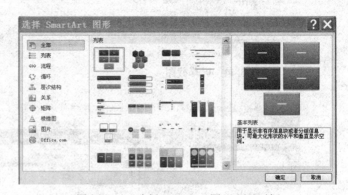

图 5-49　SmartArt 按钮

图 5-50　"选择 SmartArt 图形"对话框

从左侧的列表中选择一种类型，再从"列表"里选择子类型，然后单击"确定"按钮，即可创建一个 SmartArt 图形。输入图形中所需的文字，并利用"SmartArt 工具/设计"与"SmartArt 工具/格式"选项卡设置图形的格式。

7）符号。打开需要插入符号的文稿，将光标插入目标位置，再选择"插入"选项卡，在"符号"组中单击"符号"按钮。这个时候将打开"符号"对话框，如图 5-51 所示。在"字体"下拉列表中可以选择插入符号的字体样式,在"子集"下拉列表中可以选择插入的符号类型,如"基本拉丁语"、"组合用发音符"、"数学运算符"等。

图 5-51　"符号"对话框

选择好所需的符号后,单击"插入"按钮,即可将该符号插入到指定的位置,完成后单击"关闭"按钮关闭对话框。

3. 多媒体对象

1)音频文件。在制作幻灯片时,可以根据需要插入声音,这样能够吸引观众的注意力和增加新鲜感,更具有感染力。PowerPoint 2010 支持 MP3 文件、Windows 音频文件、Windows Media Audio 以及其他类型的声音文件。用户可以添加剪辑管理器中的声音,也可以添加文件中的音乐,使幻灯片变得有声有色,在添加声音后,幻灯片上会显示一个声音图标,方法如下:

选定需要插入声音的幻灯片,打开"插入"选项卡,在"媒体"组中单击"音频"按钮下方的箭头按钮,从下拉列表中选择一种插入音频的方式,如下图 5-52 所示。

如果用户选择的是"剪贴画音频",就会打开如图 5-53 所示的"剪贴画"窗格,单击列表框中合适的选项,该音频文件

图 5-52　"音频"按钮

将插入幻灯片中。同时,幻灯片会出现声音图标和播放控制条,选中声音图标,切换到"播放"选项卡,在"音频选项"组中单击"开始"下拉按钮,从下拉菜单中选择一种播放方式。然后在"音频选项"组中单击"音量"按钮,从下拉列表中选择一种音量。如图 5-54 所示。

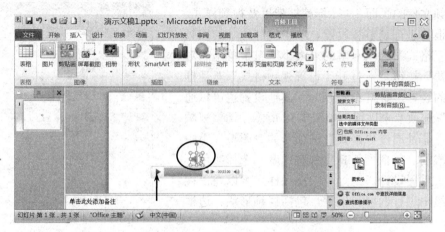

图 5-53　剪贴画音频、播放控制条和声音图标

图 5-54　"播放"选项卡

　　2）视频文件。在演示文稿中除了可以添加音频，还可以添加视频。而视频是展示幻灯片的最佳方式，可以为演示文稿增添多媒体效果。视频文件包括最常见的 Windows 视频文件（.avi）、影片文件（.mpg 或.mpeg）、Windows Media Video 文件（.wmv）以及其他类型的视频文件。

　　①插入视频文件：插入视频文件的方法和插入音频文件的方法差不多，也是先选择需要插入视频的幻灯片，然后单击"插入"选项卡中"媒体"选项组中的"视频"按钮上的下拉按钮，再从下拉列表中选择一种插入影片的方法。如果选择"文件中的视频"命令，在弹出的"插入视频文件"对话框中选择要插入的视频文件，单击"插入"按钮，幻灯片中会显示视频画面的第一帧。如图 5-55 和图 5-56 所示。如果要在幻灯片中播放视频文件预览其效果，可以单击视频文件，选择"格式"选项卡，在"预览"组中单击"预览"按钮。

图 5-55　"视频"按钮

图 5-56　插入视频文件

　　②设置视频文件画面效果：在 PowerPoint 2010 中可以对视频文件的画面色彩、标牌框架以及视频样式、形状与边框等进行调整和设置。单击幻灯片中的视频文件，在"格式"选项卡里的"大小"组中单击"对话框启动器"按钮，打开"设置视频格式"对话框进行相应的设置，如图 5-57 所示。其他设置也可以通过"格式"选项卡来进行，如图 5-58 所示。调整视频文件画面色彩是通过"格式"选项卡的"调整"组中的命令完成的。包括更正亮度和对比度、选择颜色、标牌框架、重置设计。幻灯片的视频样式可以在"视频样式"组中进行选择和设置，包括视频形状、边框及效果。

图 5-57　"设置视频格式"对话框

图 5-58　"格式"选项卡

如果为了让视频和幻灯片切换更加完美就需要设置视频的淡入、淡出效果。操作方法：选择视频文件，单击"播放"选项卡，在"编辑"组的"淡入"、"淡出"微调框中输入相应的时间，如图 5-59 所示。

图 5-59　"播放"选项卡

③控制视频文件的播放：在 PowerPoint 2010 中新增了视频文件的剪辑功能，能够直接剪裁多余的部分并设置视频的起始点。操作方法：选中视频文件，单击"播放"选项卡，如图 5-58 所示。在"编辑"组中单击"剪裁视频"按钮，打开"剪裁视频"对话框，向右拖动左侧的绿色滑块，设置从指定时间开始播放；向左拖动右侧的红色滑块，指定时间点结束播放，如图 5-60 所示，然后单击"确定"按钮，返回幻灯片中。

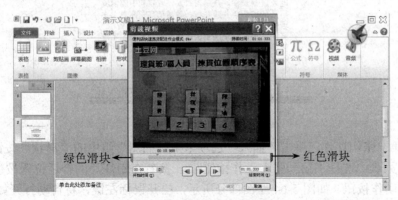

图 5-60　"剪裁视频"对话框

5.2.3　建立超链接

在幻灯片中还可以使用超链接和动作按钮为对象添加一些交互动作。所谓交互，其实就是指单击演示文稿中的某个对象可以引发的内容。为幻灯片插入超链接可以增强交互能力。也就是说在使用 PowerPoint 演示文稿的放映过程中，如果想从某张幻灯片中快速切换到另外一张不连续的幻灯片中或切换到其他文档、程序网页上，可以通过"超链接"来实现。

选择"插入"选项卡中"链接"组中的"超链接"按钮，如图 5-61 所示，打开"插入超链接"对话框，在对话框左侧"链接到"中，选择链接的目标位置，在右侧中选择链接源，单击"确定"按钮返回即可。如图 5-62 所示。

图 5-61　"链接"组

图 5-62　"插入超链接"对话框

5.2.4　动作按钮设置

在"学院简介"幻灯片中添加动作按钮效果如图 5-63 所示的。

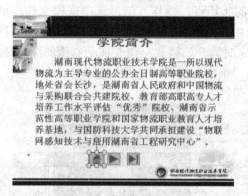

图 5-63　添加动作按钮

1）选择第二张幻灯片，单击"插入"选项卡上"插图"组中的"形状"按钮，在打开的"动作按钮"列表中选择"第一张"动作按钮 <img>，接着在幻灯片的合适位置按住鼠标左键并拖动，绘制出动作按钮，如图 5-64 左图部分所示，松开鼠标左键，将自动打开如图 5-64 右图所示的"动作设置"对话框，可看到"超链接到"单选钮被选中，并默认链接到第一张灯片（一般保持默认设置即可），最后单击"确定"按钮。

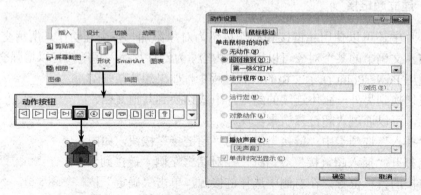

图 5-64　设置动作按钮超链接到第一张幻灯片

2）用类似的方法，添加一个"后退或前一项"按钮◀和一个"前进或下一项"按钮▶。

3）添加▢或 End 按钮 End 。End 按钮的功能是结束幻灯片的播放，系统动作按钮中没有现成选项，可以选"动作按钮"列表中的▢选项，在幻灯片的合适位置按住鼠标左键并拖动，绘制出动作按钮，如图 5-65 左图所示，当弹出"动作设置"对话框时，在"超链接到"下拉列表中选择"结束放映"，如图 5-65 右图所示，然后单击"确定"按钮。退出"动作设置"对话框后，右击该按钮，在弹出的快捷菜单中选"编辑文字"，输入 End。

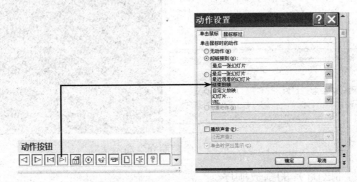

图 5-65　设置动作按钮超链接到结束放映

4）将以上 3 个动作按钮复制到后续幻灯片上（最后一张幻灯片可以不复制▶按钮）。

同步训练 5.2　播放"学院简介"演示文稿

【训练目的】

掌握播放演示文稿最基本的方法。

【训练任务和步骤】

（1）打开"学院简介"演示文稿

启动 PowerPoint，然后单击"文件"选项卡中的"打开"按钮，在"打开"对话框中选择演示文稿所在文件夹，然后再选择"学院简介.pptx"演示文稿，单击"打开"按钮，打开该演示文稿，如图 5-66 所示。

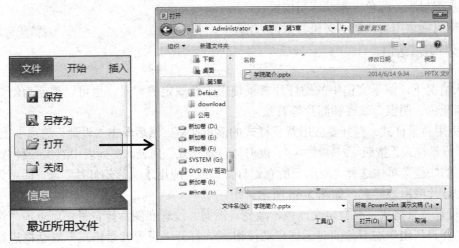

图 5-66　打开"学院简介"演示文稿

（2）播放"学院简介"演示文稿

单击"幻灯片放映"选项卡上"开始放映幻灯片"组中的"从头开始"按钮或 F5 键，可放映当前打开的演示文稿，PowerPoint 将整屏幕显示"学院简介"演示文稿的第一张幻灯片，如图 5-67 所示。如果从当前编辑的幻灯片开始放映，则单击"从当前幻灯片开始"或按 Shift+F5 组合键。

图 5-67　放映"学院简介"演示文稿

（3）用鼠标控制幻灯片的播放顺序

下一个动画或前进到下一张幻灯片：单击或按 N 键、Enter 键、Page Down 键、向右键、向下键或空格键切换到播放下一张幻灯片。

播放上一个动画或返回到上一张幻灯片：按 P 键、Page Up 键、向左键、向上键。

5.3　幻灯片的外观设置

观看幻灯片时观众的第一印象就是其外观，PowerPoint 2010 中提供了许多主题样式，并且在应用提供的主题样式后，还可以根据各种搭配技巧对其进行修改，还能对幻灯片的背景进行设计。

学习目标：

1）能够给演示文稿选择合适的主题；

2）掌握母版、配色方案及应用模板；

3）能灵活运用更改演示文稿背景的方法。

5.3.1　背景设置

默认情况下，演示文稿中的幻灯片背景使用主题规定的背景，也可以重新为幻灯片设置纯色、渐变色、图案、纹理和图片等背景。

1）应用背景样式。打开要应用背景样式的演示文稿，然后单击"设计"选项卡上"背景"组中的"背景样式"按钮 ，展开"背景样式"列表，在列表中右击一种背景样式，并在弹出的快捷菜单中选择"应用于所有幻灯片"或"应用于所选幻灯片"项，即可为演示文稿中的幻灯片应用该样式。如图 5-68 所示。

2）设置背景格式。要自定义纯色、渐变、图案、纹理和图片等背景，可单击"设计"选项卡上"背景"组中右下角的对话框启动按钮 ，打开"设置背景格式"对话框进行设置，如图 5-69 所示。

图 5-68 设置背景样式

图 5-69 "设置背景格式"对话框

设置纯色填充：在选中"纯色填充"单选按钮后，单击"颜色"下拉按钮，从弹出的颜色列表中选择所需颜色，设置的颜色将自动应用于当前幻灯片，如图 5-70 所示。若要将该颜色应用于所有幻灯片，可单击"全部应用"按钮。

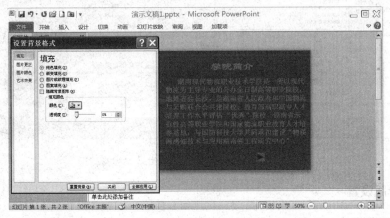

图 5-70 设置纯色背景

设置渐变填充：在选中"渐变填充"单选按钮后，单击"预设颜色"下拉按钮，从弹出的列表中选择系统预设的渐变色，例如"宝石蓝"，设置的渐变色将自动应用于当前幻灯片，如图 5-71 所示。

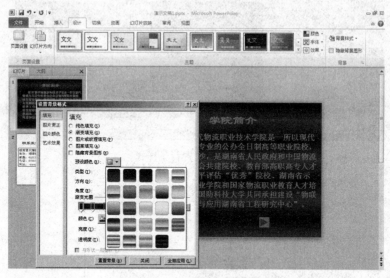

图 5-71　设置渐变色背景

设置图片、纹理和图案填充：在选中"图片或纹理填充"单选按钮后，单击"纹理"下拉按钮 ，从弹出的列表中选择所需纹理，或单击"插入自"→"文件"按钮，选择所需图片即可为幻灯片设置纹理或图片填充；选中"图案填充"单选按钮，可设置图案填充，例如在弹出的图案列表中选择第一个填充图案，其效果如图 5-72 所示。

图 5-72　设置图案填充背景

5.3.2　母版设置

幻灯片母版就是存储有关应用的设计模板信息的幻灯片，包括字形、占位符大小或位置、背景设计和配色方案，是一个用于构建幻灯片的框架。演示文稿中的各个页面经常会有重复的内容，使用母版可以统一控制整个演示文稿的某些文字安排、图形外观及风格等，一次就制作出整个演示文稿中所有页面都有的通用部分，可极大地提高工作效率。

在幻灯片母版视图中可以确定所有标题及文本的样式，同时可以添加在每张幻灯片上都出现的图形和标志。在"视图"选项卡的"母版视图"组中有 3 种母版视图，如图 5-73 所示。在其中选择"幻灯片母版"按钮，在视图中包括很多虚线框标注的区域，包括标题区、对象区、日期区、页脚区和数字区，用户可以编辑这些占位符来设置母版。如图 5-74 所示。

图 5-73　"母版视图"组

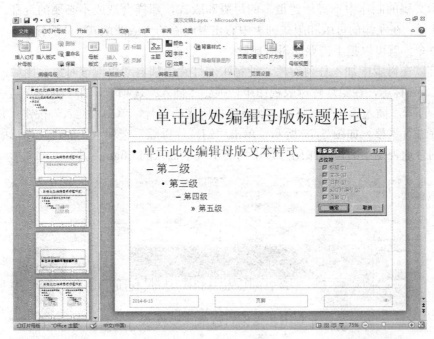

图 5-74　母版占位符

如果内置母版满足不了用户的需求，也可以添加和自定义新的母版和版式。首先切换到幻灯片母版视图中，若要添加母版，单击"编辑母版"组中的"插入幻灯片母版"按钮，将在当前母版最后一个版式的下方插入新的版式，如图 5-75 所示。在包含幻灯片母版和版式的左侧窗格中，单击幻灯片母版下方要添加新版式的位置，然后切换到"幻灯片母版"选项卡，在"编辑母版"组中单击"插入版式"按钮即可。若要删除母版中不需要的默认占位符，可以单击该占位符的边框，然后按 Delete 键；若要添加占位符，可以单击"幻灯片母版"组中的"插入占位符"按钮，从下拉列表中选择一个占位符，然后拖动鼠标绘制占位符，如图 5-76 所示。

图 5-75　插入母版

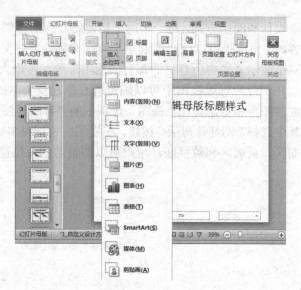

图 5-76　插入占位符

　　在演示文稿的制作中不宜创建很多的母版和版式，那样会造成不必要的混乱。删除母版的操作方法是：在左侧的母版和版式列表中右击要删除的母版或版式，从快捷菜单中选择"删除母版"命令，就可以把不需要的母版删除。

　　用户可以在母版中加入任何对象，使每张幻灯片中都自动出现该对象。比如，为全部幻灯片贴上 Logo 标志，在幻灯片母版视图中切换到"插入"选项卡，在"插图"组中单击"图片"按钮，打开"插入图片"对话框。然后选择所需的图片，单击"插入"按钮，并对图片的大小和位置进行调整。如图 5-77 所示。单击"幻灯片母版"选项卡上的"关闭母版视图"按钮，返回到普通视图中后，每张幻灯片中均会出现了插入的 Logo 图片。

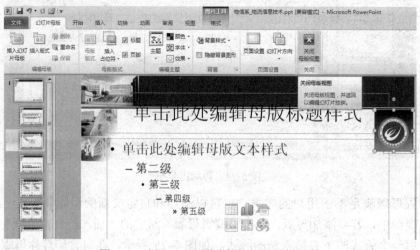

图 5-77　插入 Logo 图片的幻灯片母版视图

5.3.3　配色方案

　　使用幻灯片背景可以确定整个演示文稿色彩的基调，在背景层上，可以使用集合图形组成图案来提高幻灯片的醒目程度。

在 PowerPoint 中，单一颜色、颜色过渡、纹理、图案或者图片都可以作为演示文稿幻灯片的背景，不过每张幻灯片或者母版上只能使用其中一种背景类型。当选择或更改幻灯片背景时，可以使之仅应用于当前幻灯片，或者应用于所有的幻灯片以及幻灯片母版。如果希望得到更逼真的效果，可以使用图片作为幻灯片的背景。图片的来源可以是剪贴画库或本地文件夹。

单击要添加背景的幻灯片，在"设计"选项卡的"背景"组中单击"背景样式"按钮，如图 5-78 所示，再单击"设置背景格式"，弹出"设置背景格式"对话框，如图 5-79 所示。选择"纯色填充"、"渐变填充"、"图片或纹理填充"、"图案填充"中的一种，进行设置，若单击"全部应用"则可把设置应用到整个演示文稿，否则单击"关闭"按钮把设置应用到当前选定的幻灯片。

图 5-78　"背景样式"按钮

图 5-79　"设置背景格式"对话框

若要将幻灯片中设置的背景清除，选择"背景样式"下拉列表中的"重置幻灯片背景"命令即可。

5.3.4　应用设计模板

幻灯片版式包含要在幻灯片上显示的全部内容的格式设置、位置和占位符，即版式包含幻灯片上标题和副标题文本、列表、图片、表格、图表和视频等元素的排列方式。版式也包含幻灯片上的主题颜色、字体、效果和背景。演示文稿中的每张幻灯片都是基于某种自动版式创建的。在新建幻灯片时，可以从 PowerPoint 2010 提供的自动版式中选择一种，每种版式预定义了新建幻灯片的各种占位符的布局情况。简单地讲，版式是幻灯片内容在幻灯片上的排列方式。版式由占位符组成，而占位符可放置文本、表格、图片、剪贴画、媒体剪辑等内容。

创建新幻灯片时，在"开始"选项卡的"幻灯片"组中选择"版式"下拉列表单中的某种版式。PowerPoint 2010 中包含 9 种内置幻灯片版式，也可以创建满足用户特定需求的自定义版式，并与使用 PowerPoint 创建演示文稿的其他人共享。如图 5-80 所示。

若要修改版式，单击要修改版式的幻灯片，仍然是在"开始"选项卡的"幻灯片"组中单击"版式"按钮，在幻灯片版式窗格中选择所需的版式。

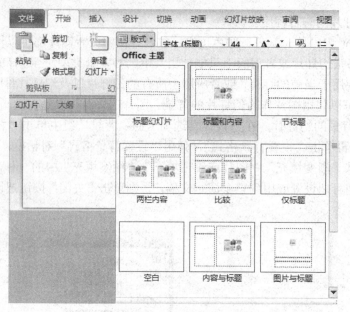

图 5-80　幻灯片版式

　　如果找不到能够满足用户需求的标准版式，则可以创建自定义版式。自定义版式可重复使用，并且可指定占位符的数目、大小和位置、背景内容、主题颜色（主题颜色：文件中使用的颜色的集合。主题颜色、主题字体和主题效果三者构成一个主题）、字体（主题字体：应用于文件中的主要字体和次要字体的集合）及效果（主题效果：应用于文件中元素的视觉属性的集合）等。还可以将自定义版式作为模板（模板：包含有关已完成演示文稿的主题、版式和其他元素的信息的一个或一组文件。）的一部分进行分发，无需再为将版式剪切并粘贴到新的幻灯片或者从要替换内容的幻灯片上删除内容而浪费宝贵的时间。

　　同步训练 5.3　对"学院简介"演示文稿的进一步编辑和修饰

　　【训练目的】

　　对演示文稿做进一步的编辑和修饰，使演示文稿更加美观。包括字体、字号、颜色的设置，行间距的调整，设置项目符号，添加页眉和页脚等操作。完成后的效果如图 5-81 所示。

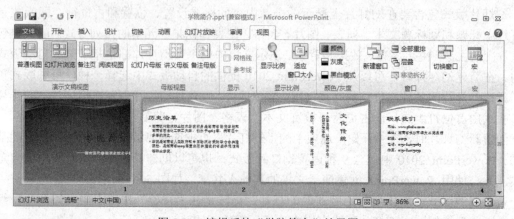

图 5-81　编辑后的"学院简介"效果图

【训练任务和步骤】

1. 设置文本格式

打开"学院简介"演示文稿，单击主标题占位符（或选定"学院简介"文字），然后在"开始"选项卡上的"字体"组中选择字体为"华文隶书"，字号为80。设置副标题文字的字体为"楷体"，字号为32。适当调整主标题和副标题占位符的位置，如图5-82所示。以同样方法设置第2～4张幻灯片的正文文字格式：字体为"仿宋"，字号为28，颜色为黑色。

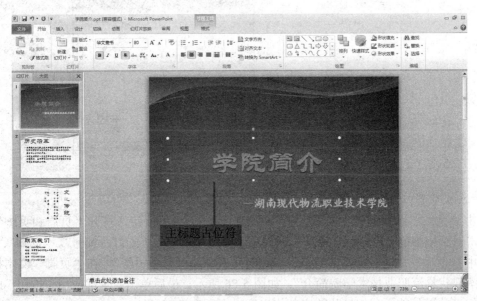

图 5-82　设置标题幻灯片格式

2. 设置行间距

选择第二张幻灯片，选定正文文字（或单击文本占位符），单击"开始"选项卡上"段落"组右下方的对话框启动按钮，如图5-83所示，弹出"段落"对话框，在对话框中选择1.5倍行距和段前间距10磅，如图5-84所示。以同样方法设置第3张和第4张幻灯片的行间距。

图 5-83　打开"段落"对话框

图 5-84　设置行间距

3. 设置项目符号

选择第二张幻灯片，选定要添加项目符号的多个段落（或单击文本占位符），单击"开始"选项卡上"段落"组中的"项目符号"右侧的三角按钮，在展开的下拉列表中单击"项目符号和编号"项，在打开的"项目符号和编号"对话框中选择项目符号的大小和颜色，如图5-85所示。单击"确定"按钮，完成项目符号的设置。以同样方法设置第3张和第4幻灯片的项目符号。

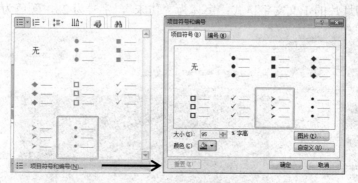

图5-85　设置项目符号

4. 添加页眉和页脚

单击"插入"选项卡上"文本"组中的"页眉和页脚"按钮，打开"页眉和页脚"对话框，单击对话框中的"幻灯片"选项卡，勾选"日期和时间"、"幻灯片编号"、"页脚"、"标题幻灯片中不显示"复选框，并选中"日期和时间"中的"自动更新"，在"页脚"文本框中输入"湖南现代物流职业技术学院简介"，如图5-86所示。最后单击"全部应用"按钮，此时在除标题幻灯片以外的所有幻灯片的底部均出现以上所选内容。

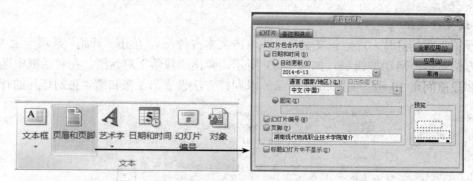

图5-86　"页眉和页脚"对话框

5. 使用母版设置幻灯片页眉和页脚格式

1）单击"视图"选项卡上"母版视图"组中的"幻灯片母版"按钮，进入幻灯片母版视图，如图5-87所示。

2）单击左侧窗格中"标题与内容版式"母版（第三张），然后单击"日期时间"文本框，使用"开始"选项卡上"字体"组中的 按钮将颜色改变为红色，用同样的方法为"页脚"和"编号"改变颜色。如图5-88所示。

3）单击左侧窗格中"垂直排列标题与文本版式"母版（最后一张），然后再更改幻灯片母版中的日期、页脚、编号的字体颜色。如图5-89所示。

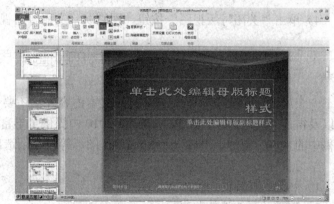

图 5-87　幻灯片母版视图

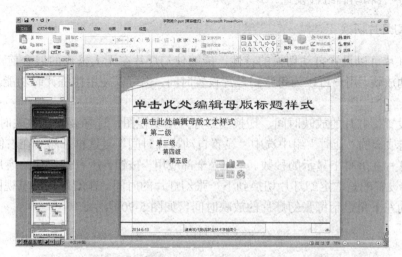

图 5-88　"标题与内容版式"母版

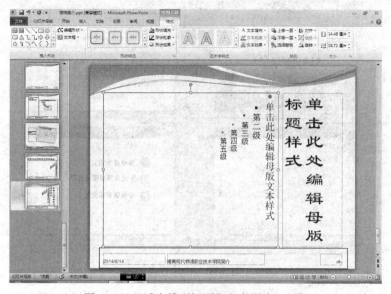

图 5-89　"垂直排列标题与文本版式"母版

4）单击"关闭母版视图"按钮，回到演示文稿普通视图界面。

5.4　幻灯片的动画效果设置

一个好的演示文稿除了要有丰富的文本内容外，还要有合理的排版设计，鲜明的色彩搭配以及得体的动画效果。在 PowerPoint 2010 中提供了丰富的动画效果，使用它们可以为演示文稿中的文本、图片、表格以及 SmartArt 图形等对象创造出更多精彩的视觉效果。

学习目标：

1）熟悉幻灯片的切换方式；

2）熟悉动画的播放顺序；

3）掌握声音和动画组合设置。

5.4.1　幻灯片切换

利用幻灯片可以设置自动切换的特性，能够使幻灯片在无人操作的展台前，通过大型投影仪进行自动放映。用户可以为每张幻灯片设置时间，也可以使用排练计时功能，在排练时自动记录时间。

如果要设置幻灯片的放映时间，切换到幻灯片浏览视图，选择要设置放映时间的幻灯片，在"切换"选项卡的"计时"组中选中"设置自动换片时间"复选框，然后在右侧的微调框中输入希望幻灯片在屏幕上显示的秒数。单击"全部应用"按钮，所有幻灯片的换片时间间隔将相同；否则，设置的是选定幻灯片切换到下一张幻灯片的时间。在幻灯片浏览视图中，会在幻灯片缩略图的左下角显示每张幻灯片的放映时间，如图 5-90 所示。

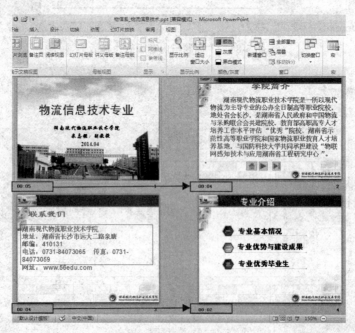

图 5-90　换片方式

使用排练计时可以为每张幻灯片设置放映时间，让幻灯片能够按照设置的排练计时时间自动放映。选择"幻灯片放映"选项卡，在"设置"组中单击"排练计时"按钮，系统将切换到幻灯片放映视图，如图 5-91 所示。

在放映过程中，屏幕上会出现"录制"工具栏，单击该工具栏中的"下一项"按钮，即可播放下一张幻灯片，并在"幻灯片放映时间"文本框中开始记录新幻灯片的时间。排练结束放映后，在出现的对话框中单击"是"按钮，即可接受排练的时间；如果要取消本次排练，单击"否"按钮即可。

图 5-91　"排练计时"按钮

当不再需要幻灯片的排练计时的时候，选择"幻灯片放映"选项卡，取消选中"设置"选项组中的"使用计时"复选框。此时，再次放映幻灯片，将不会按照用户设置的排练计时进行放映，但所排练的计时设置仍然存在。

5.4.2　动画方案设置及自定义动画

对幻灯片设置动画，可以让原本精致的演示文稿更加生动。可以利用 PowerPoint 2010 提供的动画方案、自定义动画和添加切换效果等功能，制作出形象生动的演示文稿。

1）创建动画。在普通视图中，单击要制作成动画的文本或对象，然后切换到"动画"选项卡，从"动画"组的"动画样式"列表中选择所需的动画，即可快速创建基本的动画，如下图所示。在"动画"组中单击"效果选项"按钮，可以从下拉列表中选择动画的运动方向。如果用户对标准动画不满意，在普通视图中显示包含要设置动画效果的文本或者对象的幻灯片，然后切换到"动画"选项卡，在"高级动画"组中单击"添加动画"按钮，从下拉列表中选择所需的动画效果选项，如图 5-92 所示。

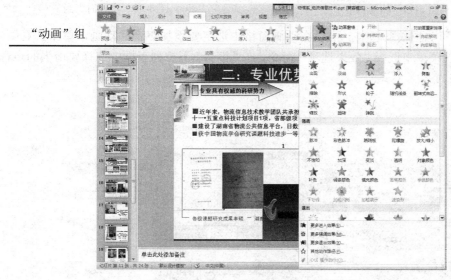

图 5-92　"添加动画"下拉列表

如果选项组中的动画效果仍然不能满足用户的需要，选择"更多进入效果"命令，在打开的"添加进入效果"对话框中进行选择，然后单击"确定"按钮即可。

2）删除动画效果。如果要删除动画效果，可以再选定要删除动画的对象后，单击"动画"选项卡，在"动画"组的"动画样式"列表中选择"无"选项。或者也可以在"高级动画"组中单击"动画窗格"按钮，打开动画窗格，在列表区域中右键单击要删除的动画，从快捷菜单中选择"删除"命令，如图 5-93 所示。

3）设置动画选项。当在同一张幻灯片中添加了多个动画效果后，还可以重新排列动画效果的播放顺序。首先选择要调整播放顺序的幻灯片，单击"动画"选项卡，在"高级动画"组中单击"动画窗格"按钮，在打开的动画窗格中选定要调整顺序的动画，然后用鼠标将其拖到列表框中的其他位置。单击列表框下方的⬆和⬇按钮也能够改变动画序列。

用户可以单击"动画"选项卡中的"预览"按钮，预览当前幻灯片中设置动画的播放效果。如果对动画的播放速度不满意，在动画窗格中选定要调整播放速度的动画效果，在"计时"组的"持续时间"微调框中输入动画的播放时间，如图 5-94 所示。

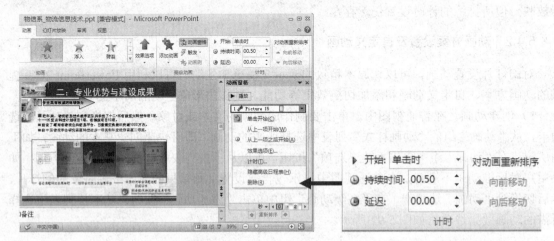

图 5-93　动画窗格   图 5-94　"计时"组

若要将声音和动画联系起来，可以在动画窗格中选定要添加声音的动画，单击其右侧的下拉按钮，从下拉菜单中选择"效果选项"命令，在"声音"下拉列表框中选择要增强的声音，如图 5-95 所示。

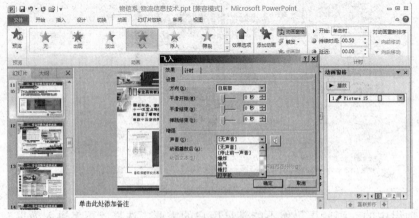

图 5-95　设置声音效果

如果加入了太多的动画效果，播放完毕后停留在幻灯片上的很多对象，将使得画面拥挤不堪。此时，最好将仅播放一次的动画对象设置成随播放的结束自动隐藏，即在上述对话框的

"效果"选项卡中，在"动画播放后"下拉列表中选择"播放动画后隐藏"选项。

同步训练 5.4　添加"学院简介"演示文稿的多媒体效果

【训练目的】

在演示文稿中加入图片、艺术字，添加表格、图表幻灯片，使演示文稿图文并茂，内容更加丰富，版面更加悦目。完成后的效果如图 5-96 所示。

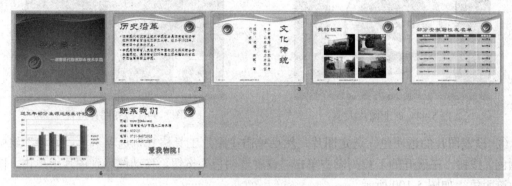

图 5-96　　"学院简介"演示文稿

【训练任务和步骤】

1．打开演示文稿

打开"学院简介"演示文稿，并使其处于普通视图模式。

2．插入学院 Logo 图片

1）在第一张幻灯片中插入学院 Logo。单击"插入"选项卡上"图像"组中的"图片"按钮，打开"插入图片"对话框，选择要插入的图片，单击"插入"按钮，如图 5-97 所示。即可将所选的图片插入到当前幻灯片的中心位置。

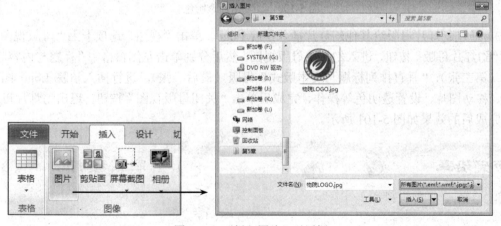

图 5-97　　"插入图片"对话框

2）对插入的图片进行编辑。

① 改变图片大小。单击幻灯片中的图片，这时在图片周围出现 8 个控点，如图 5-98 所示。将鼠标移到右下角的控点上，鼠标指针会变成带双箭头的指针，按住鼠标左键往内拉，将图片

缩小（往外拉则放大）。

②移动图片。将鼠标移到图片中任一处，此时鼠标指针变为带双前头的十字形指针，按住鼠标左键不放并拖动鼠标，将图片移动到幻灯片左下角位置。如图 5-99 所示。

图 5-98　改变图片大小

图 5-99　改变图片位置

③ 设置图片的透明色。选定图片，然后单击"图片工具格式"选项卡上"调整"组中的"颜色"按钮，在展开的下拉列表中单击"设置透明色"按钮，移动鼠标到图片上单击，图片变为透明色，如图 5-100 所示。

图 5-100　设置图片透明色

3）通过幻灯片母版给其他幻灯片插入学院 Logo。单击"视图"选项卡上"母版视图"组中的"幻灯片母版"按钮，进入幻灯片母版视图，然后分别单击左侧窗格中"标题与内容版式"母版（第三张），"垂直排列标题与文本版式"母版（最后一张），进行插入学院 Logo 图片、缩小、移动图片、设置透明色等操作，完成后单击"关闭母版视图"按钮，退出幻灯片母版视图。完成后的效果如图 5-101 所示。

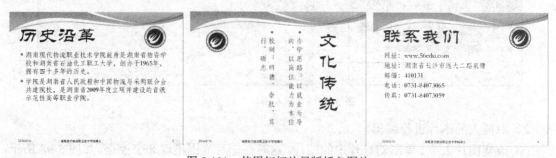

图 5-101　使用幻灯片母版插入图片

3．制作"校园风光"幻灯片

1）选定第三张幻灯片，单击"开始"选项卡上"幻灯片"组中的"新建幻灯片"按钮，添加一张"标题与内容"版式的幻灯片。如图 5-102 所示。

2）单击文本占位符中的插入图片按钮，打开"插入图片"对话框，选择"校园风光"图片，单击"插入"按钮，将图片插入到幻灯片中。

3）在标题占位符中输入"我们的校园"文本，如图 5-103 所示。

图 5-102　"标题和内容"幻灯片版式　　　　图 5-103　新插入的幻灯片

4．制作"校友名单"表格幻灯片

1）选定第 4 张幻灯片，添加一张"标题与内容"版式的幻灯片。

2）单击文本占位符中的"插入表格"按钮，弹出"插入表格"对话框，输入表格列数和行数，如图 5-104 所示。单击"确定"按钮，在幻灯片上插入一个 7 行 4 列的表格。

3）在表格中输入内容，并对表格进行格式化（方法与 Word 表格编辑方法相同），在标题占位符中输入"部分安徽籍校友名单"，如图 5-105 所示。

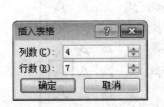

图 5-104　"插入表格"对话框　　　　图 5-105　插入表格幻灯片

5．制作"招生计划"图表幻灯片

1）选定第 5 张幻灯片，添加一张"标题与内容"版式的幻灯片。

2）单击文本占位符中的"插入图表"按钮。打开"插入图表"对话框，如图 5-106 所示，选择"簇状柱形图"，单击"确定"按钮后弹出数据表窗口，如图 5-107 所示。

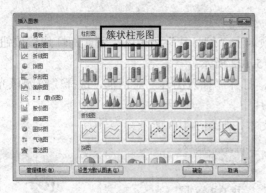

图 5-106　"插入图表"对话框

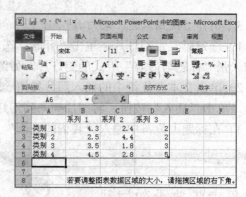

图 5-107　数据表窗口

3）在数据表中输入实际数据，如图 5-108 所示，然后关闭数据表窗口，完成插入图表的操作，插入图表后的幻灯片效果如图 5-109 所示。

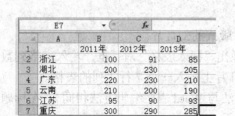

图 5-108　输入实际数据

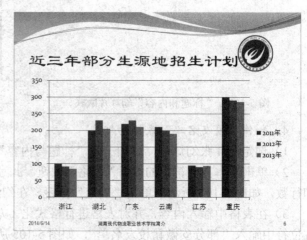

图 5-109　插入图表幻灯片

6．添加艺术字

1）选择最后一张幻灯片，单击"插入"选项卡上"文本"组中的"艺术字"按钮，在打开的下拉列表中选择一种艺术字样式，如图 5-110 所示。

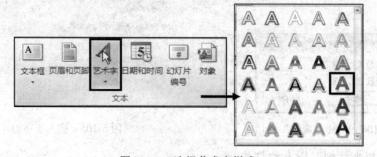

图 5-110　选择艺术字样式

2）此时在幻灯片的中心位置出现一个文本框，在文本框中输入"爱我物院！"，如图 5-111 所示。

3）设置文字字体、字号和字形，调整文本框位置（方法与调整图片位置相同），如图 5-112 所示。

图 5-111　输入艺术字文本

图 5-112　插入艺术字

5.5　幻灯片的放映

5.5.1　幻灯片手动放映设置

用户需要手动放映演示文稿，可以创建自动播放演示文稿进行展示。设置幻灯片放映方式操作方法为：首先选择"幻灯片放映"选项卡，在"设置"组中单击"设置幻灯片放映"按钮，打开"设置放映方式"对话框，如图 5-113 所示。在"放映类型"选项区中选择适当的放映类型。"演讲者放映"选项可以运行全屏显示的演示文稿，"在站台浏览"选项可使演示文稿循环播放，并防止读者更改演示文稿。在"放映幻灯片"选项区中可以设置要放映的幻灯片，在"放映选项"选项区中可以根据需要进行设置，在"换片方式"选项区中可以指定幻灯片的切换方式。设置完成后，单击"确定"按钮。

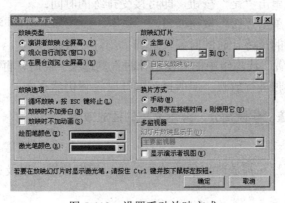

图 5-113　设置手动放映方式

5.5.2　幻灯片自动放映和控制

利用幻灯片可以设置自动切换的特性，能够使幻灯片在无人操作的展台前，通过大型投影仪进行自动放映。用户可以为每张幻灯片设置时间，也可以使用排练计时功能，在排练时自动记录时间。

如果要设置幻灯片的放映时间，切换到幻灯片浏览视图，选择要设置放映时间的幻灯片，在"切换"选项卡的"计时"组中选中"设置自动换片时间"复选框，然后在右侧的微调框中输入希望幻灯片在屏幕上显示的秒数。单击"全部应用"按钮，所有幻灯片的换片时间间隔将相同；否则，设置的是选定幻灯片切换到下一张幻灯片的时间。在幻灯片浏览视图中，会在幻灯片缩略图的左下角显示每张幻灯片的放映时间，如图 5-114 所示。

图 5-114　自动换片时间设置

使用排练计时可以为每张幻灯片设置放映时间，让幻灯片能够按照设置的排练计时时间自动放映。选择"幻灯片放映"选项卡，在"设置"组中单击"排练计时"按钮，如图 5-115 所示，系统将切换到幻灯片放映视图。

图 5-115　"排练计时"按钮

在放映过程中，屏幕上会出现"录制"工具栏。单击该工具栏中的"下一项"按钮，即可播放下一张幻灯片，并在"幻灯片放映时间"文本框中开始记录新幻灯片的时间。排练结束放映后，在出现的对话框中单击"是"按钮，即可接受排练的时间；如果要取消本次排练，单击"否"按钮即可。

当不再需要幻灯片的排练计时的时候，选择"幻灯片放映"选项卡，取消选中"设置"选项组中的"使用计时"复选框。此时，再次放映幻灯片，将不会按照用户设置的排练计时进行放映，但所排练的计时设置仍然存在。

同步训练 5.5　设置"学院简介"演示文稿的播放效果

【训练目的】

学习如何设置幻灯片在播放时出现的动画效果、切换效果，以及在幻灯片播放时使用的动作按钮、超链接等。

【训练任务和步骤】

1．为幻灯片设置动画效果

1）打开"学院简介"演示文稿，选择第一张幻灯片。

2）选定幻灯片中的学院 Logo 图片。

3）单击"动画"选项卡上"动画"组中的"其他"按钮 ，如图 5-116 左上图所示，展开动画列表，在"进入"分类下选择一种动画效果，这里选择"飞入"，如图 5-116 右图所示，即可为所选对象添加该动画效果。

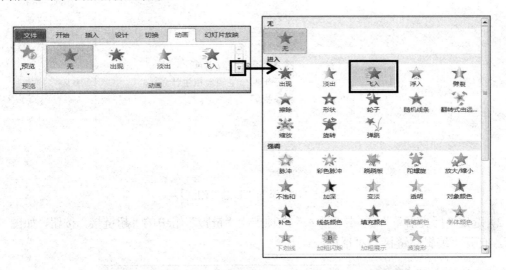

图 5-116　设置"飞入"动画效果

2. 为幻灯片设置切换效果

1）单击"切换"选项卡上"切换到此幻灯片"组中的"其他"按钮 ，如图 5-117 左上图所示，在展开的列表中选择"华丽型"下面的"框"项，如图 5-117 左下图所示。

2）单击"切换"选项卡上"切换到此幻灯片"组中的"效果选项"按钮，从弹出的列表中选择"自底部"，如图 5-117 右图所示，表示从下到上展开幻灯片。

3）单击"全部应用"按钮 ，完成幻灯片切换效果的设置。

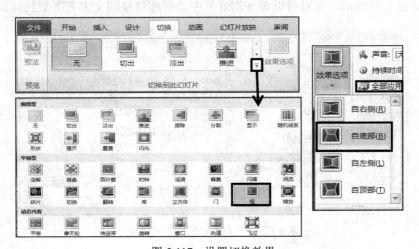

图 5-117　设置切换效果

3. 插入超链接

1）在第一张幻灯片后添加一张"标题与内容"版式的幻灯片，输入文字，如图 5-118 所示。

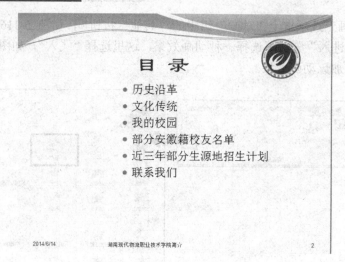

图 5-118　添加"目录"幻灯片

2）选定"历史沿革"，单击"插入"选项卡上"链接"组中的"超链接"按钮，如图 5-119 所示，打开"编辑超链接"对话框。

图 5-119　选定对象后单击"超链接"按钮

3）单击"编辑超链接"对话框左侧的"本文档中的位置"项，在"请选择文档中的位置"列表中选择要链接到的幻灯片"3. 历史沿革"项，如图 5-120 所示，单击"确定"按钮，关闭"编辑超链接"对话框，这时可以看到幻灯片中带有超链接的文本有下划线标记。

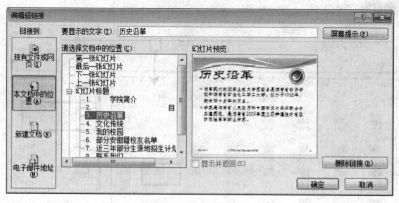

图 5-120　"编辑超链接"对话框

4）以同样的方法为其他文本行建立超链接。各行与幻灯片编号链接的对应关系为：学院价值观—4，我们的商品—5，年度销售表—6，年度销售量图表—7，联系我们—8，链接后的效果如图 5-121 所示。当放映幻灯片时，单击该张幻灯片的任意一行，就会切换到该行所链接的幻灯片上。

4. 添加动作按钮

在"学院简介"幻灯片中添加动作按钮效果如图 5-122 所示的。

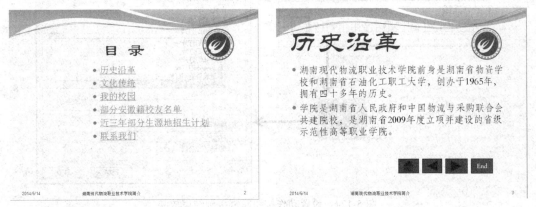

图 5-121　插入超链接　　　　　　　　　　　　图 5-122　添加动作按钮

1）选择第三张幻灯片，单击"插入"选项卡上"插图"组中的"形状"按钮，在打开的"动作按钮"列表中选择"第一张"动作按钮，接着在幻灯片的合适位置按住鼠标左键并拖动，绘制出动作按钮，如图 5-123 左图所示，松开鼠标左键，将自动打开如图 5-123 右图所示的"动作设置"对话框，可看到"超链接到"单选钮被选中，并默认链接到第一张灯片（一般保持默认设置即可），最后单击"确定"按钮。

图 5-123　设置动作按钮超链接到第一张幻灯片

2）用类似的方法，添加一个"后退或前一项"按钮◀和一个"前进或下一项"按钮▶。

3）添加 End 按钮 End 。该按钮的功能是结束幻灯片的播放，系统动作按钮中没有现成选项，可以选"动作按钮"列表中的"自定义"选项，在幻灯片的合适位置按住鼠标左键并拖动，绘制出动作按钮，如图 5-124 左图所示，当弹出"动作设置"对话框时，在"超链接到"下拉列表中选择"结束放映"，如图 5-124 右图所示，然后单击"确定"按钮。

退出"动作设置"对话框后，右击该按钮，在弹出的快捷菜单中选"编辑文字"，输入 End。

4）将 4 个动作按钮复制到第 4～8 张幻灯片上（最后一张幻灯片可以不复制▶按钮）。

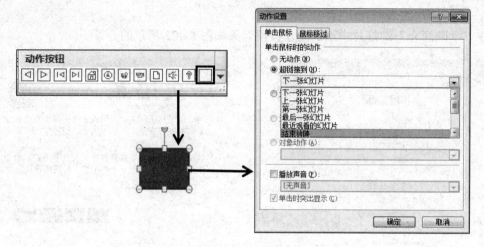

图 5-124　设置动作按钮超链接到结束放映

5.6　演示文稿的打印

幻灯片在打印之前，要进行页面设置。而幻灯片的页面设置决定了幻灯片、备注页、讲义及大纲在屏幕和打印纸上的尺寸和放置方向，操作方法为：选择"设计"选项卡，在"页面设置"组中单击"页面设置"按钮，打开"页面设置"对话框，如图 5-125 所示。

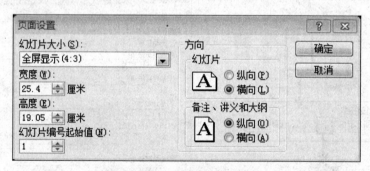

图 5-125　"页面设置"对话框

在"幻灯片大小"下拉列表中选择幻灯片的大小。如果用户要建立自定义的尺寸，可在"宽度"和"高度"微调框中输入需要的数值。在"幻灯片编号起始值"微调框中输入幻灯片的起始号码。在"方向"栏中指明幻灯片、备注、讲义和大纲的打印方向，单击"确定"按钮，完成设置。

用户在打印演示文稿之前可以进行预览，满意后再进行打印。在"文件"选项卡中，单击"打印"命令，在右侧窗格中可以预览幻灯片打印的效果。如果要预览其他幻灯片，单击下方的"下一页"按钮。在中间窗格的"份数"微调框中制定打印的份数。在"打印机"下拉列表中选择所需的打印机。在"设置"选项区中制定演示文稿的打印范围。在"打印内容"列表框中确定打印的内容，如幻灯片、讲义、注释等，如图 5-126 所示。单击"打印"按钮，即可开始打印演示文稿。

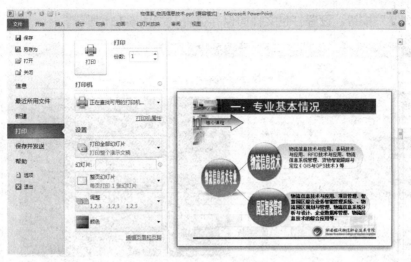

图 5-126　打印设置

同步训练 5.6　打包"学院简介"演示文稿

【训练目的】

通过训练掌握有关演示文稿打印的基本知识、演示文稿打包等方法。

【训练任务和步骤】

1．页面设置

打开"学院简介"演示文稿，单击"设计"选项卡上"页面设置"组中的"页面设置"按钮，弹出"页面设置"对话框，如图 5-127 所示，按图设置参数。

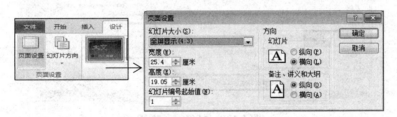

图 5-127　打开"页面设置"对话框

2．打印演示文稿

单击"文件"选项卡，在展开的界面中单击左侧的"打印"项，进入打印界面，如图 5-128 所示。在该界面右侧可预览打印效果，单击"上一页"按钮◀ 或"下一页"按钮▶，可预览演示文稿中的所有幻灯片，单击"打印"按钮即可打印"学院简介"演示文稿。

3．打包演示文稿

1）单击"文件"选项卡，单击"保存并发送"→"将演示文稿打包成 CD"→"打包成 CD"项，如图 5-129 所示。

2）在打开的"打包成 CD"对话框中的"将 CD 命名为"文本框中输入"湖南现代物流职业技术学院简介"，如图 5-130 所示。

3）单击"打包成 CD"对话框中的"复制到文件夹"按钮，打开"复制到文件夹"对话框，单击"浏览"按钮，设置打包文件的保存位置，如图 5-131 所示。

图 5-128 打印预览界面

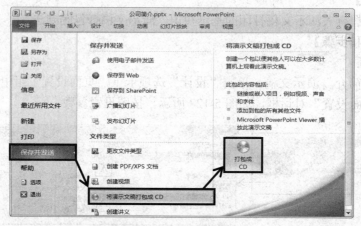

图 5-129 打包演示文稿

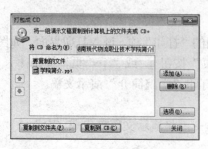

图 5-130 "打包成 CD"对话框

图 5-131 "复制到文件夹"对话框

4）单击"确定"按钮，弹出如图 5-132 所示的提示框，询问是否打包链接文件，单击"是"按钮，系统开始打包演示文搞，并显示打包进度。

5）系统打包完毕后，即可将演示文稿打包到指定的文件夹"湖南现代物流职业技术学院简介"中，并自动打开该文件夹，显示其中的内容，如图 5-133 所示。

图 5-132　打包提示框

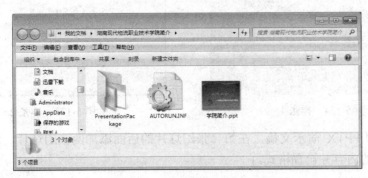

图 5-133　打包文件夹中的文件

6）单击"打包成 CD"对话框中的"关闭"按钮，完成"学院简介"演示文稿打包操作。

4. 放映打包后的演示文稿

双击打包文件夹"湖南现代物流职业技术学院简介"中"学院简介.pptx"演示文稿，即可放映该演示文稿。

注意：若要将演示文稿在另一台没有安装 PowerPoint 2010 程序的电脑中播放，则需要下载 PowerPoint viwer 2010 播放器才能正常播放。

单元训练　设计制作研讨会演示文稿

【训练目的】

掌握综合应用 PowerPoint 2010 制作各类演示文稿的方法。

【训练任务和步骤】

1. 创建"信息技术研讨会"系列演示文稿

1）创建"标题幻灯片"，效果如图 5-134 所示。

①应用"龙腾四海"主题新建演示文稿，添加标题"信息技术研讨会"，标题字体颜色为深蓝色，字形为加粗。

②添加副标题文字"湖南物流信息平台有限公司"，颜色为蓝色。

③将演示文稿保存，文件名为 P01.pptx。

2）打开 P01.pptx 演示文稿，添加"标题和内容"版式幻灯片。

①输入如图 5-135 所示的内容。

②设置标题文字为隶书，字号为 48，加粗，文本字体为华文楷体，字号为 28，颜色为绿色。

③设置文本为 1.5 倍行距。

④放映幻灯片。

⑤保存演示文稿。

图 5-134　样张 1 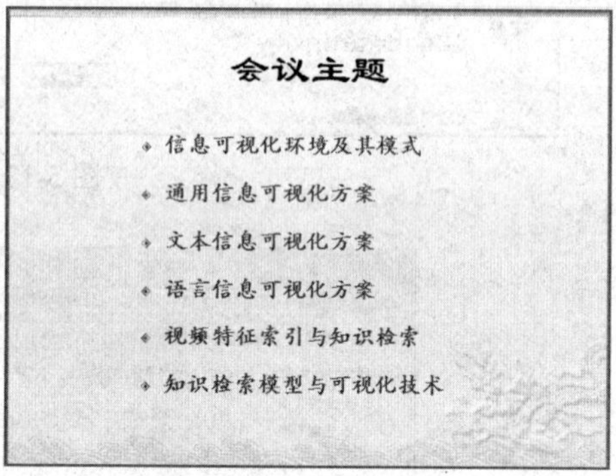　　　　　　　　　　　　　图 5-135　样张 2

3）打开 P01.PPTX 演示文稿，在第二张幻灯片的后面添加两张幻灯片，输入如图 5-136 和图 5-137 所示的内容并设置格式。

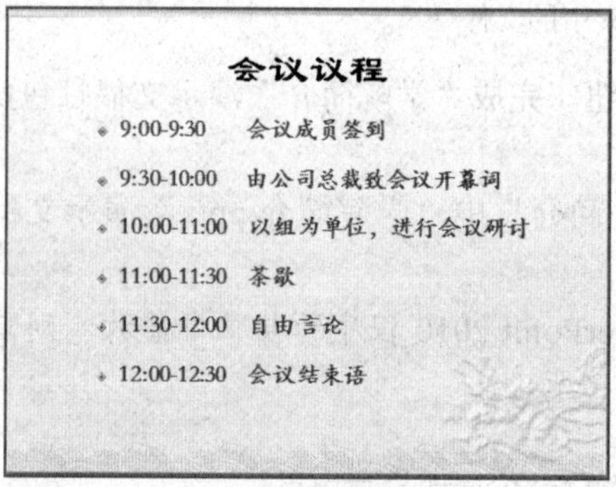

图 5-136　3 样张 3 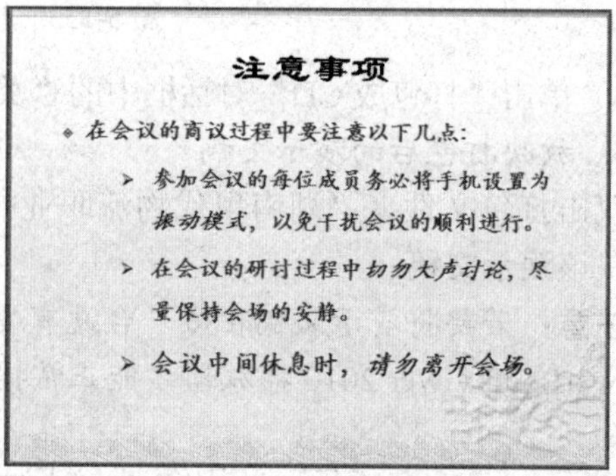　　　　　　　　　　　　图 5-137　样张 4

①对第 4 张幻灯片的后三段文本重新设置项目符号，并使用"开始"选项卡上"段落"组中的"增加缩进量"按钮 使后三段文本增加缩进量。

②对第 4 张幻灯片中的"振动模式"、"切勿大声讨论"、"请勿离开会场"等文字设置为红色，倾斜。

③设置第二张幻灯片中的标题动画效果为"出现"，文本动画效果为"至左侧飞入"。

④设置所有幻灯片切换效果为"水平百叶窗"。

⑤放映幻灯片。

⑥保存演示文稿。

4）制作空白版式母版，如图 5-138 所示。

①为空白版式幻灯片母版添加背景，背景格式为渐变填充中的预设颜色"雨后初晴"。

②在母版的右下角插入一张物院院徽（图片可任选）。

③在幻灯片页脚处输入文字"湖南现代物流职业技术学院物流信息系"，并编辑文字，适当移动其位置。

④将幻灯片母版保存，文件名为 P02. pptx。

2. 制作表格幻灯片

制作表格幻灯片，如图 5-139 所示。

①选取"标题和内容"幻灯片版式，应用主题"行云流水"，创建一页新的幻灯片，添加标题"局域网管理考试（中级）"。

②添加一个单列 8 行表格，录入如图 5-139 所示的内容。设置表格动画：垂直随机线条，开始：上一动画之后，快速。

③将演示文稿保存，文件名为 P03.pptx。

图 5-138　样张 5

图 5-139　样张 6

3. 制作"体育运动项目介绍"系列演示文稿

制作由 6 张幻灯片组成的演示文稿，参考样张如图 5-140 所示。

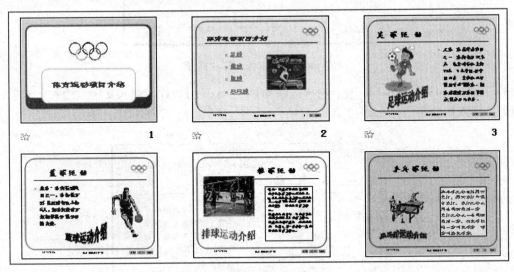

图 5-140　练习题 6 样张

1）新建演示文稿，制作第一张幻灯片。主题自选，输入如图 5-141 所示的标题文字，并插入"五环"图片（图片可以从网上下载），插入声音。

2）建立母版和第二张幻灯片。在母版中加入小五环图片。插入页脚，更新日期，增加幻灯片编号，如图 5-142 所示。

插入声音

图 5-141　第一张幻灯片样张

母版图片

插入图片

页脚

图 5-142　第二张幻灯片样张

3）按图 5-143 至图 5-146 所示的样张添加第 3～6 张幻灯片，输入文字，插入艺术字、插入图片、插入剪贴画。

剪贴画

艺术字

动作按钮

图 5-143　第三张幻灯片样张

图 5-144　第 4 张幻灯片样张

图 5-145　第 5 张幻灯片样张

图 5-146　第 6 张幻灯片样张

4）在第 2～6 张幻灯片的右下角插入 返回 ◀ ▶ 结束 动作按钮，并链接到相应的幻灯片上。

5）设置第 2 张幻灯片中文字的超链接，使链接到相应的幻灯片上。

6）设置幻灯片的动画效果和幻灯片切换效果，效果选项自定。

7）将演示文稿保存，文件名为 P04.pptx。

第6章 计算机网络基础与 Internet 应用

21 世纪的一个重要特征是数字化、网络化与信息化，它的基础就是支持全社会的、强大的计算机网络；计算机网络是计算机技术与通信技术相结合的产物，是当今计算机学科中发展最为迅速的技术之一，也是计算机应用中一个空前活跃的领域。它正在改变着人们的工作方式、生活方式与思维方式。计算机网络技术发展与应用已成为影响一个国家与地区政治、经济、军事、科学与文化发展的重要因素之一。但同时，随着数据和信息量的增大，信息安全问题也越来越受到重视。

通过对本章的学习，要求学生了解计算机网络的基本概念，掌握计算机病毒的基本知识及杀毒方法，形成良好的职业道德修养。

6.1 计算机网络概述

6.1.1 计算机网络的产生和发展

计算机网络和其他事物的发展一样，也经历了从简单到复杂、从低级到高级、从单机到多机的过程。在这一过程中，计算机技术和通信技术密切结合，相互促进，共同发展，最后产生了计算机网络。计算机网络的发展大致可以分为三个阶段。

1）面向终端的远程联机系统。该系统是计算机网络的雏形，也称第一代计算机网络。它由一台主机（Host）加多个终端构成，用到通信控制处理机和集中器，只有主机有计算处理能力，其余终端不具备自主处理功能。20 世纪 60 年代初美国航空公司与 IBM 公司联合研制的预订飞机票系统，由一个主机和 2000 多个终端组成，是一个典型的面向终端的计算机网络。

2）多个计算机互联的计算机网络。20 世纪 60 年代末出现了多个计算机互联的计算机网络，这种网络将分散在不同地点的计算机经通信线路互联。主机之间没有主从关系，网络中的多个用户可以共享计算机网络中的软、硬件资源，故这种计算机网络也称共享系统资源的计算机网络。第二代计算机网络的典型代表是 20 世纪 60 年代美国高级研究计划署网络（Advanced Research Project Agency Network，ARPANet）。以单机为中心的通信系统的特点是网络上用户只能共享一台主机中的软件、硬件资源，而多个计算机互联的计算机网络上的用户可以共享整个资源子网上所有的软件、硬件资源。

3）标准化的计算机网络。国际标准化的计算机网络属于第三代计算机网络，它具有统一的网络体系结构，遵循国际标准化协议。标准化的目的使得不同计算机及计算机网络能方便地互连起来。

20 世纪 70 年代后期人们认识到第二代计算机网络存在明显不足，主要表现有：各个厂商各自开发自己的产品，产品之间不能通用，各个厂商各自制定自己的标准以及不同的标准之间转换非常困难等，最终不能互连，这显然阻碍了计算机网络的普及和发展。

1983 年国际标准化组织（ISO）公布了开放系统互联参考模型（OSI/RM），成为世界上网络体系的公共标准。遵循此标准可以很容易地实现网络互联。

网络技术发展的首要问题是解决带宽不足和提高网络传输率。目前存在着电话通信网、有线电视网和计算机通信网，网络发展的另一个方面是实现三网合一，把所有的信息（包括语音、视频、数据）都统一到 IP 网络是今后的发展方向。

6.1.2　计算机网络的定义和功能

1. 计算机网络的定义

关于计算机网络这一概念的描述，从不同的角度出发，可以给出不同的定义。简单地说，计算机网络就是由通信线路互相连接的许多独立的计算机构成的系统。这里强调构成网络的计算机是独立工作的，这是为了和多终端分时系统相区别。

从应用的角度来讲，只要将具有独立功能的多台计算机连接起来，能够实现各计算机之间信息的互相交换，并可以共享计算机资源的系统就是计算机网络。

从资源共享的角度来讲，计算机网络就是一组具有独立功能的计算机和其他设备，以允许用户相互通信和共享计算资源的方式互连在一起的系统。

从技术角度来讲，计算机网络就是由特定类型的传输介质（如双绞线、同轴电缆和光纤等）和网络适配器互连在一起的计算机，并受网络操作系统监控的网络系统。

综上所述，可以将计算机网络这一概念系统地定义为：计算机网络就是将分布在不同地理位置上的具有独立工作能力的多台计算机、终端及其附属设备用通信设备和通信线路连接起来，并配置网络协议、软件，以实现计算机资源共享和数据通信的系统。

2. 计算机网络的功能

计算机网络技术的应用对当今社会的经济、文化和生活等都产生着重要影响，当前，计算机网络的功能主要有以下几个方面：

1）资源共享。计算机网络最具吸引力的功能是进入计算机网络的用户可以共享网络中各种硬件和软件资源，使网络中各部分的资源互通有无、分工协作，从而提高资源的利用率。

2）数据传输。数据传输是计算机网络的基本功能之一，用以实现计算机与终端，或计算机与计算机之间传送各种信息，从而提高了计算机系统的整体性能，也大大方便了人们的工作和生活。

3）集中管理。计算机网络技术的发展和应用，已使得现代办公、经营管理等发生了很大的变化。目前，已经有了许多 MIS 系统、OA 系统等，通过这些系统可以将地理位置分散的生产单位或业务部门连接起来进行集中的控制和管理，提高工作效率，增加经济效益。

4）分布处理。对于综合性的大型问题可以采用合适的算法，将任务分散到网络中不同的计算机上进行分布式处理，以达到均衡使用网络资源，实现分布处理的目的。

5）负载平衡。负载平衡是指任务被均匀地分配给网络上的各台计算机。网络控制中心负责分配和检测，当某台计算机负载过重时，系统会自动转移部分工作到负载较轻的计算机中去处理。

6）提高安全与可靠性。建立计算机网络后，还可减少计算机系统出现故障的概率，提高系统的可靠性。另外对于重要的资源，可将它们分布在不同地方的计算机上。这样，即使某台计算机出现故障，用户在网络上可通过其他路径来访问这些资源，不影响用户对同类资源的访问。

6.1.3　计算机网络分类

计算机网络的分类标准有很多，可以从覆盖范围、拓扑结构、交换方式、传输介质、通信方式等方面进行分类。

1. 根据网络的覆盖范围分类

根据网络的覆盖范围进行分类，计算机网络可以分为三种基本类型：局域网（Local Area Network，LAN）、城域网（Metropolitan Area Network，MAN）和广域网（Wide Area Network，WAN）。这种分类方法也是目前比较流行的一种方法。

1）局域网。局域网也称为局部网，是指在有限的地理范围内构成的规模相对较小的计算机网络。它具有很高的传输速率（1～1000Mb/s），其覆盖范围一般不超过几十千米，通常将一座大楼或一个校园内分散的计算机连接起来构成局域网。它的特点是分布距离近（通常在 1000～2000m 范围内），传输速度高，组网费用低，数据传输可靠，误码率低，归单个单位所有。

2）城域网。城域网也称为市域网，它是在一个城市内部组建的计算机网络，提供全市的信息服务。城域网是介于广域网与局域网之间的一种高速网络，其覆盖范围可达数百千米，传输速率从 64Kb/s 到几 Gb/s，通常是将一个地区或一座城市内的局域网连接起来构成城域网。城域网一般具有以下几个特点：采用的传输介质相对复杂；数据传输速率次于局域网；数据传输距离相对局域网要长，信号容易受到干扰；组网比较复杂，成本较高。

3）广域网。广域网也称为远程网，它的连网设备分布范围很广，一般从几十千米到几千千米。它所涉及的地理范围可以是市、地区、省、国家，乃至世界范围。广域网是通过卫星、微波、无线电、电话线、光纤等传输介质连接的国家网络和国际网络，它是全球计算机网络的主干网络。广域网一般具有以下几个特点：地理范围没有限制；传输介质复杂；由于长距离的传输，数据的传输速率较低，且容易出现错误，采用的技术比较复杂；是一个公共的网络，不属于任何一个机构或国家。

2. 根据网络的拓扑结构进行分类

按拓扑结构分类可将网络分成两大类：

（1）无规则的拓扑。适合于广域网的拓扑结构，如网状网；

（2）有规则的拓扑。适合于局域网的拓扑结构，如星形、环形、树形。

以星形拓扑结构组建的网络为星形网，以总线拓扑结构组建的网络为总线型网。

提示：把事物间的关系抽象成连线组成的图形称为拓扑。网络拓扑结构是指用拓扑学的方法互连各种设备的物理或逻辑的布局。

3. 根据网络的传输介质分类

根据网络的传输介质，可以将计算机网络分为有线网和无线网两种类型。

1）有线网。有线网是采用光纤、同轴电缆或双绞线连接的计算机网络。用同轴电缆连接的网络成本低，安装较为便利，但传输率和抗干扰能力一般，传输距离较短。用双绞线连接的网络价格便宜，安装方便，但其易受干扰，传输率也比较低，且传输距离比同轴电缆要短。光纤网是采用光导纤维作为传输介质的，光纤传输距离长，传输率高；抗干扰性强，不会受到电子监听设备的监听，是高安全性网络的理想选择。但其成本较高，且需要高水平的安装技术。

2）无线网。无线网是用电磁波作为载体来传输数据的，目前无线网联网费用较高，还不太普及。但由于连网方式灵活方便，是一种很有前途的连网方式。

除了以上几种分类方法外，还可按网络的交换方式分为电路交换网、报文交换网和分组交换网；按网络的通信方式分为广播式传输网络和点到点传输网络；按网络信道的带宽分为窄带网和宽带网；按网络不同的用途分为科研网、教育网、商业网、企业网等。

6.1.4　OSI/RM 和 TCP/IP

1. OSI/RM 概述

OSI/RM（Open System Interconnection/Reference Model）是 ISO 在网络通信方面所定义的开放系统互连参考模型。1983 年 ISO 颁布的网络体系结构标准，使得各网络设备厂商可以遵照共同的标准来开发相应的网络产品，最终实现彼此兼容，以及互联互通。

整个 OSI/RM 模型共分 7 层，从低到高分 7 层：物理层、数据链路层、网络层、传输层、会话层、表示层、应用层。各层之间相对独立，第 N 层向 N+1 层提供服务。

1）物理层（Physical Layer）：物理层规定了激活、维持、关闭通信端点之间的机械特性、电气特性、功能特性以及过程特性。该层为上层协议提供了一个传输数据的物理媒体。

2）数据链路层（Data Link Layer）：数据链路层在不可靠的物理介质上提供可靠的传输。该层的作用包括物理地址寻址、数据的成帧、流量控制、数据的检错、重发等。数据链路层协议的代表包括 SDLC、HDLC、PPP、STP、帧中继等。

3）网络层（Network Layer）：网络层负责对子网间的数据包进行路由选择。此外，网络层还可以实现拥塞控制、网际互连等功能。网络层协议的代表包括 IP、IPX、RIP、OSPF 等。

4）传输层（Transport Layer）：传输层是第一个端到端，即主机到主机的层次。传输层负责将上层数据分段并提供端到端的、可靠的或不可靠的传输，以及处理端到端的差错控制和流量控制问题。传输层协议的代表包括 TCP、UDP、SPX 等。

5）会话层（Session Layer）：会话层管理主机之间的会话进程，即负责建立、管理、终止进程之间的会话。会话层协议的代表包括 NetBIOS、ZIP（AppleTalk 区域信息协议）等。

6）表示层（Presentation Layer）：表示层对上层数据或信息进行变换以保证一个主机应用层信息可以被另一个主机的应用程序理解。表示层协议的代表包括 ASCII、ASN.1、JPEG、MPEG 等。

7）应用层（Application Layer）：应用层为操作系统或网络应用程序提供访问网络服务的接口。应用层协议的代表包括 Telnet、FTP、HTTP、SNMP 等。

2. TCP/IP 概述

TCP/IP（Transmission Control Protocol/Internet Protocol）协议，中译名为传输控制协议/因特网互联协议，是 Internet 最基本的协议，由网络层的 IP 协议和传输层的 TCP 协议组成。

TCP/IP 协议并不完全符合 OSI 的 7 层参考模型，从协议分层模型方面来讲，TCP/IP 由 4 个层次组成：网络接口层、网络层、传输层、应用层。

3. IP 地址

所谓 IP 地址就是 IP 协议为了标识 Internet 上的每个主机而采用的一个逻辑地址，相当于一个编号。在 Internet 上互相通信的主机必须要有唯一的 IP 地址。按照 TCP/IP 协议规定，IP 地址用二进制来表示。

1）IPv4（Internet Protocol version 4，网际协议版本 4）。是互联网协议（Internet Protocol，

IP）的第 4 版，也是第一个被广泛使用，构成现今互联网技术的基石的协议。IPv4 可以运行在各种各样的底层网络上，比如端对端的串行数据链路（PPP 协议和 SLIP 协议），卫星链路等。

IPv4 每个 IP 地址长 32bit，比特换算成字节，就是 4 个字节。例如一个采用二进制形式的 IP 地址是 00001010000000000000000000000001，这么长的地址，人们处理起来也太费劲了。为了方便人们的使用，IP 地址经常被写成十进制的形式，中间使用符号 "." 分开不同的字节。于是，上面的 IP 地址可以表示为 "10.0.0.1"。IP 地址的这种表示法叫做 "点分十进制表示法"，这显然比 1 和 0 容易记忆得多。

最初设计互联网络时，为了便于寻址以及层次化构造网络，每个 IP 地址包括两个标识码（ID），即网络 ID 和主机 ID。同一个物理网络上的所有主机都使用同一个网络 ID，网络上的任一个主机（包括网络上工作站、服务器和路由器等）有一个主机 ID 与其对应，不可重复。IP 地址根据网络 ID 的不同分为 5 种类型：A 类地址、B 类地址、C 类地址、D 类地址和 E 类地址。

①A 类 IP 地址。一个 A 类 IP 地址由 1 字节的网络地址和 3 字节主机地址组成，网络地址的最高位必须是 0，地址范围 1.0.0.1～126.255.255.254（二进制表示为 00000001 00000000 00000000 00000001～01111110 11111111 11111111 11111110）。可用的 A 类网络有 126 个，每个网络能容纳 2^{24-2} 即 16777214 台主机。

②B 类 IP 地址。一个 B 类 IP 地址由 2 个字节的网络地址和 2 个字节的主机地址组成，网络地址的最高位必须是 10，地址范围 128.1.0.1～191.255.255.254（二进制表示为 10000000 00000001 00000000 00000001～10111111 11111111 11111111 11111110）。可用的 B 类网络有 16384 个，每个网络能容纳 2^{16-2} 即 65534 台主机 。

③C 类 IP 地址。一个 C 类 IP 地址由 3 字节的网络地址和 1 字节的主机地址组成，网络地址的最高位必须是 110。范围 192.0.1.1～223.255.255.254（二进制表示为 11000000 00000000 00000001 00000001～11011111 11111111 11111111 11111110）。C 类网络可达 2097152 个，每个网络能容纳 2^{8-2} 即 254 个主机。

④D 类地址。D 类 IP 地址第一个字节以 1110 开始，它是一个专门保留的地址。它并不指向特定的网络，目前这一类地址被用在多点广播（Multicast）中。多点广播地址用来一次寻址一组计算机，它标识共享同一协议的一组计算机。

地址范围 224.0.0.1～239.255.255.254。

⑤E 类 IP 地址。以 1111 开始，为将来使用保留。E 类地址保留，仅作实验和开发用。

2）IPv6（Internet Protocol version 6，网际协议版本 6）。IPv6 是 IETF（互联网工程任务组，Internet Engineering Task Force）设计的用于替代现行 IP 协议（IPv4）的下一代 IP 协议。

目前我们使用的第二代互联网 IPv4 技术，核心技术属于美国。它的最大问题是网络地址资源有限，从理论上讲，编址 1600 万个网络，40 亿台主机。但采用 A、B、C 三类编址方式后，可用的网络地址和主机地址的数目大打折扣，以至目前的 IP 地址近乎枯竭。其中北美占有 3/4，约 30 亿个，而人口最多的亚洲只有不到 4 亿个，中国只有 3 千多万个，只相当于美国麻省理工学院的数量。地址不足，严重地制约了我国及其他国家互联网的应用和发展。

与 IPv4 相比，IPv6 具有以下几个优势：

①IPv6 具有更大的地址空间。IPv4 中规定 IP 地址长度为 32 位，理论上有 232 个地址；而 IPv6 中 IP 地址的长度为 128 位，即有 2128 个地址。

②IPv6 使用更小的路由表。IPv6 的地址分配一开始就遵循聚类（Aggregation）的原则，这使得路由器能在路由表中用一条记录（Entry）表示一片子网，大大减小了路由器中路由表的长度，提高了路由器转发数据包的速度。

③IPv6 增加了增强的组播（Multicast）支持以及对流的支持（Flow Control），这使得网络上的多媒体应用有了长足发展的机会，为服务质量（Quality of Service，QoS）控制提供了良好的网络平台。

④IPv6 加入了对自动配置（Auto Configuration）的支持。这是对 DHCP 协议的改进和扩展，使得网络（尤其是局域网）的管理更加方便和快捷。

⑤IPv6 具有更高的安全性。在使用 IPv6 网络中用户可以对网络层的数据进行加密并对 IP 报文进行校验，极大地增强了网络的安全性。

IPv6 地址采用 128 位二进制数表示，通常转化为 8 组十六进制数，之间用“：”分隔，例如 3FFE:FFFF:7654:FEDA:1245:BA98:3210:4562。

6.2　计算机组网技术

6.2.1　计算机网络的组成

与计算机系统的组成相似，计算机网络的组成也包括硬件部分和软件部分。在网络系统中，硬件系统提供数据处理及网络通信的基础平台，软件系统则给予硬件系统必要的支持，使之最大限度地发挥计算机网络的潜能。但又有别于计算机系统的组成，计算机网络中无论硬件还是软件都与通信相关。

1. 按照网络分层及功能划分

1）资源子网。资源子网主要负责全网的信息处理业务，主要由主机、终端、终端控制器、连网外设、软件资源和信息资源等组成。

2）通信子网。通信子网主要承担全网的数据传输、转发和交换等通信工作，由通信控制处理机（Communication Control Processor，CCP）、通信线路和其他的网络设备组成。

提示：子网概念的提出主要是基于“网络是由计算机和通信系统组成的”这个基本定义。按照子网的概念，可把计算机网络分成两个层次：一个负责信息的处理，这个层次称为资源子网；另一个负责信息的传递，该层次称为通信子网。

2. 按照网络构成划分

（1）网络硬件

- 计算机。计算机是网络的核心设备，主要负责信息的产生、存储和处理等过程。根据计算机在网络所承担角色的不同，有服务器（Server）和客户机（Client）之分。

- 通信控制设备。通信控制设备是信息传递的设备。如果通信控制处理机 CCP、局域网网卡、调制解调器（Modem）等。

- 网络连接设备。网络连接设备属于通信子网的范畴，主要负责网络的连接。包括交换机、路由器和传输介质（双绞线、光纤、卫星等）。

（2）网络软件

- 网络操作系统。网络操作系统负责计算机和网络的管理。如 Windows XP、Windows

2003、Linux、Windows 7 等。
- 网络应用软件。网络应用软件完成网络的具体应用。如腾讯 QQ、迅雷等。
- 网络通信协议。网络通信协议完成网络的通信控制功能，属于通信子网的范围。如 TCP/IP、NetBEUI、IPS/SPX 等。

6.2.2 网络硬件设备的识别与使用

1. 网络硬件设备介绍

网络硬件设备作为连接网络各节点的设备，主要起到一个数据转换、数据传送的作用，目前最常见的网络硬件设备的就是网卡、集线器、调制解调器、交换机和路由器等。

1）网卡。网卡是网络接口卡（Network Interface Card）的简称，也叫网络适配器，它是物理上连接计算机与网络的硬件设备，是局域网最基本的组成部分之一。其主要作用是将计算机数据转换为能够通过介质传输的信号。我们日常使用的网卡大都是以太网网卡，按其传输速率可分为 10Mb/s、10/100Mb/s 自适应以及百兆、千兆网卡。如图 6-1 所示。

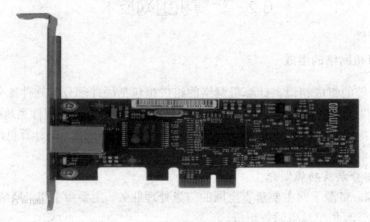

图 6-1 网卡

2）集线器（Hub）。集线器是一种以星形拓扑结构连接网络节点（如工作站、服务器等）的中枢网络设备，具有同时活动的多个输入和输出端口，它可以看成是一种多端口的中继器，其主要功能是对接收到的信号进行再生整形放大，以扩大网络的传输距离，同时把所有节点集中在以它为中心的节点上。目前常用的集线器主要分 10Mb/s 和 100Mb/s 两种。如图 6-2 所示。

3）交换机（Switch）。交换机又叫交换式集线器，是一种用于电信号转发的网络设备。它可以为接入交换机的任意两个网络节点提供独享的电信号通路。最常见的交换机是以太网交换机。其他常见的还有电话语音交换机、光纤交换机等。如图 6-3 所示。

图 6-2 集线器

图 6-3 交换机

4）路由器（Router）。路由器是连接因特网中各局域网、广域网的设备，它会根据信道的情况自动选择和设定路由，以最佳路径，按前后顺序发送信号的设备。目前路由器已经广泛应用于各行各业，各种不同档次的产品已成为实现各种骨干网内部连接、骨干网间互联和骨干网与互联网互联互通业务的主力军。如图 6-4 所示。

图 6-4　路由器

2. ADSL 宽带上网硬件网络设备安装

通常情况下，如果需要使用宽带上网业务，除按正常流程申请 ADSL 宽带上线账号外，还需准备 ADSL 调制解调器（猫）、宽带路由器（可选）设备。下面以 ADSL 宽带上网为例，介绍一下 ADSL 宽带上网硬件网络设备安装使用。相关安装流程如图 6-5 所示。

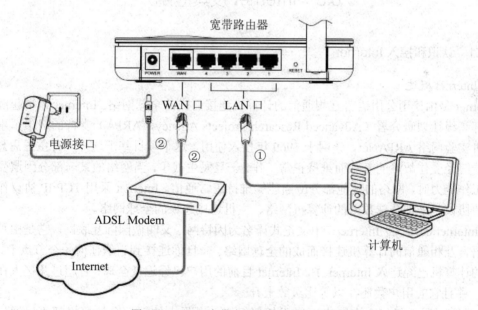

图 6-5　ADSL 宽带上网硬件网络设备连接图

1）按照图 6-5①，通过以太网线将计算机与宽带路由器进行连接，选择任意一个 LAN 口进行连接。

2）按照图 6-5②，通过以太网线将 ADSL Modem 与宽带路由器进行连接，选择 WAN 口进行连接。

3）将电话线连接到 ADSL Modem。

4）按照图 6-5③，接入电源线缆。

6.2.3　网络软件的介绍

网络软件是指能够为网络用户提供各种服务的软件，它用于提供或获取网络上的共享资源，如网页浏览软件、下载软件、即时通信软件、杀毒软件等。

1）网页浏览软件。网页浏览软件，又称网页浏览器，它主要用来显示在互联网或局部局域网络等内的文字、影像及其他资讯信息。目前常见的网页浏览器包括微软的Internet Explorer、Mozilla的Firefox、Apple的Safari，Opera、360 安全浏览器、傲游浏览器、百度浏览器、腾讯QQ 浏览器等。

2）下载软件。下载软件主要是利用互联网上丰富的网络资源，获取视频、图片等信息。目前常见的下载软件有迅雷下载、Flashget 等。

3）即时通信软件。即时通信软件是通过即时通信技术实现在线聊天、交流的软件。常见的即时通讯软件有 QQ、Skype 、MSN、微信等。

4）杀毒软件。杀毒软件，也称反病毒软件或防毒软件，是用于消除电脑病毒、特洛伊木马和恶意软件等计算机威胁的一类软件。常见的杀毒软件有 360 杀毒、卡巴斯基、金山毒霸、瑞星等。

6.3　Internet 及其应用

6.3.1　认识和接入 Internet

1. Internet 概述

Internet 是由使用公用语言互相通信的计算机连接而成的全球网络。Internet 最早起源于美国国防部高级计划研究署（Advanced Research Projects Agency，ARPA）支持的用于军事目的的计算机实验网络 ARPANet，该网于 1969 年投入使用，这个项目基于这样一种主导思想：网络必须能够经受住故障的考验而维持正常工作，一旦发生战争，当网络的某一部分因遭受攻击而失去工作能力时，网络的其他部分应当能够维持正常通信。Internet 采用 TCP/IP 协议作为统一的通信协议，是把全球数万的计算机网络、主机连接起来的全球网络。

1）Internet 的定义。Internet，中文正式译名为因特网，又叫做国际互联网。它是由那些使用公用语言互相通信的计算机连接而成的全球网络。一旦你连接到它的任何一个节点上，就意味着您的计算机已经连入 Internet 了。Internet 目前的用户已经遍及全球，有超过几亿人在使用Internet，并且它的用户数还在以等比级数上升。

Internet 不属于任何个人，也不属于任何组织。世界上的每一台计算机都可以通过 ISP（Internet Service Provider，即因特网服务提供商）与之连接。ISP 是进入因特网的关口，它们为用户提供了接入因特网的通道和相关的技术支持。

提示：没有任何组织或个人，没有任何政府可以完全控制因特网，全靠用户和系统管理员的合作来运行。因特网管理的著名的原则——大致一致。

2）Internet 的基本功能。Internet 的价值不仅在于其庞大的规模或所应用的技术含量，还在于其所蕴涵的信息资源和方便快捷的通信方式。Internet 向用户提供了各种各样的功能，主要有：

- 万维网（World Wide Web，WWW）：也被称为 3W，中文译名为万维网或环球网。通过超媒体的数据截取技术和超文本技术，将 WWW 上的数字信息连接在一起，通过浏览器（如 Internet Explorer、Netscape Navigator）可以得到远方服务器上的文字、声音、图片等资料。
- 电子邮件（Electronic Mail，E-mail）：电子邮件是指通过电子通信系统进行书写、发送和接收信件。是目前 Internet 上最常用也最受欢迎的功能。
- 文件传输协议（File Transfer Protocol，FTP）：FTP 用于 Internet 上控制文件的双向传输，通过一条网络连接从远端站点向本地主机复制文件或把本地计算机的文件传送到远程计算机去。
- 电子公告板系统（Bulletin Board System，BBS）：电子公告板系统是一种发布并交换信息的在线服务系统，每个用户都可以在上面书写，可发布信息或提出看法。为广大用户提供网上交谈、发布消息、讨论问题、传送文件、学习交流等的机会和空间。
- 信息检索服务：要在网上迅速地获取所需信息，必须依靠检索工具。Internet 上的网络信息检索工具主要有数据库式检索系统、菜单式浏览系统、超文本式浏览系统以及混合式检索工具。目前人们用得多的是复合式检索系统，如万维网搜索引擎，比较著名的搜索引擎有百度、google、yahoo 等。

当然，除了以上的几大服务外，Internet 的应用无所不在，如电子商务、网络聊天、网络游戏、地图、天气预报、远程教学等。

3）我国的 Internet。1987 年 9 月 14 日，北京计算机应用技术研究所发出了中国第一封电子邮件 Across the Great Wall we can reach every corner in the world（穿越长城，走向世界），揭开了中国启用 Internet 的序幕。1994 年，我国通过四大骨干网（ChinaNet、CERNET、CSTNet、ChinaGBN）正式接入国际互联网，从此 Internet 在我国得到了迅速发展。

目前，我国与 Internet 连接的主干网主要有：

- 中国公用计算机互联网（ChinaNet）。中国最大的 Internet 服务提供商。由信息产业部（原邮电部）建立，是中国第一个商业化的计算机互联网。
- 中国科技网（CSTNet）。由中国科学院主持的全国性网络，是我国第一个与 Internet 连接的网络，主要包括中科院网、清华大学校园网和北京大学校园网。1994 年，完成了我国最高域名 cn 主服务器的设置。
- 中国教育科研网（CERNET）。由教育部（原国家教委）主持建立的全国性的教育科研基础设施。网络管理中心设在清华大学，负责主干网的规划、实施、管理和运行。它是为教育、科研和国际学术交流服务的网络。
- 中国金桥网（ChinaGBN）。由信息产业部（原电子工业部）所属吉通公司负责建设的"国家公用经济信息通信网"，也叫金桥网。计划建成覆盖全国 30 多个省、自治区、直辖市的 500 个中心城市，12 000 个大型企业连接的信息通信网。
- 中国移动互联网（CMNET）。面向社会党政机关团体、企事业单位和各阶层公众的经营性互联网络，主要提供无线上网服务。
- 中国联通互联网（UNINET）。已覆盖全国各二百多个城市。
- 中国长城网（CGWNET）。军队专用网。
- 中国国际经济贸易互联网（CIETNET）。是非经营性的、面向全国外贸系统企事业单位的专用互联网络。

　　提示：中国互联网络信息中心（CNNIC）成立于1997年，是一家行使国家互联网职责的非赢利管理与服务机构，负责向全国提供最高一级域名的注册服务，每年完成两次因特网用户的统计工作。

　　2. Internet 接入

　　用户计算机和用户网络接入 Internet 所采用的技术和接入方式的结构，统称为 Internet 接入技术，其发生在连接网络与用户的最后一段路程，是网络中技术最复杂、实施最困难、影响面最广的一部分。

　　1）ISP。ISP（Internet Service Provider），即 Internet 服务提供商，是指为用户提供 Internet 接入和 Internet 信息服务的公司和机构，是进入 Internet 世界的驿站。依服务的侧重点不同，ISP 可分为两种，IAP（Internet Access Provider）和 ICP（Internet Content Provider）。其中 IAP 是 Internet 接入提供商，以接入服务为主，ICP 是 Internet 内容提供商，提供信息服务。用户的计算机（或计算机网络）通过某种通信线路连接到 ISP，借助于与国家骨干网相连的 ISP 接入 Internet。因而从某种意义上讲，ISP 是全世界数以亿计的用户通往 Internet 的必经之路。目前，我国主要 Internet 骨干网运营机构在全国的大中型城市都设立了 ISP，此外在全国还遍布着由骨干网延伸出来的大大小小 ISP。

　　2）ISP 接入方式。Internet 接入技术很多，除了最常见的拨号接入外，目前正广泛兴起的宽带接入相对于传统的窄带接入而言显示了其不可比拟的优势和强劲的生命力。宽带是一个相对于窄带而言的电信术语，为动态指标，用于度量用户享用的业务带宽，目前国际还没有统一的定义，一般而论，宽带是指用户接入传输速率达到 2Mb/s 及以上，可以提供 24 小时在线的网络基础设备和服务。

　　宽带接入技术主要包括以现有电话网铜线为基础的 xDSL 接入技术，以电缆电视为基础的混合光纤同轴（HFC）接入技术，以太网接入，光纤接入技术等多种有线接入技术以及无线接入技术。表 6-1 显示了主要接入技术的部分典型特征。

表 6-1　Internet 主要接入技术一览表

Internet 接入技术	客户端所需主要设备	接入网主要传输媒介	传输速率（b/s）	窄带/宽带	有线/无线	特点
ADSL（xDSL）	ADSL Modem ADSL 路由器 网卡，Hub	电话线	上行 1M 下行 8M	宽带	有线	安装方便，操作简单，无须拨号 利用现有电话线路，上网、打电话两不误 提供各种宽带服务，费用适中，速度快 但受距离影响（3km~5km）， 对线路质量要求高，抵抗天气能力差
以太网接入及高速以太网接入	以太网接口卡、交换机	五类双绞线	10M、100M、1000M、1G、10G	宽带	有线	成本适当，速度快，技术成熟 结构简单，稳定性高，可扩充性好 但不能利用现有电信线路， 要重新铺设线缆
HFC 接入	Cable Modem 机顶盒	光纤+同轴电缆	上行 320K～10M 下行 27M 和 36M	宽带	有线	利用现有有线电视网 速度快，是相对比较经济的方式 但信道带宽由整个社区用户共享，用户数增多，带宽就会急剧下降 安全上有缺陷，易被窃听 适用于用户密集型小区

续表

Internet 接入技术		客户端所需主要设备	接入网主要传输媒介	传输速率（b/s）	窄带/宽带	有线/无线	特点
光纤 FTTx 接入		光分配单元 ODU 交换机，网卡	光纤 铜线（引入线）	10M、100M、1000M、1G	宽带	有线	带宽大，速度快，通信质量高 网络可升级性能好，用户接入简单 提供双向实时业务的优势明显 但投资成本较高，无源光节点损耗大
无线接入	卫星通信	卫星天线和卫星接收 Modem	卫星链路	依频段、卫星、技术而变	兼有	无线	方便，灵活 具有一定程度的终端移动性 投资少，建网周期短，提供业务快 可以提供多种多媒体宽带服务 但占用无线频谱，易受干扰和气候影响 传输质量不如光缆等有线方式 移动宽带业务接入技术尚不成熟
	LMDS	基站设备 BSE，室外单元、室内单元，无线网卡	高频微波	上行 1.544M 下行 51.84M ~155.52M	宽带		
	移动无线接入	移动终端	无线介质	19.2K，144K，384K，2M	窄带		

总之，各种各样的接入方式都有其自身的长短、优劣，不同需要的用户应该根据自己的实际情况做出合理选择，目前还出现了两种或多种方式综合接入的趋势，如 FTTx+ADSL、FTTx+HFC、ADSL+WLAN（无线局域网）、FTTx+LAN 等。

● ADSL 接入

ADSL（Asymmetrical Digital Subscriber Line）是在无中继的用户环路上，使用由负载电话线提供高速数字接入的传输技术，是非对称 DSL 技术的一种，可在现有电话线上传输数据，误码率低。ADSL 技术为家庭和小型业务提供了宽带、高速接入 Internet 的方式。

在普通电话双绞线上，ADSL 典型的上行速率为 512Kb/s～1Mb/s，下行速率为 1.544～8.192Mb/s，传输距离为 3～5km，有关 ADSL 的标准，现在比较成熟的有 G.DMT 和 G.Lite。一个基本的 ADSL 系统由局端收发机和用户端收发机两部分组成，收发机实际上是一种高速调制解调器（ADSL Modem），由其产生上下行的不同速率。

● HFC 接入

光纤同轴电缆混合网（Hybrid Fiber Coaxial，HFC）是一种新型的宽带网络，也可以说是有线电视网的延伸。它采用光纤从交换局到服务区，而在进入用户的"最后 1 公里"采用有线电视网同轴电缆。它可以提供电视广播（模拟及数字电视）、影视点播、数据通信、电信服务（电话、传真等）、电子商贸、远程教学与医疗，以及丰富的增值服务（如电子邮件、电子图书馆）等。

HFC 接入技术是以有线电视网为基础，采用模拟频分复用技术，综合应用模拟和数字传输技术、射频技术和计算机技术所产生的一种宽带接入网技术。以这种方式接入 Internet 可以实现 10～40Mb/s 的带宽，用户可享受的平均速度是 200～500Kb/s，最快可达 1500Kb/s，用它可以非常舒心地享受宽带多媒体业务，并且可以绑定独立 IP。

● 光纤接入

光纤接入技术实际就是在接入网中全部或部分采用光纤传输介质，构成光纤用户环路（Fiber In The Loop，FITL），实现用户高性能宽带接入的一种方案。

光纤接入网（Optical Access Network，OAN）是指在接入网中用光纤作为主要传输媒介来实现信息传输的网络形式，它不是传统意义上的光纤传输系统，而是针对接入网环境所专门设计的光纤传输网络。

在一些城市开始兴建高速城域网，主干网速率可达几十 Gb/s，并且推广宽带接入。光纤可以铺设到用户的路边或者大楼，可以以 100Mb/s 以上的速率接入。

- 无线接入

无线接入技术是指从业务节点到用户终端之间的全部或部分传输设施采用无线手段，向用户提供固定和移动接入服务的技术。采用无线通信技术将各用户终端接入到核心网的系统，或者是在市话端局或远端交换模块以下的用户网络部分采用无线通信技术的系统都统称为无线接入系统。由无线接入系统所构成的用户接入网称为无线接入网。

无线接入按接入方式和终端特征通常分为固定接入和移动接入两大类。

① 固定无线接入，指从业务节点到固定用户终端采用无线技术的接入方式，用户终端不含或仅含有限的移动性。此方式是用户上网浏览及传输大量数据时的必然选择，主要包括卫星、微波、扩频微波、无线光传输和特高频。

② 移动无线接入，指用户终端移动时的接入，包括移动蜂窝通信网（GSM、CDMA、TDMA、CDPD）、无线寻呼网、无绳电话网、集群电话网、卫星全球移动通信网以及个人通信网等，是当前接入研究和应用中很活跃的一个领域。

无线接入是本地有线接入的延伸、补充或临时应急方式。此部分仅重点介绍固定无线接入中的卫星通信接入和 LMDS 接入，以及移动无线接入中的 WAP 技术和移动蜂窝接入。

3）接入 Internet 设置。利用电话线和调制解调器将计算机连入 Internet 的具体实现步骤如下：

①向 ISP（Internet 服务提供商）提供申请，并获取上网的相关信息，如拨入电话、用户名、密码等。

②安装和配置调制解调器。

首先应根据 Modem 的说明书，把 Modem 和计算机正确连接好，并将电话线插入 Modem 后面标有 Line 的插口中，正确接入调制解调器。若是外置式的 Modem，需接上电源，启动系统。如果操作系统是 Windows 98、Windows 2000，则安装过程中需要系统盘和 Modem 自带的驱动程序。如果操作系统是 Windows XP、Windows 2003，则自动检测安装 Modem 驱动。如果为 ADSL Modem，则应按设备的有关说明书进行设置。

③创建和配置拨号连接。

双击"网上邻居"，打开"网上邻居"窗口，单击"查看网络连接"，如图 6-6 和 6-7 所示。

图 6-6　"网上邻居"窗口　　　　　　　　图 6-7　"网络连接"窗口

在"网络连接"窗口中，单击"创建一个新的连接"，出现"新建连接向导"对话框，如图 6-8 所示。

单击"下一步"按钮，出现"网络连接类型"，选中"连接到 Internet"，如图 6-9 所示。

图 6-8 "新建连接向导"对话框

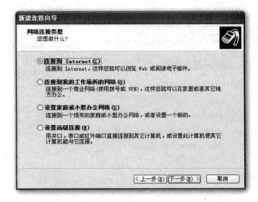

图 6-9 选择"网络连接类型"

单击"下一步"按钮，选中"手动设置我的连接"，如图 6-10 所示。

单击"下一步"按钮，选中"用拨号调制解调器连接"，如图 6-11 所示。

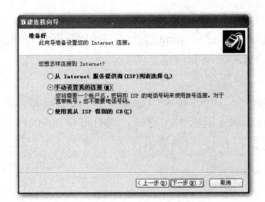

图 6-10 选择"手动设置我的连接"

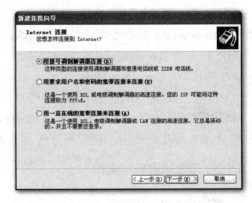

图 6-11 选择"用拨号调制解调器连接"

单击"下一步"按钮，在"ISP 名称"文本框中输入相应的 ISP 名称，如图 6-12 所示。

单击"下一步"按钮，在"电话号码"文本框中输入相应的电话号码，如图 6-13 所示。

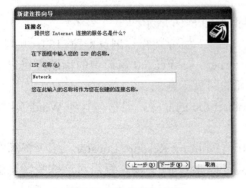

图 6-12 输入 ISP 名称

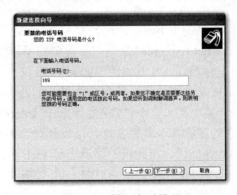

图 6-13 输入电话号码

　　单击"下一步"按钮，在"用户名"和"密码"文本框中输入 ISP 提供的用户名和密码，如图 6-14 所示。

　　单击"下一步"，单击"完成"按钮，如图 6-15 所示，即可在"网络连接"中看到该连接。

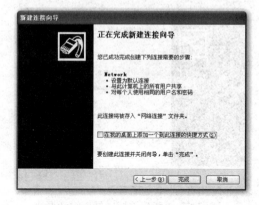

图 6-14　输入用户名和密码　　　　　　　　图 6-15　单击"完成"按钮

　　当拨号连接设置好后，就可以双击该连接图标，在弹出的对话框中输入相应的用户名和密码，然后单击"拨号"按钮就可以上网了。

　　④网络连通测试。网络连接后要进行连接测试，以确定是否配置正确和连接正常，一般使用网络命令 ping。此命令用于验证 IP 级的连通性。使用 ping 向目标主机名或 IP 地址发送 ICMP 回应请求，来验证主机能否连接到 TCP/IP 网络和网络资源。

　　命令格式为：ping IP_address

　　如果屏幕上出现"Reply from 192.168.0.1:bytes=32 time=1ms TTL=255"的提示，说明客户机与局域网服务器连接正常。若出现 Request time out（请求返回超时）或 Bad IP Address（错误的 IP 地址）等信息提示，说明网络连接或设置有问题，须检查设置。

6.3.2　信息的浏览和查询

1. 浏览器

（1）IE 6.0 浏览器简介

Internet Explorer 6.0（简称 IE 6.0）是 Microsoft 开发的一种免费的浏览器，在 Windows XP 以及上版本的操作系统中，默认安装。IE 浏览器操作方便，应用广泛。

双击桌面上 IE  图标，启动 IE 浏览器。界面如图 6-16 所示。

Internet Explorer 6.0 是一个典型的 Windows 程序。下面分别介绍浏览器窗口的一些特性：

　　1）标题栏。与其他的 Windows 窗口一样，Internet Explorer 6.0 窗口中的标题栏也包括标题和缩放及关闭按钮。其中标题显示的是当前打开的网页标题。

　　2）菜单栏。其中包含控制和操作 Internet Explorer 6.0 的命令，但它与其他 Windows 窗口不同之处是它和工具栏一样，可以移动、隐藏。

　　3）地址栏。在此栏中显示当前 Web 页的 URL（Uniform Resource Locator，统一资源定位器），也可以输入要访问的 URL。在 Web 中能访问多种 Internet 资源，但需对这些资源地址采用统一的格式，这种格式称统一资源格式。

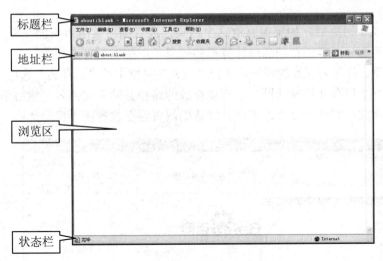

图 6-16　IE 浏览器界面

4）浏览区。浏览区是 Internet Explorer 6.0 窗口的主要部分，用来显示所查站点的页面内容，其中包括文字、图片、动画等。如果其大小不足以显示全部的页面，可分别拖动垂直、水平两个方向的滚动条查看页面的其余部分。

5）状态栏。用来显示系统所处的状态，其中可以显示浏览器的查找站点、下载网页等信息。在最右一栏中，显示当前的站点属于哪个安全区域。在状态栏中还会显示浏览器此时的工作状态如脱机等。

（2）浏览网页

双击桌面上的 IE 图标打开 IE 浏览器，在地址栏中输入 Http://www.baidu.com 后按回车键，即可打开如图 6-17 所示的网页。

提示： 对于经常访问的网站可以设置为起始页，起始页就是打开 IE 后，不需要在地址栏内输入网址而直接显示的页面。操作步骤是：在桌面上右击 IE 图标，在弹出的快捷菜单中选择"属性"命令，打开"Internet 选项"对话框，如图 6-18 所示。在"常规"选项卡主页栏中输入需要默认打开的网站地址即可。

图 6-17　浏览网页

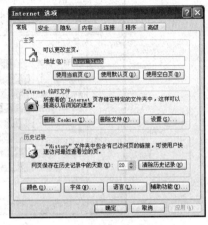

图 6-18　"Internet 选项"对话框

（3）保存网页

在网上浏览到某个网页后，如果很喜欢这个网页，或者临时有事情不能完整阅读，那么可以将网页或其中的部分内容保存到当地计算机的硬盘，以便以后再次阅读。

①保存整个网页。打开要保存的网页，选择"文件"菜单中的"另存为"选项，如图 6-19 所示，系统将弹出一个保存文件对话框。选择要存放的路径并输入文件名，然后单击"保存"按钮，于是网页就存放在本地计算机上了。其默认的网页保存位置在"我的文档"文件夹中。

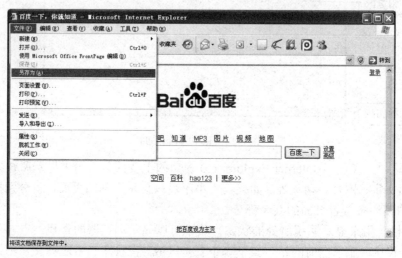

图 6-19　保存整个网页

②保存网页部分内容。按住鼠标左键，在网页上拖动鼠标，鼠标经过的地方会反白显示，如图 6-20 所示。其中的一部内容被其选中。选择 编辑(E) 菜单中的"复制"选项（选择"编辑"菜单中的全选可以快速选取整个网页的内容），选取的内容被复制到缓冲区中，接下来可以将缓冲区中内容粘贴到其他软件中。如果选取的是纯文字的内容，那么可以打开记事本等软件，如果选取的内容包括有文字和表格或图形等，那么可以用 Dreamweaver、FrontPage 等软件打开并编辑其内容。

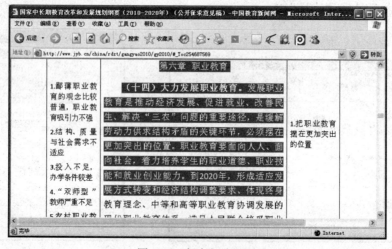

图 6-20　保存部分网页

（4）保存图片

如果只是想保存网页中的某幅图片或网页动画，可以移动鼠标到该图片上，右击，这时会出现一个弹出式菜单，单击"图片另存为"，如图 6-21 所示。系统弹出一个保存文件对话框。设置好路径和文件名后，单击"保存"按钮，图片保存到本地计算机上。

图 6-21　保存图片

（5）添加收藏夹

"收藏夹"是网站名称及地址记录文件夹。对于一些经常访问的站点，如果不希望每次都输入网址，则可以直接将这些网站加入"收藏夹"中，以后每次需要访问时，只需单击工具栏上的"收藏夹"按钮，然后单击收藏夹列表中的快捷方式，即可打开。下面以百度网为例介绍具体步骤：

①启动 IE 浏览器，在地址栏中输入 http://www.baidu.com，进入百度网。

②执行"收藏"菜单中的"添加到收藏夹"命令，打开如图 6-22 所示的对话框。

图 6-22　"添加收藏夹"对话框

③在名称框中输入"百度"，单击"确定"按钮。完成操作

下次需要访问时，只在单击"收藏夹"菜单下的"百度"即可。

提示：如果收藏的网站越来越多时，就要对网站进行分类。通过"收藏"菜单中的"整理收藏夹"来进行整理。

2. 搜索引擎

Internet 上信息非常丰富，同类信息也很多，如何快速准确地在网上找到需要的信息已变得越来越重要。目前比较常用的搜索引擎有百度（http://www.baidu.com）、谷歌（http://www.google.com）、雅虎（http://www.yahoo.com）等。

（1）搜索引擎的使用

百度是目前最大的中文搜索引擎，下面以百度为例来进行讲解。具体步骤如下：

①进入百度搜索引擎界面。启动 IE 浏览器，在"地址"栏中输入 http://www.baidu.com，按回车键，进入 baidu 搜索引擎界面。如图 6-23 所示。

②输入查找内容的关键字。如果想获得有关计算机安全方面的中文资料，则可在搜索内容文本框中输入相应的关键字，如图 6-24 所示。然后单击"百度一下"按钮，打开如图 6-25 所示页面。

图 6-23　打开"百度"搜索引擎

图 6-24　输入查找内容关键字

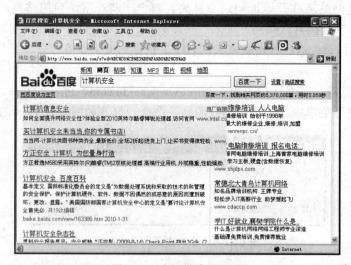

图 6-25　查阅搜索结果页

③查阅搜索结果页。在打开的搜索结果页面上的每个条目的标题和摘要文字，来判定是否是自己满意的结果。

④查看具体结果页面。将鼠标指向所选的条目，单击即可打开相关内容。如图 6-26 所示。

（2）搜索技巧

1）把搜索范围限定在网页标题中——intitle。网页标题通常是对网页内容提纲挈领式的归纳。把查询内容范围限定在网页标题中，有时能获得良好的效果。使用的方式，是把查询内容中特别关键的部分用 intitle:领起来。

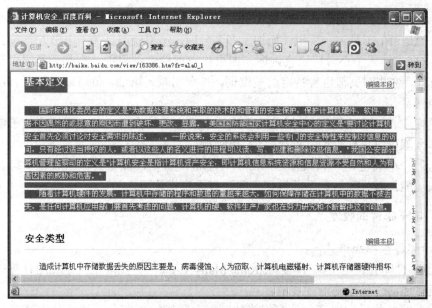

图 6-26　查看具体页面

例如，找超级女声的商业资料，就可以这样查询：商业 intitle:超级女声

注意，intitle:和后面的关键词之间，不要有空格。

2）把搜索范围限定在特定站点中——site。有时候，如果知道某个站点中有自己需要找的内容，就可以把搜索范围限定在这个站点中，提高查询效率。使用的方式，是在查询内容的后面，加上"site:站点域名"。

例如，天空网下载软件不错，就可以这样查询：msn site:skycn.com

注意，site:后面跟的站点域名，不要带 http://和/符号；另外，site:和站点名之间，不要带空格。

3）把搜索范围限定在 URL 链接中——inurl。网页 URL 中的某些信息，常常有某种有价值的含义。于是，你如果对搜索结果的 URL 做某种限定，就可以获得良好的效果。实现的方式是用 inurl:，后跟需要在 URL 中出现的关键词。

例如，找关于 Photoshop 的使用技巧，可以这样查询：photoshop inurl:jiqiao

上面这个查询串中的 photoshop，是可以出现在网页的任何位置，而 jiqiao 则必须出现在网页 URL 中。

注意，inurl:语法和后面所跟的关键词，不要有空格。

4）精确匹配——双引号和书名号。如果输入的查询词很长，百度在经过分析后，给出的搜索结果中的查询词，可能是拆分的。如果对这种情况不满意，可以尝试让百度不拆分查询词。给查询词加上双引号，就可以达到这种效果。

例如，搜索"上海科技大学"，如果不加双引号，搜索结果被拆分，效果不是很好，但加上双引号后，获得的结果就全是符合要求的了。

书名号是百度独有的一个特殊查询语法。在其他搜索引擎中，书名号会被忽略，而在百度，中文书名号是可被查询的。加上书名号的查询词，有两层特殊功能，一是书名号会出现在搜索结果中；二是被书名号扩起来的内容，不会被拆分。书名号在某些情况下特别有效果，例如，查名字很通俗和常用的那些电影或者小说。比如，查电影《手机》，如果不加书名号，很多情况下出来的是通信工具——手机，而加上书名号后，结果就都是关于电影方面的了。

5）要求搜索结果中不含特定查询词。如果你发现搜索结果中，有某一类网页是你不希望看见的，而且，这些网页都包含特定的关键词，那么用减号语法，就可以去除所有这些含有特定关键词的网页。

例如，搜索"神雕侠侣"，希望是关于武侠小说方面的内容，却发现很多关于电视剧方面的网页。那么就可以这样查询：神雕侠侣 -电视剧。

注意，前一个关键词，和减号之间必须有空格，否则，减号会被当成连字符处理，而失去减号语法功能。减号和后一个关键词之间，有无空格均可。

6.3.3　电子邮件的收发

1．电子邮件基础知识

1）电子邮件简介。电子邮件（Electronic Mail，E-mail），实际上就是利用计算机网络的通信功能实现普通信件传输的一种技术。

平常用纸写的邮件和电子邮件有很多的区别，如写一封邮件，通常的方法是：先找到信纸在上面写，再到邮局买信封和邮票，通过邮局人力、物力传送，这样速度非常慢，如果从中国向美国寄一封信，大概需要两周的时间，而且邮件还可能遗失。而电子邮件是在计算机上编写邮件，通过计算机网络传送，无需到邮局，在几秒钟的时间内可将邮件发到地球的任何一个角落里。

电子邮件不是直接地发送到对方的计算机中，而是发到对方计算机所连入的服务器上，所以不需要让计算机 24 小时上网。

电子邮件具有很高的保密性，再加上它是数字式的，可以传送声音、视频等各种类型的文件。与传统的通信方式相比，电子邮件具有快捷、经济、高效、灵活和功能多样的特点。

一个完整的电子邮件系统应该包括三个部件：

①电子邮件服务器。它就像平常的邮局，寄信和收信都必须经过它，电子邮件服务器对发邮件和收邮件有明确的划分，分别称为发送邮件服务器（SMTP）和接收邮件服务器（POP或 POP3），这两个服务器可以是分开的两台主机，也可以是同一台主机。邮件服务器上必须安装邮件系统软件。

②电子邮箱。电子邮箱就是电子邮件服务器上划分出来的硬盘空间，这是邮件服务器的管理员为用户所划分出来的空间，每个用户都对应着一个账号。

③客户计算机。客户计算机即是用户自己的计算机，它通过互联网与邮件服务器相连接。客户计算机上一般安装一个邮件客户端软件，通过这个软件可以撰写、发送和接收邮件等。

现在有很多提供免费邮箱的网站，开发基于 Web 页面的客户端程序，用户在使用这种邮箱的时候，只要有浏览器就可以了。

2）电子邮件地址。电子邮件地址如真实生活中人们常用的信件一样，有收信人姓名、收信人地址等。其结构是：用户名@邮件服务器，用户名就是你在主机上使用的登录名。而@后面的是邮局方服务计算机的标识（域名），都是邮局方给定的。如 aoron@126.com 即为一个邮件地址。

2. 免费电子邮箱

（1）申请电子邮箱

现在有很多网站都提供免费电子邮箱的服务，不同的网站所提供的免费邮箱的大小不同，但通常都有支持 POP3、邮件转发、邮件拒收条件设定等功能。随着人们对电子邮件的信赖，许多网站也推出了收费邮箱服务，提高了邮箱的服务性能。如网易（http://www.126.com/）等。下面以网易为例介绍怎么申请一个免费邮箱。

①打开 http://www.126.com 主页，单击页面右下方的"立即注册"按钮，如图 6-27 所示。

图 6-27　注册邮箱

②单击"立即注册"按钮后将打开如图 6-28 所示的页面。按照要求输入账号相关信息（须牢记用户名和密码），然后单击页面最下端的"创建账号"按钮。如图 6-29 所示。

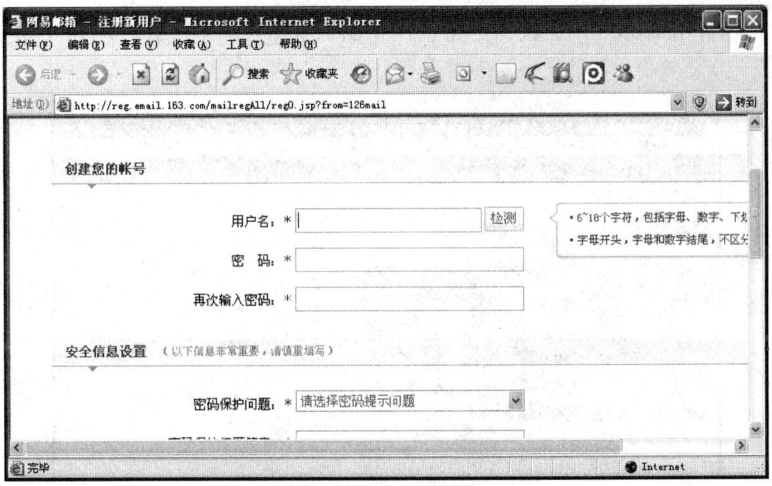

图 6-28　填写账号信息

③打开确认对话框，输入验证码，单击"确定"按钮。即注册成功。如图 6-30 所示。

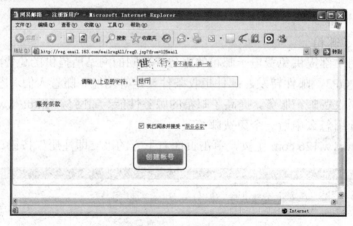

图 6-29　创建账号

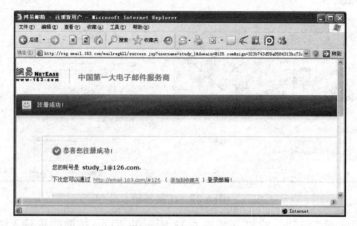

图 6-30　注册成功

（2）使用电子邮箱

①打开http://www.126.com 主页，在用户名和密码框内输入注册的用户名和密码。如图6-31
所示。

图 6-31　账号登录

② 单击"登录"按钮，即可进入如图 6-32 所示邮箱界面。

图 6-32　进入电子邮箱

③在窗口的左侧可以看到收信、写信、收件箱、发件箱、草稿箱等功能选项，如果要发邮件，单击"写信"按钮，即打开如图 6-33 所示页面。

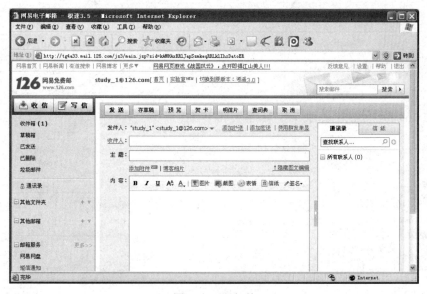

图 6-33　写邮件

④在"收件人"处填入收件人电子信箱的地址；主题可以填写邮件大意，以便使收信者能直观了解。

提示：如果需要发送附件，单击"添加附件"，然后选中你需要发送的文件，126 免费邮箱的附件目前不支持大于 50MB 的文件，不支持文件夹，如果需要同时发送多个文件，可以重复添加附件，也可以把几个文件制作成一个压缩格式文件（最常用的是 WinRAR）。

⑤附件添加完后，在下面的编辑区中输入信件正文。

⑥全部输入完毕，确认无误后就可以单击"发送"选项。

如果附件比较大，发送时间也许会很长。请耐心等待，发送完毕会提示成功发送。如图6-34 所示。

图 6-34 邮件发送成功

第7章 计算机安全与职业道德

由于计算机网络具有开放性和互联性等特征，至使网络易受"黑客"和木马攻击，所以计算机安全已成为亟待解决、影响国家大局和长远利益的关键问题。必须在充分发挥其积极作用的同时，尽可能地抑制其负面作用，用职业道德规范网络行为。

7.1 计算机安全的基本知识

1. 定义

对于计算机安全，国际标准化委员会的定义是"为数据处理系统采取的技术的和管理的安全保护，保护计算机硬件、软件、数据不因偶然的或恶意的原因而遭到破坏、更改、显露。"一般说来，安全的系统会利用一些专门的安全特性来控制对信息的访问，只有经过适当授权的人，或者以这些人的名义进行的进程可以读、写、创建和删除这些信息。

我国公安部的定义是"计算机安全是指计算机资产安全，即计算机信息系统资源和信息资源不受自然和人为有害因素的威胁和危害。"

随着计算机硬件的发展，计算机中存储的程序和数据的量越来越大，如何保障存储在计算机中的数据不被丢失，是任何计算机应用部门要首先考虑的问题，计算机的硬、软件生产厂家也在努力研究和不断解决这个问题。

2. 计算机系统面临的主要威胁

造成计算机中存储数据丢失的原因主要是：病毒侵蚀、人为窃取、计算机电磁辐射、计算机存储器硬件损坏等。

到目前为止，已发现的计算机病毒近万种。恶性病毒可使整个计算机软件系统崩溃，数据全毁。这样的病毒也有上百种。计算机病毒是附在计算机软件中的隐蔽的小程序，它和计算机其他工作程序一样，但它的功能会破坏正常的程序和数据文件。欲防止病毒侵袭主要是加强行政管理，杜绝运行外来的软件并定期对系统进行检测，也可以在计算机中插入防病毒卡或使用清病毒软件清除已发现的病毒。

人为窃取是指盗用者以合法身份，进入计算机系统，私自提取计算机中的数据或进行修改转移、复制等。防止的办法一是增设软件系统安全机制，使盗窃者不能以合法身份进入系统。如增加合法用户的标志识别，增加口令，给用户规定不同的权限，使其不能自由访问不该访问的数据区等。二是对数据进行加密处理，即使盗窃者进入系统，没有密钥，也无法读懂数据。密钥可以是软代码，也可以是硬代码，需随时更换。加密的数据对数据传输和计算机辐射都有安全保障。三是在计算机内设置操作日志，对重要数据的读、写、修改进行自动记录，这个日志是一个黑匣子，只能极少数有特权的人才能打开，可用来侦破盗窃者。

由于计算机硬件本身就是向空间辐射的强大的脉冲源，和一个小电台差不多，频率在几十千周到上百兆周。盗窃者可以接收计算机辐射出来的电磁波，进行复原，获取计算机中的数据。为此，计算机制造厂家增加了防辐射的措施，从芯片、电磁器件到线路板、电源、转盘、硬盘、显示器及连接线，都全面屏蔽起来，以防电磁波辐射。更进一步，可将机房或整个办公大楼都屏蔽起来，如没有条件建屏蔽机房，可以使用干扰器，发出干扰信号，使接收者无法正常接收有用信号。

计算机存储器硬件损坏，使计算机存储数据读不出来也是常见的事。防止这类事故的发生有几种办法，一是将有用数据定期复制出来保存，一旦机器有故障，可在修复后把有用数据复制回去。二是在计算机中做热备份，使用双硬盘，同时将数据存在两个硬盘上；在安全性要求高的特殊场合还可以使用双主机，万一一台主机出问题，另外一台主机照样运行。现在的技术对双机双硬盘都有带电插拔保障，即在计算机正常运行时，可以插拔任何有问题部件，进行更换和修理，保证计算机正常运行。

计算机安全的另外一项技术就是加固技术，经过加固技术生产的计算机防震、防水、防化学腐蚀，可以使计算机在野外全天候运行。

3. 常见的攻击手段

1）窃听。计算机向周围空间辐射的电磁波可以被截收，解译以后能将信息复现。国外有人在距离计算机 1000 米以外演示过，我国公安部门和其他单位也做过类似的演示，所用设备是稍加改进的普通电视机。

搭线窃听是另一种窃取计算机信息的手段，特别对于跨国计算机网络，很难控制和检查国内外是否有搭线窃听。美欧银行均遇到过搭线窃听并改变电子汇兑目的地址的主动式窃听，经向国际刑警组织申请协查，才在第三国查出了窃听设备。

2）越权存取。战争期间，敌对的国家既担心本国计算机中机密数据被他人越权存取，又千方百计窃取别国计算机中的机密。在冷战结束后，各情报机关不仅继续收集他国政治、军事情报，而且将重点转到经济情报上。

在金融电子领域用计算机犯罪更加容易，更隐蔽。犯罪金额增加 10 倍，只不过在键盘上多敲一个"0"。深圳招商银行证券部电脑管理员孙某利用电脑作案，1993 年 12 月至 1994 年 4 月挪用公款和贪污资金 880 万元人民币，被判处死刑缓期执行。

3）黑客。采取非法手段躲过计算机网络的存取控制，得以进入计算机网络的人称为黑客。尽管对黑客的定义有许多种，态度"褒""贬"不一，但黑客的破坏性是客观存在的。黑客干扰计算机网络，并且还破坏数据，甚至有些黑客的"奋斗目标"是渗入政府或军事计算机存取其信息。有的黑客公开宣称全世界没有一台连网的计算机是他不能渗入的，美国五角大楼的计算机专家曾模仿黑客攻击了自己的计算机系统 1.2 万次，有 88% 攻击成功。

4）计算机病毒。计算机病毒，是指编制或者在计算机程序中插入的破坏计算机功能或者毁坏数据，影响计算机使用，并能自我复制的一组计算机指令或者程序代码。由于传染和发作都可以编制成条件方式，像定时炸弹那样，所以计算机病毒有极强的隐蔽性和突发性。目前病毒种类已有大约 7000 到 8000 种，主要在 DOS、Windows、UNIX 等操作系统下传播。1995年以前的计算机病毒主要破坏 DOS 引导区、文件分配表、可执行文件，近年来又出现了专门针对 Windows、文本文件、数据库文件的病毒。1999 年令计算机用户担忧的 CIH 病毒，不仅破坏硬盘中的数据而且损坏主板中的 BIOS 芯片。计算机的网络化又增加了病毒的危害性和清除的困难性。

5）有害信息。这里所谓的有害信息主要是指计算机信息系统及其存储介质中存在、出现的，以计算机程序、图像、文字、声音等多种形式表示的，含有恶意攻击党和政府，破坏民族团结等危害国家安全内容的信息；含有宣扬封建迷信、淫秽色情、凶杀、教唆犯罪等危害社会治安秩序内容的信息。目前，这类有害信息的来源基本上都是来自境外，主要形式有两种，一是通过计算机国际互联网络（Internet）进入国内，二是以计算机游戏、教学、工具等各种软件以及多媒体产品（如 VCD）等形式流入国内。由于目前计算机软件市场盗版盛行，许多含有有害信息的软件就混杂在众多的盗版软件中。

6）因特网（Internet）带来新的安全问题。目前，信息化的浪潮席卷全球，世界正经历着以计算机网络技术为核心的信息革命，信息网络将成为我们这个社会的神经系统，它将改变人类传统的生产、生活方式。

今天的计算机网络不仅是局域网（LAN），而且还跨过城市、国家和地区，实现了网络扩充与异型网互联，形成了广域网（WAN），使计算机网络深入到科研、文化、经济与国防的各个领域，推动了社会的发展。但是，这种发展也带来了一些负面影响，网络的开放性增加了网络安全的脆弱性和复杂性，信息资源的共享和分布处理增加了网络受攻击的可能性。如目前正如日中天的 Internet，网络延伸到全球五大洲每一个角落，网络覆盖的范围和密度还在不断地增大，难以分清它所链接的各种网络的界限，难以预料信息传输的路径，更增加了网络安全控制和管理难度。就网络结构因素而言，Internet 包含了星形、总线型和环形三种基本拓扑结构，而且众多子网异构纷呈，子网向下又连着子网。结构的开放性带来了复杂化，这给网络安全带来很多无法避免的问题，为了实现异构网络的开放性，不可避免要牺牲一些网络安全性。如Internet 遍布世界各地，所链接的各种站点地理位置错综复杂、点多面广，通信线路质量难以得保证，可能对传输的信息数据造成失真或丢失，也给专事搭线窃听的间谍和黑客以大量的可乘之机。随着全球信息化的迅猛发展，国家的信息安全和信息主权已成为越来越突出的重大战略问题，关系到国家的稳定与发展。

7.2　计算机病毒及其防治

1. 病毒的定义

20 世纪 60 年代初，美国贝尔实验室的三位程序员编写了一个名为"磁芯大战"的游戏，游戏中通过复制自身来摆脱对方的控制，这就是所谓"病毒"的第一个雏形。

20 世纪 70 年代，美国作家雷恩在其出版的《P1 的青春》一书中构思了一种能够自我复制的计算机程序，并第一次称之为"计算机病毒"。

1983 年 11 月，在国际计算机安全学术研讨会上，美国计算机专家首次将病毒程序在VAX/750 计算机上进行了实验，世界上第一个计算机病毒就这样出生在实验室中。

20 世纪 80 年代后期，巴基斯坦有两个以编程为生的兄弟，他们为了打击那些盗版软件的使用者，设计出了一个名为"巴基斯坦智囊"的病毒，这就是世界上流行的第一个真正的病毒。

那么，究竟什么是计算机病毒呢？

1994 年 2 月 18 日，我国正式颁布实施了《中华人民共和国计算机信息系统安全保护条例》。在该条例的第二十八条中明确指出："计算机病毒，是指编制或者在计算机程序中插入的破坏计算机功能或者毁坏数据，影响计算机使用，并能自我复制的一组计算机指令或者程序代码"。

这个定义具有法律性、权威性。根据这个定义，计算机病毒是一种计算机程序，它不仅能破坏计算机系统，而且还能够传染到其他系统。计算机病毒通常隐藏在其他正常程序中，能生成自身的拷贝并将其插入其他的程序中，对计算机系统进行恶意的破坏。

计算机病毒不是天然存在的，是某些人利用计算机软、硬件所固有的脆弱性，编制的具有破坏功能的程序。计算机病毒能通过某种途径潜伏在计算机存储介质（或程序）里，当达到某种条件时即被激活，它用修改其他程序的方法将自己的精确拷贝或者可能演化的形式放入其他程序中，从而感染它们，对计算机资源进行破坏的这样一组程序或指令集合。

2. 计算机病毒的发展趋势

随着 Internet 的发展和计算机网络的日益普及，计算机病毒出现了一系列新的发展趋势。

1）无国界。新病毒层出不穷，电子邮件已成为病毒传播的主要途径。病毒家族的种类越来越多，且传播速度大大加快，传播空间大大延伸，呈现无国界的趋势。

据统计，以前通过磁盘等有形媒介传播的病毒，从国外发现到国内流行，传播周期平均需要 6～12 个月，而 Internet 的普及，使得病毒的传播已经没有国界。从"美丽杀"、"怕怕"、"辛迪加"、"欢乐99"、到"美丽公园"、"探索蠕虫"、"红色代码"、"求职信"、"熊猫烧香"等恶性病毒，通过 Internet 在短短几天就传遍整个世界。

2）多样化。随着计算机技术的发展和软件的多样性，病毒的种类也呈现多样化发展的态势，病毒不仅仅有引导型病毒、普通可执行文件型病毒、宏病毒、混合型病毒，还出现专门感染特定文件的高级病毒。特别是 Java、VB 和 ActiveX 的网页技术逐渐被广泛使用后，一些人就利用技术来撰写病毒。以 Java 病毒为例，虽然它并不能破坏硬盘上的资料，但如果使用浏览器来浏览含有 Java 病毒的网页，浏览器就把这些程序抓下来，然后用使用者自己系统里的资源去执行，因而，使用者就在神不知鬼不觉的状态下，被病毒进入自己的机器进行复制并通过网络窃取宝贵的个人秘密信息。

3）破坏性更强。新病毒的破坏力更强，手段比过去更加狠毒和阴险，它可以修改文件（包括注册表）、通信端口，修改用户密码，挤占内存，还可以利用恶意程序实现远程控制等。例如，CIH 病毒破坏主板上的 BIOS 和硬盘数据，使得用户需要更换主板，由于硬盘数据的不可恢复性丢失，给全世界用户带来巨大损失。又如，"白雪公主"病毒修改 Wsock32.dll，截取外发的信息，自动附加在受感染的邮件上，一旦收信人执行附件程序，该病毒就会感染个人主机。一旦计算机被病毒感染，其内部的所有数据、信息以及核心机密都将在病毒制造者面前暴露，他可以随心所欲地控制所有受感染的计算机来达到自己的任何目的。

4）智能化。过去，人们的观点是"只要不打开电子邮件的附件，就不会感染病毒"。但是，新一代计算机病毒却令人震惊，例如，大名鼎鼎的"维罗纳（Verona）"病毒是一个真正意义上的"超级病毒"，它不仅主题众多，而且集邮件病毒的几大特点为一身，令人无法设防。最严重的是它将病毒写入邮件原文。这正是"维罗纳"病毒的新突破，一旦用户收到了该病毒邮件，无论是无意间用 Outlook 打开了该邮件，还是仅仅使用了预览，病毒就会自动发作，并将一个新的病毒邮件发送给邮件通信录中的地址，从而迅速传播。这就使得一旦"维罗纳"类的病毒来临，用户将根本无法逃避。该病毒本身对用户计算机系统并不造成严重危害，但是这一病毒的出现已经是病毒技术的一次巨大"飞跃"，它无疑为今后更大规模、更大危害的病毒的出现做了一次技术上的试验及预演，一旦这一技术与以往危害甚大的病毒技术或恶意程序、特洛伊木马等相结合，它可能造成的危害将是无法想象的。

5）更加隐蔽化。和过去的病毒不一样，新一代病毒更加隐蔽，主题会随用户传播而改变，而且许多病毒还会将自己伪装成常用的程序，或者将病毒代码写入文件内部，而文件长度不发生任何改变，使用户不会产生怀疑。例如，猖狂一时的"欢乐 99"病毒本身虽是附件，却呈现为卡通的样子迷惑用户。现在，新的病毒可以将自身写入.jpg 等图片中，计算机用户一旦打开图片，它就会运行某些程序将用户计算机的硬盘格式化，以后无法恢复。还有像"矩阵 (matrix)"等病毒会自动隐藏、变形，甚至阻止受害用户访问反病毒网站和向病毒记录的反病毒地址发送电子邮件，无法下载经过更新、升级后的相应杀毒软件或发布病毒警告消息。

3. 计算机病毒常见防治方法

（1）杀（防）毒软件不可少

病毒的发作给全球计算机系统造成巨大损失，令人们谈"毒"色变。上网的人中，很少有谁没被病毒侵害过。对于一般用户而言，首先要做的就是为计算机安装一套正版的杀毒软件。

现在不少人对防病毒有个误区，就是对待计算机病毒的关键是"杀"，其实对待计算机病毒应当是以"防"为主。目前绝大多数的杀毒软件都在扮演"事后诸葛亮"的角色，即电脑被病毒感染后杀毒软件才忙不迭地去发现、分析和治疗。这种被动防御的消极模式远不能彻底解决计算机安全问题。杀毒软件应立足于拒病毒于计算机门外。因此应当安装杀毒软件的实时监控程序，应该定期升级所安装的杀毒软件（如果安装的是网络版，在安装时可先将其设定为自动升级），给操作系统提供相应补丁、升级引擎和病毒定义码。由于新病毒的出现层出不穷，现在各杀毒软件厂商的病毒库更新十分频繁，应当设置每天定时更新杀毒实时监控程序的病毒库，以保证其能够抵御最新出现的病毒的攻击。

每周要对计算机进行一次全面的杀毒、扫描工作，以便发现并清除隐藏在系统中的病毒。当用户不慎感染上病毒时，应该立即将杀毒软件升级到最新版本，然后对整个硬盘进行扫描操作，清除一切可以查杀的病毒。如果病毒无法清除，或者杀毒软件不能做到对病毒体进行清晰的辨认，那么应该将病毒提交给杀毒软件公司，杀毒软件公司一般会在短期内给予用户满意的答复。而面对网络攻击之时，我们的第一反应应该是拔掉网络连接端口，或按下杀毒软件上的断开网络连接按钮。

目前较常见的杀毒软件有：瑞星、金山毒霸、江民、360 杀毒、卡巴斯基等，每款杀毒软件都各有优缺点，用户可根据自己的爱好进行选择。

（2）个人防火墙不可替代

如果有条件，安装个人防火墙（Firer Wall）以抵御黑客的袭击。所谓"防火墙"，是指一种将内部网和公众访问网（Internet）分开的方法，实际上是一种隔离技术。防火墙是在两个网络通信时执行的一种访问控制尺度，它能允许你"同意"的人和数据进入你的网络，同时将你"不同意"的人和数据拒之门外，最大限度地阻止网络中的黑客来访问你的网络，防止他们更改、复制、毁坏你的重要信息。防火墙安装和投入使用后，并非万事大吉。要想充分发挥它的安全防护作用，必须对它进行跟踪和维护，要与商家保持密切的联系，时刻注视商家的动态。因为商家一旦发现其产品存在安全漏洞，就会尽快发布补救（Patch）产品，此时应尽快确认真伪（防止特洛伊木马等病毒），并对防火墙进行更新。在理想情况下，一个好的防火墙应该能把各种安全问题在发生之前解决。就现实情况看，这还是个遥远的梦想。目前各家杀毒软件的厂商都会提供个人版防火墙软件，防病毒软件中都含有个人防火墙，所以可用同一张光盘运行个人防火墙安装，重点提示防火墙在安装后一定要根据需求进行详细配置。合理设置防火墙后应能防范大部分的蠕虫病毒入侵。

（3）分类设置密码并使密码设置尽可能复杂

在不同的场合使用不同的密码。网上需要设置密码的地方很多，如网上银行、上网账户、E-mail、聊天室以及一些网站的会员等。应尽可能使用不同的密码，以免因一个密码泄露导致所有资料外泄。对于重要的密码（如网上银行的密码）一定要单独设置，并且不要与其他密码相同。

设置密码时要尽量避免使用有意义的英文单词、姓名缩写以及生日、电话号码等容易泄露的字符作为密码，最好采用字符与数字混合的密码。

不要贪图方便在拨号连接的时候选择"保存密码"选项；如果您是使用 E-mail 客户端软件（Outlook Express、Foxmail、The bat 等）来收发重要的电子邮件，如 ISP 信箱中的电子邮件，在设置账户属性时尽量不要使用"记忆密码"的功能。因为虽然密码在机器中是以加密方式存储的，但是这样的加密往往并不保险，一些初级的黑客即可轻易地破译你的密码。

定期地修改自己的上网密码，至少一个月更改一次，这样可以确保即使原密码泄露，也能将损失减小到最少。

（4）不下载来路不明的软件及程序

不下载来路不明的软件及程序。几乎所有上网的人都在网上下载过共享软件（尤其是可执行文件），在给你带来方便和快乐的同时，也会悄悄地把一些你不欢迎的东西带到你的机器中，比如病毒。因此应选择信誉较好的下载网站下载软件，将下载的软件及程序集中放在非引导分区的某个目录，在使用前最好用杀毒软件查杀病毒。有条件的话，可以安装一个实时监控病毒的软件，随时监控网上传递的信息。

不要打开来历不明的电子邮件及其附件，以免遭受病毒邮件的侵害。在互联网上有许多种病毒流行，有些病毒就是通过电子邮件来传播的，这些病毒邮件通常都会以带有噱头的标题来吸引你打开其附件，如果您抵挡不住它的诱惑，而下载或运行了它的附件，就会受到感染，所以对于来历不明的邮件应当将其拒之门外。

（5）警惕"网络钓鱼"

目前，网上一些黑客利用"网络钓鱼"手法进行诈骗，如建立假冒网站或发送含有欺诈信息的电子邮件，盗取网上银行、网上证券或其他电子商务用户的账户密码，从而窃取用户资金的违法犯罪活动不断增多。公安机关和银行、证券等有关部门提醒网上银行、网上证券和电子商务用户对此提高警惕，防止上当受骗。

目前"网络钓鱼"的主要手法有以下几种方式：

①发送电子邮件，以虚假信息引诱用户中圈套。诈骗分子以垃圾邮件的形式大量发送欺诈性邮件，这些邮件多以中奖、顾问、对账等内容引诱用户在邮件中填入金融账号和密码，或是以各种紧迫的理由要求收件人登录某网页提交用户名、密码、身份证号、信用卡号等信息，继而盗窃用户资金。

②建立假冒网上银行、网上证券网站，骗取用户账号密码实施盗窃。犯罪分子建立起域名和网页内容都与真正网上银行系统、网上证券交易平台极为相似的网站，引诱用户输入账号、密码等信息，进而通过真正的网上银行、网上证券系统或者伪造银行储蓄卡、证券交易卡盗窃资金；还有的利用跨站脚本，即利用合法网站服务器程序上的漏洞，在站点的某些网页中插入恶意 HTML 代码，屏蔽住一些可以用来辨别网站真假的重要信息，利用 cookies 窃取用户信息。

③利用虚假的电子商务进行诈骗。此类犯罪活动往往是建立电子商务网站，或是在比较

知名、大型的电子商务网站上发布虚假的商品销售信息,犯罪分子在收到受害人的购物汇款后就销声匿迹。

④利用木马和黑客技术等手段窃取用户信息后实施盗窃活动。木马制作者通过发送邮件或在网站中隐藏木马等方式大肆传播木马程序,当感染木马的用户进行网上交易时,木马程序即以键盘记录的方式获取用户账号和密码,并发送给指定邮箱,用户资金将受到严重威胁。

⑤利用用户弱口令等漏洞破解、猜测用户账号和密码。不法分子利用部分用户贪图方便设置弱口令的漏洞,对银行卡密码进行破解。

实际上,不法分子在实施网络诈骗的犯罪活动过程中,经常采取以上几种手法交织、配合进行,还有的通过手机短信、QQ、MSN 进行各种各样的“网络钓鱼”不法活动。反网络钓鱼组织 APWG（Anti-Phishing Working Group）最新统计指出,约有 70.8% 的网络欺诈是针对金融机构而来。从国内前几年的情况看大多 Phishing 只是被用来骗取 QQ 密码与游戏点卡与装备,但今年国内的众多银行已经多次被 Phishing 过了。可以下载一些工具来防范 Phishing 活动,如 Netcraft Toolbar,该软件是 IE 上的 Toolbar,当用户开启 IE 里的网址时,就会检查是否属于被拦截的危险或嫌疑网站,若属此范围就会停止连接到该网站并显示提示。

（6）防范间谍软件

最近公布的一份家用计算机调查结果显示,大约 80% 的用户对间谍软件入侵他们的计算机毫无知晓。间谍软件（Spyware）是一种能够在用户不知情的情况下偷偷进行安装（安装后很难找到其踪影）,并悄悄把截获的信息发送给第三者的软件。它的历史不长,可到目前为止,间谍软件数量已有几万种。间谍软件的一个共同特点是,能够附着在共享文件、可执行图像以及各种免费软件当中,并趁机潜入用户的系统,而用户对此毫不知情。间谍软件的主要用途是跟踪用户的上网习惯,有些间谍软件还可以记录用户的键盘操作,捕捉并传送屏幕图像。间谍程序总是与其他程序捆绑在一起,用户很难发现它们是什么时候被安装的。一旦间谍软件进入计算机系统,要想彻底清除它们就会十分困难,而且间谍软件往往成为不法分子手中的危险工具。

从一般用户能做到的方法来讲,要避免间谍软件的侵入,可以从下面三个途径入手:

①把浏览器调到较高的安全等级——Internet Explorer 预设为提供基本的安全防护,但您可以自行调整其等级设定。将 Internet Explorer 的安全等级调到“高”或“中”可有助于防止下载。

②在计算机上安装防止间谍软件的应用程序,时常监查及清除电脑的间谍软件,以阻止软件对外进行未经许可的通信。

③对将要在计算机上安装的共享软件进行甄别选择,尤其是那些你并不熟悉的软件,可以登录其官方网站了解详情;在安装共享软件时,不要总是心不在焉地一路单击 OK 按钮,而应仔细阅读各个步骤出现的协议条款,特别留意那些有关间谍软件行为的语句。

（7）只在必要时共享文件夹

不要以为你在内部网上共享的文件是安全的,其实你在共享文件的同时就会有软件漏洞呈现在互联网的不速之客面前,公众可以自由地访问您的那些文件,并很有可能被有恶意的人利用和攻击。因此共享文件应该设置密码,一旦不需要共享时立即关闭。

一般情况下不要设置文件夹共享,以免成为居心叵测的人进入你的计算机的跳板。

如果确实需要共享文件夹,一定要将文件夹设为只读。通常共享设定“访问类型”不要选择"完全"选项，因为这一选项将导致只要能访问这一共享文件夹的人员都可以将所有内容进行修改或者删除。Windows 98/ME 的共享默认是"只读"的，其他机器不能写入；Windows 2000 的共享默认是"可写"的，其他机器可以删除和写入文件，对用户安全构成威胁。

不要将整个硬盘设定为共享。例如，某一个访问者将系统文件删除，会导致计算机系统全面崩溃，无法启动。

（8）不要随意浏览黑客网站、色情网站

这点勿庸多说，不仅是道德层面，而且时下许多病毒、木马和间谍软件都来自于黑客网站和色情网站，如果你上了这些网站，而你的个人计算机恰巧又没有缜密的防范措施，那么很可能会中招，接下来的事情可想而知。

（9）定期备份重要数据

数据备份的重要性毋庸置疑，无论计算机防范措施做得多么严密，也无法完全防止"道高一尺，魔高一丈"的情况出现。如果遭到致命的攻击，操作系统和应用软件可以重装，而重要的数据就只能靠日常的备份了。所以，无论你采取了多么严密的防范措施，也不要忘了随时备份你的重要数据，做到有备无患。

7.3　职业道德及相关法规

1. 职业道德的定义

所谓职业道德，就是同人们的职业活动紧密联系的符合职业特点所要求的道德准则、道德情操与道德品质的总和，它既是对本职人员在职业活动中行为的要求，同时又是职业对社会所负的道德责任与义务。

2. 职业道德主要内容

爱岗敬业，诚实守信，办事公道，服务群众，奉献社会。

职业道德的涵义包括以下八个方面：

1）职业道德是一种职业规范，受社会普遍的认可。

2）职业道德是长期以来自然形成的。

3）职业道德没有确定形式，通常体现为观念、习惯、信念等。

4）职业道德依靠文化、内心信念和习惯，通过员工的自律实现。

5）职业道德大多没有实质的约束力和强制力。

6）职业道德的主要内容是对员工义务的要求。

7）职业道德标准多元化，代表了不同企业可能具有不同的价值观。

8）职业道德承载着企业文化和凝聚力，影响深远。

每个从业人员，不论是从事哪种职业，在职业活动中都要遵守道德。要理解职业道德需要掌握以下 4 点：

首先，在内容方面，职业道德总是要鲜明地表达职业义务、职业责任以及职业行为上的道德准则。它不是一般地反映社会道德和阶级道德的要求，而是要反映职业、行业以至产业特殊利益的要求；它不是在一般意义上的社会实践基础上形成的，而是在特定的职业实践的基础上形成的，因而它往往表现为某一职业特有的道德传统和道德习惯，表现为从事某一职业的人们所特有道德心理和道德品质。甚至造成从事不同职业的人们在道德品貌上的差异。如人们常说，某人有"军人作风"、"工人性格"、"农民意识"、"干部派头"、"学生味"、"学究气"、"商人习气"等。

其次，在表现形式方面：职业道德往往比较具体、灵活、多样。它总是从本职业的交流活动的实际出发，采用制度、守则、公约、承诺、誓言、条例，以至标语口号之类的形式，这些灵活的形式既易于为从业人员所接受和实行，而且易于形成一种职业的道德习惯。

再次，从调节的范围来看，职业道德一方面是用来调节从业人员内部关系，加强职业、行业内部人员的凝聚力；另一方面，它也是用来调节从业人员与其服务对象之间的关系，用来塑造本职业从业人员的形象。

最后，从产生的效果来看，职业道德既能使一定的社会或阶级的道德原则和规范的"职业化"，又使个人道德品质"成熟化"。职业道德虽然是在特定的职业生活中形成的，但它决不是离开阶级道德或社会道德而独立存在的道德类型。在阶级社会里，职业道德始终是在阶级道德和社会道德的制约和影响下存在和发展的；职业道德和阶级道德或社会道德之间的关系，就是一般与特殊、共性与个性之间的关系。任何一种形式的职业道德，都在不同程度上体现着阶级道德或社会道德的要求。同样，阶级道德或社会道德，在很大范围上都是通过具体的职业道德形式表现出来的。同时，职业道德主要表现在实际从事一定职业的成人的意识和行为中，是道德意识和道德行为成熟的阶段。职业道德与各种职业要求和职业生活结合，具有较强的稳定性和连续性，形成比较稳定的职业心理和职业习惯，以致在很大程度上改变人们在学校生活阶段和少年生活阶段所形成的品行，影响道德主体的道德风貌。

3. 职业道德的社会作用

职业道德是社会道德体系的重要组成部分，它一方面具有社会道德的一般作用，另一方面它又具有自身的特殊作用，具体表现在：

（1）调节职业交往中从业人员内部以及从业人员与服务对象间的关系

职业道德的基本职能是调节职能。它一方面可以调节从业人员内部的关系，即运用职业道德规范约束职业内部人员的行为，促进职业内部人员的团结与合作。如职业道德规范要求各行各业的从业人员，都要团结、互助、爱岗、敬业、齐心协力地为发展本行业、本职业服务。另一方面，职业道德又可以调节从业人员和服务对象之间的关系。如职业道德规定了制造产品的工人要怎样对用户负责；营销人员怎样对顾客负责；医生怎样对病人负责；教师怎样对学生负责等等。

（2）有助于维护和提高本行业的信誉

一个行业、一个企业的信誉，也就是它们的形象、信用和声誉，是指企业及其产品与服务在社会公众中的信任程度，提高企业的信誉主要靠产品的质量和服务质量，而从业人员职业道德水平高是产品质量和服务质量的有效保证。若从业人员职业道德水平不高，很难生产出优质的产品和提供优质的服务

（3）促进本行业的发展

行业、企业的发展有赖于高的经济效益，而高的经济效益源于高的员工素质。员工素质主要包含知识、能力、责任心三个方面，其中责任心是最重要的。而职业道德水平高的从业人员其责任心是极强的，因此，职业道德能促进本行业的发展。

（4）有助于提高全社会的道德水平

职业道德是整个社会道德的主要内容。职业道德一方面涉及每个从业者如何对待职业，

如何对待工作，同时也是一个从业人员的生活态度、价值观念的表现；是一个人的道德意识，道德行为发展的成熟阶段，具有较强的稳定性和连续性。另一方面，职业道德也是一个职业集体，甚至一个行业全体人员的行为表现，如果每个行业，每个职业集体都具备优良的道德，对整个社会道德水平的提高肯定会发挥重要作用。

4. 提倡职业道德的必要性

（1）网络行为失落及至犯法的种种表现及其危害

1）行为放纵危及家庭及社会。

由于网络的国际性、开放性、虚拟性、隐蔽性，人们容易在网络上过度地放纵自己的情感，发泄自己的本能，暂时摆脱现实生活中的诸多烦恼，获得"在线"的快感与成就感，其中所隐藏的逃避现实生活的侥幸心里，会造成一系列的危害如失业、退学、精神崩溃、家庭危机、焦虑增多、抑郁加深、信任丧失等，其危害比酗酒剧烈百倍、千倍，从而严重地影响人们的正常生活。表面看来影响的只是个人，但实际上它影响到与其相关的朋友、家人等多方关系。

2）行为失落或犯法危及企业、国家安全。

主要包括4个方面：①黑客盛行，轻则影响单位或企业的经济运作，重则危及国家安全。②谣言盛行，由于网络的开放性，一些未经证实的谣言经常传播得很快，这种不负责任的消息乱传，轻则造成负面影响，重则影响一个单位和国家的稳定大局。③色情盛行，全国范围已有20多万个色情网站，且以每天300～500个的数量增长，且由于不良媒体引发的刑事案件明显增多，网络色情毒害青少年不可低估，将会影响一代人的健康成长。④病毒盛行。全球每年因计算机病毒造成的经济损失高达数亿，形成对计算机安全的最大威胁。

（2）规范网络行为的意义

规范网络行为是加强经济、社会运行安全性的需要。面对日益严重的网络黑客、谣言、色情、病毒等，没有防范措施，被动地应付最终将导致一个企业、国家的经济、政治命脉受损。

规范网络行为还是国与国之间、企业与企业之间交往的需要。诚信经营是企业间交往法则，互不干涉内政是国家间交往法则。在网络世界中，网络对一个国家的传统文化、道德价值和法律体系等产生了溶蚀作用，并促成了强势文化更快侵蚀弱势文化，使西方价值观得以借其语言优势抢占更大的领地。

5. 网络用户行为规范

由于互联网的"虚拟"特性，现实世界中的法律、道德规范在这一全新社会空间中几乎无法发生作用，而适应网络空间的新规则尚未有效建立，导致网民在思想上形成了网络是个"无规则、无道德"空间的错觉，他们网络行为规范意识淡薄，网络是非观念混乱，现实生活中循规蹈矩的人一上网就处于肆无忌惮的"规则任意"状态，引发了大量网络失范行为。

没有规矩不成方圆，为了维护每个网民的合法权益，必须有相应的约束和规范全世界网民的行为规范和准则。

（1）可借鉴的规范

国外一些计算机网络组织已经为其用户制定了一系列相应的规则。其中，比较著名的是美国计算机伦理协会制定的十条戒律和南加利福尼亚大学网络伦理协会指出的 6 种网络不道德行为。

十条戒律是：

1）不应用计算机去伤害别人；

2）不应干扰别人的计算机工作；

3）不应窥探别人的文件；

4）不应用计算机进行偷窃；

5）不应用计算机作伪证；

6）不应使用或复制没有付钱的软件；

7）不应未经许可而使用别人的计算机资源；

8）不应盗用别人的智力成果；

9）应该考虑你所编的程序的社会后果；

10）应该以深思熟虑和慎重的方式来使用计算机。

6 种网络不道德行为是：

1）有意地造成网络交通混乱或擅自闯入网络及其相连的系统；

2）商业性或欺骗性地利用大学计算机资源；

3）偷窃资料、设备或智力成果；

4）未经许可而接近他人的文件；

5）在公共用户场合做出引起混乱或造成破坏的行动；

6）伪造电子邮件信息。

（2）网络礼仪

网络礼仪是网民之间交流的礼貌形式和道德规范。在 Internet 上人与人之间的交流，由于各种环境因素，对方未必可以完全正确理解您所表达的意思。很容易陷入"言者无意，听者有心"的困境。所以，必须更加注意自己的言行举止。网络礼仪是建立在自我修养和自重自爱的基础上。

网络礼仪的基本原则是自由和自律。

1）记住人的存在。互联网给予来自五湖四海人们一个共同的地方聚集，这是高科技的优点，但往往也使得人们面对着电脑荧屏时忘了是在跟其他人打交道，行为也因此容易变得更粗劣和无礼。因此《网络礼仪》第一条就是"记住人的存在"。如果当着面不会说的话在网上也不要说。

2）网上网下行为一致。在现实生活中大多数人都是遵纪守法的，同样在网上也应该如此。网上的道德和法律与现实生活是相同的，不要以为在网上就可以降低道德标准。

3）入乡随俗。同样是网站，不同的论坛有不同的规则。在一个论坛可以做的事情在另一个论坛可能不宜做。

4）尊重别人的时间和带宽。在提问题以前，先自己花些时间去搜索和研究。很有可能同样问题以前问过多次，现成的答案随手可及。不要以自我为中心，别人为自己寻找答案需要消耗时间和资源。

5）给自己网上留个好印象。因为网络的匿名性质，无法从外观来判断，因此一言一行成为别人对自己印象的唯一判断。如果对某个方面不是很熟悉，找几本书看看再开口，无的放矢只能落个灌水王的帽子。不要故意挑衅和使用脏话。

6）分享你的知识。除了回答问题以外，这还包括当自己提了一个问题而得到很多回答，特别是通过电子邮件得到的，以后应该写份总结与大家分享。

7）平心静气地争论。争论与大战是正常的现象。要以理服人，不要人身攻击。

8）尊重他人的隐私。用电子邮件或私聊的记录应该是隐私的一部分。如果认识某个人用笔名上网，在未经同意就将他的真名公开也不是一个好的行为。如果不小心看到别人打开电脑上的电子邮件或秘密，不应该到处传播。

9）不要滥用权利。管理员版主比其他用户有更多权力，应该珍惜使用这些权利。

10）宽容。我们都曾经是新手，都会有犯错误的时候。当看到别人写错字、用错词、问一个低级问题或者写篇没必要的长篇大论时，不要在意。如果真的想给他建议，最好用电子邮件私下提议。

6. 计算机安全法规

（1）《中华人民共和国计算机信息系统安全保护条例》

国务院于 1994 年 2 月 18 日发布，分五章共三十一条，目的是保护信息系统的安全，促进计算机的应用和发展。

（2）《中华人民共和国计算机信息网络国际联网管理暂行规定》

国务院于 1996 年 2 月 1 日发布，并根据 1997 年 5 月 20 日《国务院关于修改<中华人民共和国计算机信息网络国际联网管理暂行规定>的决定》进行了修正，共 17 条。它体现了国家对国际联网实行统筹规划、统一标准、分级管理、促进发展的原则.

（3）《中华人民共和国计算机信息网络国际联网管理暂行规定实施办法》

国务院信息化工作领导小组于 1997 年 12 月 8 日发布，共二十五条。它是根据《中华人民共和国计算机信息网络国际联网管理暂行规定》而制定的具体实施办法。

（4）《计算机信息网络国际联网安全保护管理办法》

1997 年 12 月 11 日经国务院批准，公安部于 1997 年 12 月 30 日起施行，分五章共二十五条，目的是加强国际联网的安全保护。

（5）《中国公用计算机互联网国际联网管理办法》

原邮电部在 1996 年发布的，共十七条，目的是加强对中国公用计算机互联网 CHINANET 国际联网的管理。

（6）《计算机信息网络国际联网出入口信道管理办法》

原邮电部在 1996 年发布的，共十一条，目的是加强计算机信息网络国际联网出入口信道的管理。

（7）《计算机信息系统国际联网保密管理规定》

国家保密局发布并于 2000 年 1 月 1 日起施行的，分四章共二十条，目的是加强国际联网的保密管理，确保国家秘密的安全。

（8）《商用密码管理条例》

国务院在 1999 年 10 月 7 日发布，分七章共二十七条，目的是加强商用密码管理，保护信息安全，保护公民和组织的合法权益，维护国家的安全和利益。

（9）《计算机病毒防治管理办法》

公安部于 2000 年 4 月 26 日发布施行的，共二十二条，目的是加强对计算机病毒的预防和治理，保护计算机信息系统安全。

（10）《计算机信息系统安全专用产品检测和销售许可证管理办法》

公安部于 1997 年 12 月 12 日发布并施行，分六章共十九条，目的是加强计算机信息系统安全专用产品的管理，保证安全专用产品的安全功能，维护计算机信息系统的安全。

单元训练　杀毒软件的安装与使用

【训练目的】

网络时代的快速发展，随之而来的是大量的病毒和木马夹杂在软件中。市场上的杀毒软件种类繁多，但大多数杀毒软件都是需要用户付费才能使用或更新病毒库的。通过实训掌握由360安全中心所开发的360杀毒软件的使用技巧。该软件为免费杀毒软件。

提示： 360杀毒是360安全中心出品的一款免费的云安全杀毒软件。360杀毒具有以下优点：查杀率高、资源占用少、升级迅速等等。同时，360杀毒可以与其他杀毒软件共存，是一个理想杀毒备选方案。360杀毒是一款一次性通过VB100认证的国产杀毒软件。

【训练任务和步骤】

任务： 了解360软件的设置，使用360进行病毒查询，使用360实现实时防护，360软件的升级。

操作步骤：

1. 设置

360杀毒的主界面如图7-1所示。先要对软件进行设置，以方便今后的工作。单击右上角的"设置"，进入设置菜单。这里有杀毒设置、实时防护设置、白名单设置、其他设置。

图 7-1　360 杀毒主界面

（1）杀毒设置

①监控的文件类型：让用户决定更深入的扫描，包括压缩包查毒。有扫描程序及文件设置，这就相对于浅略的扫描。

②发现病毒的处理方式。自动清除：在计算机扫描出病毒的同时，杀毒软件会自行清除病毒。通知并让那个用户选择处理：在计算机扫描出病毒后，让用户选择怎样的方式处理病毒。

③全盘扫描时的附加扫描选项。

扫描系统内存，磁盘引导扇区，ROOTKIT病毒，启发式扫描智能发现未知病毒。系统内存中往往病毒会深入其中，这比在硬盘中的病毒更危险。有些病毒在内存中运作，带来了一定的威胁性，而不选择这一项，只在硬盘中扫描，可能就扫描不到病毒。而过后，内存中的病毒又会自行复制到硬盘中。所以这选项还是有必要的。

Rootkit 是隐藏型病毒，电脑病毒、间谍软件等也常使用 Rootkit 来隐藏踪迹，因此 Rootkit 已被大多数的防毒软件归类为具危害性的恶意软件。

（2）实时防护设置

①监控的文件类型：让用户决定是否监控所有文件，或者程序运行和文档打开时进行监控。如果选择是监控所有文件，可能会占用比较大的内存空间。而监控程序和文档文件，只在程序运行时对其监控或者只在文档文件打开是进行监控。

②发现病毒的处理方法：无论用户在以上选项中选择哪项，只要杀毒软件发现病毒，就会有处理方式可以选择，发现病毒时自动清除，如果清除失败，则选择删除文件或是禁止访问被感染文件。或者直接选择禁止访问被感染文件。

③其他防护选项：基本同杀毒设置中的差不多，不过监控间谍文件、拦截局域网病毒、扫描 QQ/MSN接收的文件、扫描插入的 U 盘，这些都是平时所需要的，也是很重要的。

（3）白名单设置

①设置文件及目录白名单：也就是说如果用户很确定文件没有病毒，那杀毒软件扫描和监控时就会跳过这个文件，直接扫描下面的文件。

②设置文件扩展名白名单：有些用户自己开发的软件的文件扩展名被杀毒软件误认为病毒，此时就可用此选项来过滤掉。

（4）其他设置

①自动升级设置：这就是免费杀毒软件的最大好处，可以无限更新病毒库。让用户选择软件自行更新或者有新的升级时提醒用户来决定是否升级。

②定时杀毒：让用户在特定的时间来进行杀毒。

2．病毒查杀

1）单击"快速扫描"，软件运行，主要查杀 Windows 的主要系统文件的病毒。大约 3 分钟左右就能清扫完毕。如图 7-2 所示。

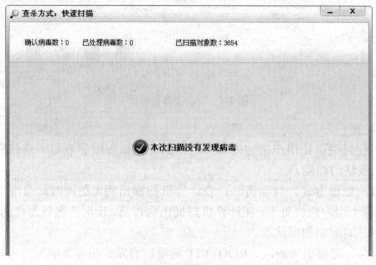

图 7-2　查杀结果

当第一次安装软件，系统会提醒你没有进行全盘扫毒，大部分杀毒软件都会这样提醒新安装的用户。单击"全盘扫描"后系统开始全盘扫描。在界面的最下方，有着扫描完成后关闭计算机的选项，当然也有先前条件：仅在选择自动清除感染文件时有效，这对于平日里用户晚上工作或者娱乐完，让计算机做一次全面的杀毒后自动关机。右下角会显示出已经扫描了多少时间的提示。具体需要查杀多少时间，还得看用户的计算机中的文件数来决定。如图 7-3 所示。

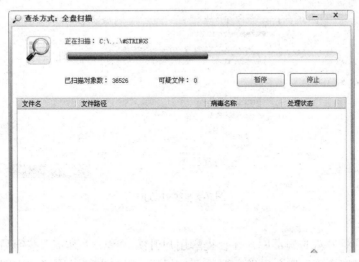

图 7-3　全盘扫描

2）单击"指定位置扫描"，这项扫描是对于用户自行选择的区域进行杀毒。根据电脑的具体情况来选择要扫描的区域。如图 7-4 所示。

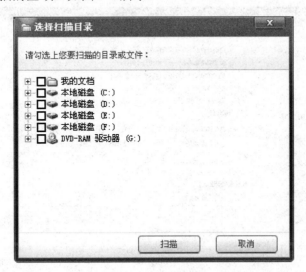

图 7-4　自定义扫描

3. 实时防护

在实时防护选项中，软件会提醒用户开启实时防护功能，如果用户装有其他杀毒软件，会提醒请卸载其他杀毒软件，并把已经安装到计算机中的杀毒软件以列表的形式呈现出来。而下方的防护级别设置中，能根据用户目前自己的情况来选择相应的防护级别。如图 7-5 所示。

图 7-5　实时防护

4. 产品升级

360 杀毒会更新最新的病毒库，并会提醒用户升级。单击"确定"按钮后，会出现病毒库的更新，如果是旧病毒库，那会出现需要更新的提示。用户也可以连接到官网数据库来查询自己的病毒库是否是最新的。在下方有显示上次成功升级的时间和病毒库的版本，以方便用户核对。如图 7-6 所示。

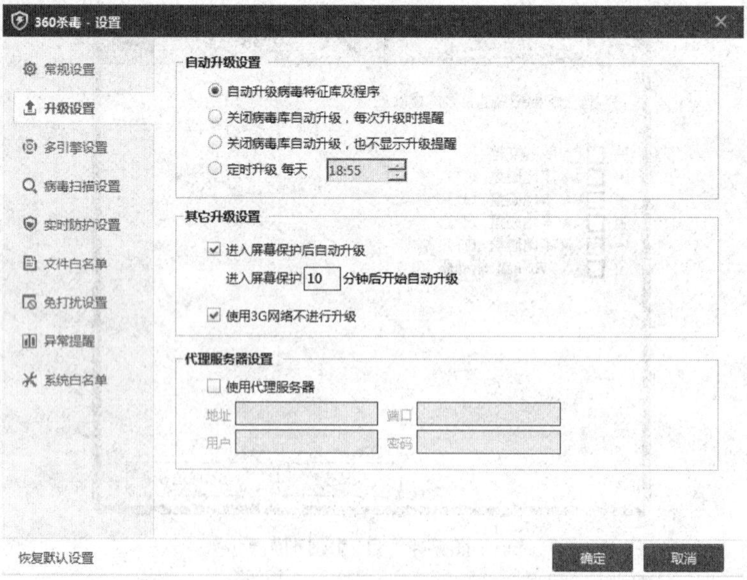

图 7-6　产品升级